中职中专电类专业共建共享系列教材

电子测量仪器

杨　鸿　万成兵　主编

谭云峰　黄　勇　姚声阳　吕盛成　副主编

杨清德　主　审

科学出版社

北京

内 容 简 介

本书依据教育部颁布的中等职业学校"电子测量仪器"课程教学要求，参照有关国家职业技能标准和行业的职业技能鉴定规范，并结合中等职业学校的实际教学情况编写而成。

本书共 4 个模块，分为 14 个项目、29 个任务，将指针式万用表、数字式万用表、台式万用表、毫伏表、直流稳压电源、函数信号发生器、频率计、频率特性测试仪、示波器、晶体管特性图示仪、频谱分析仪等电子测量仪器的相关理论知识和使用方法融合到各个任务中。本书配套有课堂教学设计、PPT、操作视频、配套练习、题库（包括纸质书和网络考试平台）、实训套件等教学资源。

本书可作为三年制中职电工电子类专业的教材，也可作为初中起点的五年一贯制高职电类专业的教材，还可作为相关工程技术人员的岗位培训教材。

图书在版编目（CIP）数据

电子测量仪器/杨鸿，万成兵主编. —北京：科学出版社，2019.11
（中职中专电类专业共建共享系列教材）
ISBN 978-7-03-053417-0

Ⅰ.①电⋯ Ⅱ.①杨⋯ ②万⋯ Ⅲ.①电子测量设备–中等专业学校–教材 Ⅳ.① TM93

中国版本图书馆 CIP 数据核字（2017）第 133800 号

责任编辑：陈砺川 杨 昕 / 责任校对：陶丽荣
责任印制：吕春珉 / 封面设计：东方人华平面设计部

科 学 出 版 社 出版

北京东黄城根北街16号
邮政编码：100717
http://www.sciencep.com

新科印刷有限公司 印刷

科学出版社发行 各地新华书店经销
＊

2019年11月第 一 版 开本：787×1092 1/16
2019年11月第一次印刷 印张：17 3/4
字数：420 000
定价：56.00 元
（如有印装质量问题，我社负责调换〈新科〉）

销售部电话 010-62136230 编辑部电话 010-62135397-1028

中职中专电类专业共建共享系列教材
编写委员会

主任兼丛书主编：

周永平　重庆市教育科学研究院副研究员、博士后

副主任：

辜小兵　重庆工商学校特级教师，研究员
杨清德　重庆市垫江县第一职业中学校特级教师，研究员
漆　星　重庆富淞电子技术有限公司总经理
辜　潇　重庆特奈斯科技有限公司总经理
张蓉锦　重庆中鸿意诚科技有限公司总经理

委　员：

陈　勇	程时鹏	邓银伟	丁汝玲	高　岭	辜小兵	辜　潇	胡立山	胡　萍
黄　勇	康　娅	雷菊华	李　杰	李命勤	李小琼	李晓宁	李永佳	刘宇航
刘　钟	鲁世金	罗朝平	韩光勇	彭贞蓉	马晓芳	漆　星	邱堂清	谭定轩
谭云峰	田永华	王　函	王　英	王鸿君	王建云	韦采风	吴吉芳	向　娟
阳兴见	杨清德	杨　鸿	杨　波	杨卓荣	姚声阳	易兴发	易祖全	尹　金
周永平	张　川	张　恒	张波涛	张　军	张蓉锦	张秀坚	张云龙	赵顺洪
赵争召	钟晓霞	熊　祥						

成员单位：

重庆市教育科学研究院	重庆工商学校
重庆市龙门浩职业中学校	重庆市渝北职业教育中心
重庆市农业机械化学校	重庆市北碚职业教育中心
重庆市黔江区民族职业教育中心	重庆市綦江职业教育中心
重庆市九龙坡职业教育中心	重庆市永川职业教育中心
重庆市育才职业教育中心	重庆市江南职业学校
重庆市巫山县职业教育中心	重庆市经贸中等专业学校
重庆市云阳职业教育中心	重庆市轻工业学校
重庆市梁平职业教育中心	重庆市石柱土家族自治县职业教育中心

重庆能源工业技师学院　　　　　　　　重庆市巫溪县文峰职业中学校

重庆彭水职业教育中心　　　　　　　　重庆市潼南恩威职业高级中学校

重庆市荣昌区职业教育中心　　　　　　重庆市南川隆化职业中学校

重庆市垫江县职业教育中心　　　　　　重庆市丰都县职业教育中心

重庆市奉节职业教育中心　　　　　　　重庆中鸿意诚科技有限公司

重庆市秀山县职业教育中心　　　　　　重庆富淞电子技术有限公司

重庆市垫江县第一职业中学校　　　　　重庆特奈斯科技有限公司

重庆市武隆县职业教育中心　　　　　　重庆市闻慧科技有限公司

本书编委会

主　　编：杨　鸿　万成兵

副主编：谭云峰　黄　勇　姚声阳　吕盛成

主　　审：杨清德

编　　者：邓亚丽　鲁世金　李　杰　李　情　卢　娜　罗丽娇　马　力
　　　　　蒲志渝　冉小平　唐小红　苏　敏　燕治会　杨　敏　李小琼

本书根据教育部颁布的中等职业学校"电子测量仪器"课程教学要求,依照重庆市中等职业教育"电子测量仪器"课程标准,并参考有关国家职业技能标准,综合重庆市 30 余所职业院校教学资源共建共享的经验编写而成。本书在编写过程中,认真贯彻落实"以服务为宗旨,以就业为导向,以学生为主体"的职教办学思想,以服务于学生全面发展,提高学生综合职业能力为宗旨,对理论和实践相结合的教学模式进行了积极探索。

电子测量仪器的应用领域十分广泛,是当代科学技术进步的基础。通过学习本书的内容,学生可以掌握常用电子测量仪器的使用和维护技能,学会用仪器评估电路性能,为继续学习其他专业课程奠定基础。本书旨在培养学生电子测量方面的理论和实践能力。

本书以实际应用电路为载体,精心设计了 4 个模块,14 个项目,29 个任务,介绍了指针式万用表、数字式万用表、台式万用表、毫伏表、直流稳压电源、函数信号发生器、频率计、频率特性测试仪、示波器、晶体管特性图示仪、频谱分析仪等仪器。学生从多角度、多方位学习电子测量仪器的知识与操作技能。每个模块的学习过程都是以完成具体工作任务为目的进行的,体现"以工作过程为导向"的编写理念。

本书在编写时严格依据课程标准的要求,具有以下特点。

1)以工作任务为驱动,学习仪器仪表的使用方法及维护保养知识;

2)以学生为中心,专业知识、专业技能采用三个层次编写,满足学生个性发展需要;

3)以能力为本位,突出"做学合一"的职教特色;

4)采用大量实际操作的图片和影像,用图补充文字、语言的描述,增强学生对知识点、技能点的理解和掌握。

本书有配套的课堂教学设计、PPT、操作视频、题库(包括纸质书上的和网络考试平台上的)、实训电路板电路等数字教学资源,可作为三年制中职电子技术应用、电气技术应用等电类专业教材,也可作为初中起点的五年制高职电类专业教材,还可作为相关工程技术人员的岗位培训教材。

本系列教材由重庆市教育科学研究院组织重庆市国家级示范校、重庆市市级示范校合计 30 余所中职学校经验丰富的教师联合编写,由周永平博士担任丛书主编。本书由杨鸿、万成兵担任主编,谭云峰、黄勇、姚声阳、吕盛成担任副主编,杨清德担任主审。

模块 1 由杨鸿、李情、燕治会、唐小红、李小琼编写;模块 2 由吕盛成、邓亚丽、黄勇、李杰、苏敏编写;模块 3 由姚声阳、罗丽娇、卢娜、冉小平、杨敏编写;模块 4 由谭云峰、马力、蒲志渝、鲁世金编写。全书由谭云峰负责拟定编写大纲,万成兵做了大纲审阅工作,杨鸿负责统稿。

　　本书在编写过程中,得到重庆市教育科学研究院、重庆富淞电子技术有限公司、重庆中鸿意诚科技有限公司,以及各参编学校等单位领导的高度重视和大力支持,重庆市闻慧科技有限公司为本书提供了全部配套的实训套件,重庆能源工业技师学院邱堂清主任为本书实训操作部分的编写提供了精心指导,在此一并表示感谢。本书参考了部分教材及文献资料,在此向原作者致以诚挚的感谢。

　　由于编者水平有限,书中难免有不妥之处,恳请各位专家和广大读者批评、指正。

编　者

CONTENTS 目录

模块 1　测量电气参量，分析测量数据

模块 2　测量电信号参量，判断仪器质量

模块3　测量波形参量，分析电路工作情况

模块 4　电子测量仪器综合应用

"电子测量仪器"课程是多个电类专业的核心课程。本书是"电子测量仪器"课程的配套教材。书中特为模块 1～模块 3 开发了一块将日常生活中常用的电源电路、功放电路、报警电路集成为一体的综合电路板（图 0-1），用以模拟生产实际中完成装配的电子产品。通过对综合电路板中各模块工作性能进行综合检测，确定电路板是否达到性能要求，为电子产品的调试、返修提供数据依据。

综合电路板的电路原理图如图 0-2 所示，它由电源电路、功放电路、报警电路、无线电路组成。综合电路板上的元器件清单如表 0-1 所示。

书中模块 1～模块 3 的 12 个项目，以开发的综合电路板为载体，以任务驱动完成课程教学。具体安排如下：项目 1～项目 4 以电源电路为载体介绍指针式万用表、数字式万用表、台式万用表、毫伏表的使用方法；项目 5 和项目 7 以功放电路和报警电路为载体介绍直流稳压电源和频率计的使用方法；项目 6 和项目 8 以功放电路为载体介绍函数信号发生器和频率特性测试仪的使用方法；项目 9～项目 11 以报警电路为载体介绍模拟示波器、数字示波器和晶体管特性图示仪的使用方法；项目 12 以天线电路为载体介绍频谱分析仪的使用方法；项目 13 和项目 14 通过合理选用各种电子测量仪器，综合测量组装完成的电路板的电气参量。

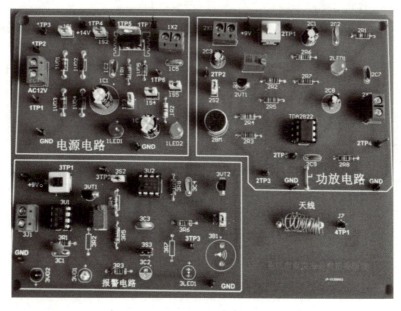

图 0-1　综合电路板实物图

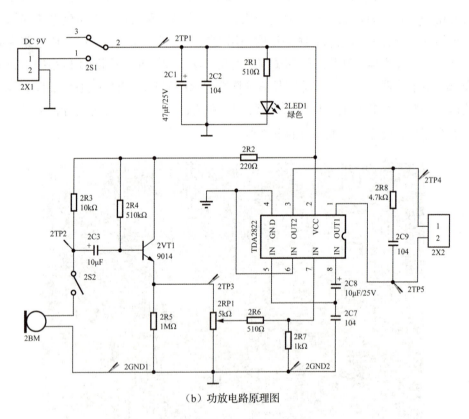

（a）电源电路原理图

（b）功放电路原理图

图 0-2　综合电路板电路原理图

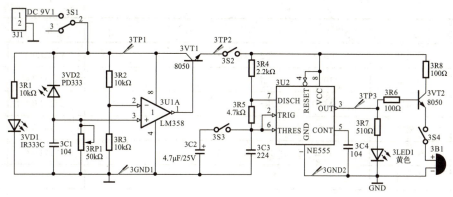

（c）报警电路原理图

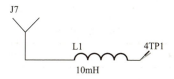

（d）天线电路原理图

图 0-2（续）

表 0-1　综合电路板元器件清单

序号	名称	规格型号	标号	封装	数量
1	电容器	470μF/25V	1C1	RB.3/.6	1
2	电容器	220μF/25V	1C3	RB.15/.3	1
3	电容器	100μF/25V	2C8	RB.15/.3	1
4	电容器	47μF/25V	2C1	RB.1/.3	1
5	电容器	10μF/25V	2C3	RB.15/.3	1
6	电容器	4.7μF/25V	3C2	RB.1/.2	1
7	电容器	104	1C2、1C4、2C2、2C9、2C7、3C1、3C4	RAD0.2	7
8	电容器	224	3C3	RAD0.2	1
9	电阻器	1kΩ	1R1	AXIAL0.4	1
10	电阻器	470Ω	1R2	AXIAL0.4	1
11	电阻器	2kΩ	3R3	AXIAL0.4	1
12	电阻器	2.2kΩ	3R4	AXIAL0.4	1
13	电阻器	100Ω	3R6、3R8	AXIAL0.4	2
14	电阻器	510Ω	2R1、3R7	AXIAL0.4	2
15	电阻器	220Ω	2R2	AXIAL0.4	1

序号	名称	规格型号	标号	封装	数量
16	电阻器	10kΩ	2R3, 3R1, 3R2	AXIAL0.4	3
17	电阻器	510kΩ	2R4	AXIAL0.4	1
18	电阻器	1MkΩ	2R5	AXIAL0.4	1
19	电阻器	1kΩ	2R7	AXIAL0.4	1
20	电阻器	4.7Ω	2R8, 2R9, 3R5	AXIAL0.4	3
21	电位器	5kΩ	2RP1	RM065	1
22	电位器	50kΩ	3RP1	RM065	1
23	线圈	10mH	L1	AXIAL0.7	1
24	整流二极管	1N4007	1VD1, 1VD2, 1VD3, 1VD4	DO-41	4
25	开关二极管	1N4148	1VD5	DO-35	1
26	发光二极管	红色 LED	1LED1	LED_5MM	1
27	发光二极管	绿色 LED	1LED2, 2LED1	LED_5MM	2
28	发光二极管	黄色 LED	3LED1	LED_5MM	1
29	红外发射二极管	IR333C	3VD1	LED_5MM	1
30	红外接收二极管	PD333	3VD2	LED_5MM	1
31	晶体管	9014	2VT1	TO-92D	1
32	晶体管	8050	3VT1, 3VT2	TO-92D	2
33	自锁开关	SW-SPDT	2S1, 2S3, 3S1	DPDT-6	3
34	跳线开关	PIN2	1S1, 1S2, 1S3, 1S4, 1S5, 2S2, 3S2, 3S3, 3S4	PIN2	9
35	测试针	Header 1	J7	PIN1	1
36	2P 接线柱	DG301-5.0-2P-12	1X1,1X2, 2X1, 3J1	DG301-5.0-2P	4
37	3P 接线柱	Header 3	2X2	DG301-5.0-3P	1
38	麦克风	Mic2	2BM	MICROPHONE	1
39	蜂鸣器	BEEP	3B1	BEEP	1
40	三端稳压器	LM7809	1U1	TO220-C	1
41	功放集成电路	TDA2822	2U1	DIP-8	1
42	运放	LM358	3U1	DIP-8	1
43	时基集成电路	NE555	3U2	DIP-8	1
44	电路板				1

本书建议学时为 70 学时，建议在第三学期使用。学时具体分配见表 0-2。

表 0-2　学时分配表

序号	模块	项目	任务	学时
1	测量电气参量，分析测试数据	使用指针式万用表测量电气参量	使用指针式万用表测量电路元器件参数	6
			使用指针式万用表测量电路基本电量	
		使用数字式万用表测量电气参量	使用数字式万用表测量电路元器件参数	4
			使用数字式万用表测量电路基本电量	
		使用台式万用表测量电气参量	使用台式万用表测量电路元器件参数	4
			使用台式万用表测量电路基本电量	
		使用毫伏表测量电气参量	使用指针式毫伏表测量电路输入电压	4
			使用数字式毫伏表测量电路输入电压	
2	测量电信号参量，判断仪器质量	使用直流稳压电源输出电信号参量	测量直流稳压电源输出电压范围	4
			使用直流稳压电源为电路提供电源	
		使用函数信号发生器输出电信号参量	使用函数信号发生器为输出函数信号	4
			使用函数信号发生器为电路输入函数信号	
		使用频率计测量电路电信号参量	认识频率计	4
			使用频率计测量电路输出信号的频率和周期	
		* 使用频率特性测试仪测试电路性能	自校扫频曲线并识读频标	2
			测量功放电路的幅频特性	
3	测量波形参量，分析电路工作情况	使用模拟示波器测量电路波形参量	调试模拟示波器	8
			使用模拟示波器测量报警电路的波形参量	
		使用数字示波器测量电路波形参量	调试数字示波器	8
			使用数字示波器测量报警电路的波形参量	
		使用晶体管特性图示仪测试晶体管特性	使用模拟晶体管特性图示仪测量输入/输出特性曲线	4
			使用数字存储晶体管特性图示仪测量输入/输出特性曲线	
		* 使用频谱分析仪测量电路波形频谱	调试频谱分析仪	2
			使用频谱分析仪测量波形频谱	

序号	模块	项目	任务	学时
4	电子测量仪器综合应用	电子测量仪器综合应用（一）	使用万用表测量电路中元器件参数及基本电量	14
			使用频率计测量电路电信号参量	
			使用示波器测量电路波形参量	
		电子测量仪器综合应用（二）	使用万用表测量电路中元器件参数及基本电量	
			使用示波器测量电路波形参量	
5	机动			2
合计				70

* 号为选学内容。

测量电气参量，分析测量数据

模块概述

本模块介绍使用指针式万用表、数字式万用表、台式万用表和毫伏表测量电路中 1X1 端口处的输入端电阻值、1X2 端口的输出端电阻值、电阻器 1R1 和 1R2 的在路电阻值和开路电阻值、发光二极管 1LED1 和 1LED2 的正反向电阻值；测量电路中 1X1 端口的输入电压、1X2 端口的输出电压，变压器初级电压、1TP3 点对地电压、1TP4 点对地电压，以及流过电阻器 1R1 和 1R2 的电流等基本电量。依据这些测量结果分析测量数据，初步评估电路板的性能。

项目1 使用指针式万用表测量电气参量

知识目标

1）理解电子测量的含义、内容、方法。
2）了解指针式万用表的结构及工作原理。
3）掌握测量误差的表示方法和数据处理方法。

能力目标

1）会使用指针式万用表的电阻挡测量电路元器件参数。
2）会使用指针式万用表的交、直流电压挡测量电路基本电量。
3）会使用指针式万用表的直流电流挡测量电路基本电量。

安全须知

1. 人身操作安全

1）在仪器仪表需要接入交流电源前，先断电，连接好线路后，再通电。
2）在电路通电情况下，禁止用手随意触摸电路中金属导电部位。

2. 仪表操作安全

1）在使用指针式万用表测量电路中未知参量大小时，应从高挡位到低挡位依次换挡进行试测，变换挡位时，应先断开仪表与电路的连接。
2）更换指针式万用表内部电池时，电池极性的安装必须正确，电池容量要符合要求。
3）指针式万用表使用结束后，应将转换开关拨至交流电压最高挡或OFF位置，长时间不使用时，应取出万用表内部电池。

项目描述

本项目依据图0-2（a）所示的电源电路原理图，用MF-47型指针式万用表测量图0-1所示的综合电路板中电源电路输入端/输出端电阻值、电阻器在路/开路电阻值、发光二极管的正反向电阻值，以及电路中的交、直流电压和电流等基本电量，并分析测量数据，评估电路板性能。

项目准备

完成本项目需要按照表 1-1 所示的工具、仪表及材料清单进行准备。

表 1-1　工具、仪表及材料准备清单

序号	名称	规格 / 型号	状况	序号	名称	规格 / 型号	状况
1	指针式万用表	MF-47 型		4	测量电路板	综合电路板	
2	螺丝刀	一字和十字螺丝刀		5	防静电环	防静电手环	
3	输入交流电源	变压器初级 12V 交流电源		6	绝缘手套	220V 带电操作橡胶手套	

注："状况"栏填写"正常"或"不正常"。

➡ 任务 1.1　使用指针式万用表测量电路元器件参数

万用表是一种多功能、多量程的便携式测量仪表，是电工电子类专业学生必须学会使用的检测仪表之一。它可以测量电阻器、电容器等元器件参数，也可以测量直流电流、直流电压、交流电压、音频电平等电路参量。有些万用表还可测量电容量、电感量、功率、晶体管直流放大倍数。

1.1.1　万用表的作用及分类

万用表的分类方式有多种，常见的分类方式如下所述。

1. 按显示方式分类

按显示方式分类，万用表可分为指针式万用表和数字式万用表两类，如图 1-1 所示。

（a）指针式万用表

（b）数字式万用表

图 1-1　万用表按显示方式分类

2．按精度分类

按精度分类，万用表可分为精密型、较精密型、普通型 3 种。

3．按表头线圈形式分类

按表头线圈形式分类，指针式万用表可分为内磁式和外磁式两种。

4．按规格型号分类

指针式万用表常见的型号有 MF-47 型、MF-500 型等；数字式万用表常见的型号有 UT39A、DT9972、DT9205 等。

本任务用 MF-47 型指针式万用表来完成操作。

1.1.2　指针式万用表的结构

1．外部结构

指针式万用表的外部结构主要包含表盘、表头、机械调零旋钮、转换开关、晶体管专用插孔、表笔插孔、欧姆调零旋钮、2500V 和 10A 专用插孔等，如图 1-2 所示。指针式万用表的表盘结构如图 1-3 所示，表盘上的符号及含义如表 1-2 所示。

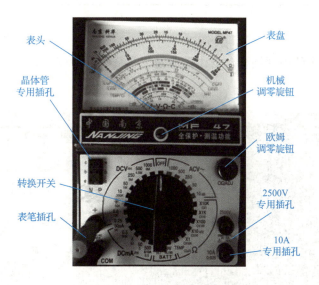

图 1-2　指针式万用表外部结构

图 1-3 指针式万用表表盘结构

表 1-2 表盘上的符号及其含义

符号	含义
A-V-Ω-C	表示可测量电流、电压、电阻、电容
Ω	表示可测量电阻
ACV	表示可测量交流电压
mA	表示可测量直流电流（mA）
C（μF）	表示可测量电容量（μF）
hFE	表示可测量晶体管直流放大倍数
±dB	表示可测量音频电平值

2．内部结构

指针式万用表的内部结构包含电路板及元器件、保险管、表头机构、电池等，如图 1-4 所示。

图 1-4 指针式万用表内部结构

1.1.3 指针式万用表的电阻挡

1. 电阻挡测量原理

指针式万用表电阻挡内部测量电路示意图如图 1-5 所示，在表头上并联和串联适当的电阻，同时串接一节电池，当电流通过被测电阻时，根据电流大小，即可测量出电阻值。改变分流电阻的阻值，就能改变电阻的量程。

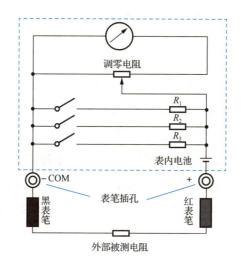

图 1-5 电阻挡内部测量电路示意图

2. 电阻挡的量程选择原则

MF-47 型指针式万用表电阻挡有 ×1、×10、×100、×1k、×10k 共 5 个量程。若已知被测量值的数量级，则选择与其相对应的数量级量程。若不知被测量值的数量级，则应选择最大量程开始测量，当指针偏转角太小而无法精确读数时，再把量程减小。因刻度不均匀，一般以指针偏转角在满度值的 2/3 左右为合理量程。

3. 电阻挡测量时的计算方法

测量值 = 表盘中电阻挡刻度数线上指针指示值 × 开关指示盘上的挡位量程。例如，挡位量程选择 ×1k 位置，表盘中刻度指针指示 15，则阻值为 15×1k=15kΩ，测量值为 15kΩ。

测量结果受到测量人员、仪器本身等因素影响，会造成测量误差。例如，读数不准确，或者欧姆调零未调到标准零点等，均会影响测量结果的准确性，影响电路评估。在测量过程中，使用者应了解误差来源、分析误差产生的原因，尽可能减小测量误差。

1.1.4 认识测量误差

1. 测量误差的定义

测量误差是指测量结果与被测量的真值之间的偏差，即误差＝测量值－真值。被测量的真值是一个理想的概念，客观存在却难以获得。在检定、校验仪器仪表的工作中，常以高准确度等级的标准仪器或计量器具所测得的数值来代替真值。控制测量误差成为衡量测量技术水平的标准之一。

2. 测量误差的来源

测量误差是各种因素的偏差综合，其来源较复杂，主要来自以下4个方面。

1）仪器误差：即仪器自身原因引起的误差。

2）使用方法误差（操作误差）：测量过程中，由于使用方法不正确造成的误差。

3）人身误差：由于测量人员的感觉器官和运动器官不完善所产生的误差。

4）环境误差：由于外界环境的温度、湿度、电磁场、机械振动、噪声、光照、放射性等变化而产生的误差。

3. 测量误差的表示方法

1）绝对误差：测量值 X 与其真值 A_0 的差称为绝对误差，即

$$\Delta X = X - A_0$$

由于真值无法测得，故常用高一等级的标准仪器的测量实际值 A 代替真值 A_0，则绝对误差表达式为

$$\Delta X = X - A$$

当 $X > A$ 时，绝对误差是正值，反之为负值。与绝对误差绝对值相等、符号相反的为修正值。

2）相对误差：绝对误差与被测量的真值之比称为相对误差，用百分数表示，即

$$\gamma_{A_0} = \frac{\Delta X}{A_0} \times 100\%$$

绝对误差只能说明测量值偏离实际值的程度，但是不能说明测量的准确程度。因此需要引入相对误差来说明测量的准确程度。相对误差有以下几种表示方法。

①实际相对误差（用实际值代替真值）表示为

$$\gamma_A = \frac{\Delta X}{A} \times 100\%$$

②示值相对误差（用示值代替实际值）表示为

$$\gamma_X = \frac{\Delta X}{X} \times 100\%$$

③满度相对误差（用仪表满度值代替实际值）表示为

$$\gamma_m = \frac{\Delta X}{A_m} \times 100\%$$

3）准确度：电工仪表的准确度等级分为 0.1、0.2、0.5、1.0、1.5、2.5、5.0 共 7 级，由满度相对误差（γ_m）决定。例如，准确度为 0.5 级的电能表，意味着其 $|\gamma_m| \leqslant 0.5\%$，但超过 0.2%。

4. 测量误差的分类

从测量误差产生的原因及特征角度看，误差分为系统误差、随机误差和粗大误差三类。

1）系统误差是指在相同条件下，重复测量同一量值，误差的大小和符号保持不变，或者按照一定规律变化的误差。

2）随机误差是指在相同条件下，重复测量同一量值，误差的大小和符号无规律变化的误差。

3）粗大误差也称过失误差，是指在一定条件下测量结果明显偏离实际值所对应的误差。

1.1.5　实际测量电路元器件参数

准备好图 0-1 所示的综合电路板、指针式万用表及其他测量工具，实际测量电路元器件参数。

1. 测量电路板输入端电阻值

按照表 1-3 所示的操作流程，测量综合电路板中电源电路输入端的电阻值。

表 1-3　测量输入端电阻值操作流程

序号	操作步骤	操作图示	操作要点	操作（或测量）结果
1	机械调零	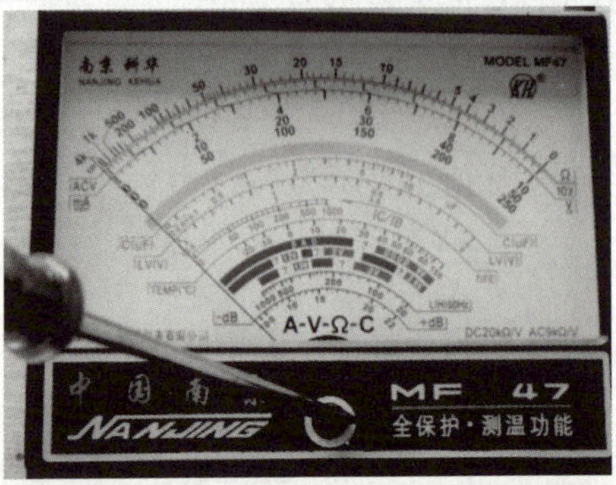	水平放置万用表，正对观察指针，若未处于左端零刻度线位置，则使用螺丝刀调节机械调零旋钮，使指针回到左端零刻度线位置	指针处于左端零刻度线位置
2	选择挡位	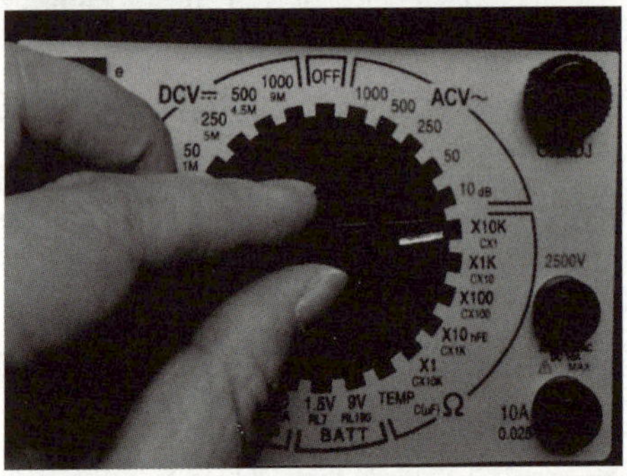	将万用表转换开关置于电阻挡合适量程位置	选择电阻×10k 挡
3	欧姆调零	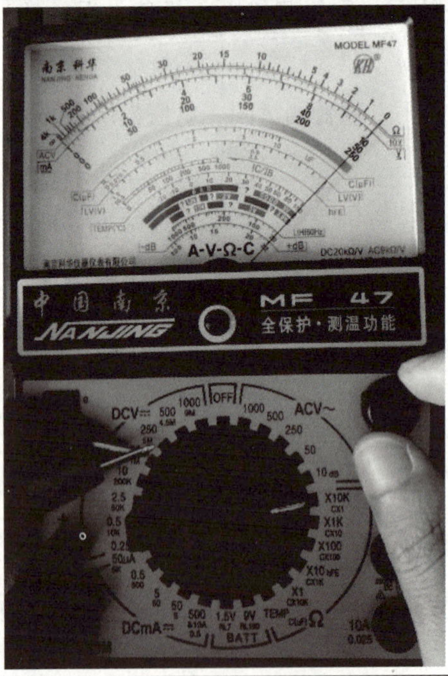	短接红黑两支表笔，调节欧姆调零旋钮，使指针指向电阻刻度线右端零欧姆位置	指针处于电阻刻度线右端"0Ω"位置

序号	操作步骤	操作图示	操作要点	操作（或测量）结果
4	测量输入端电阻值（R_1）	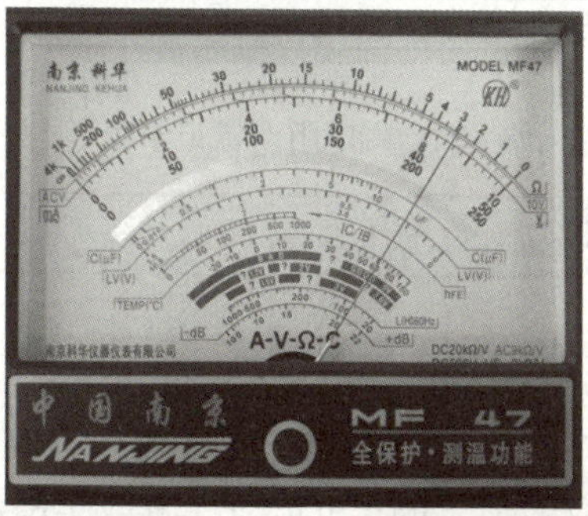 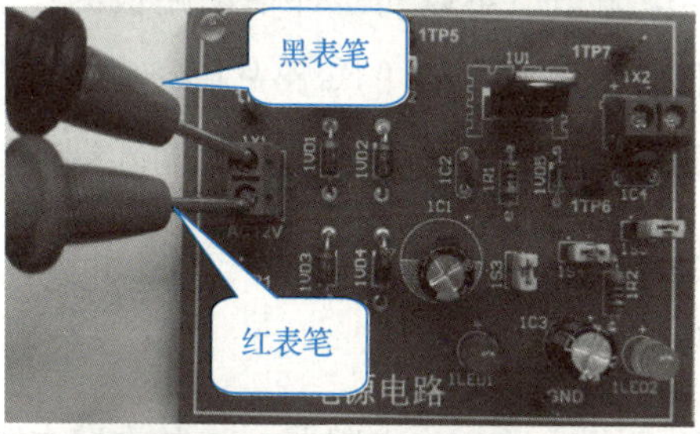	将电路板中 1S1～1S5 端口用短接帽连接，将万用表两支表笔接输入端口 1X1（黑表笔接上端、红表笔接下端），读取正向测量阻值，将数据记入表 1-4	参考测量阻值：正向阻值 28kΩ
		 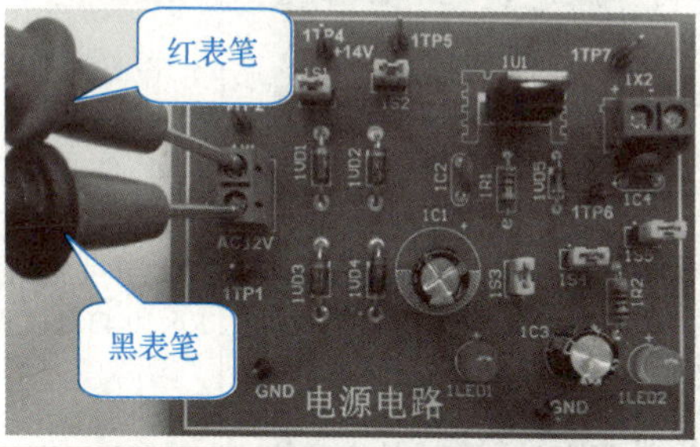	交换万用表的两支表笔，接输入端口 1X1（红表笔接上端、黑表笔接下端），读取反向测量阻值，将数据记入表 1-4，并初步判断整个电路是否有短路或开路情况	参考测量阻值：反向阻值 4kΩ
5	复位	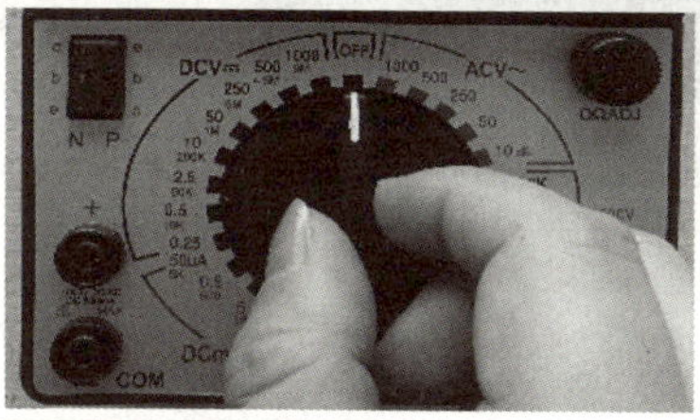	测量完毕，将万用表量程转换开关拨到 OFF 挡或交流电压最高挡（1000V）。整理好表笔，将万用表归还到指定位置	转换开关处于 OFF 挡位置，归还万用表

2．测量电路板输出端电阻值

参照表 1-3 的操作流程，测量整个电路输出端口 1X2 的电阻值，将测量结果填入表 1-4，并初步判断整个电路是否有短路或开路情况。

表 1-4　输入端／输出端电阻测量记录表

测量对象	正向测量值	反向测量值	挡位	初步判定电路质量
输入端电阻值（R_i）				
输出端电阻值（R_o）				

通过测量输入端／输出端的电阻值，可以初步评估电路板的性能。若测量的输入端或输出端的电阻值趋于 0，则电路板存在严重的短路故障；若测量的输入端或输出端的电阻值趋于∞，则电路板可能存在开路现象；若测量的输入端或输出端的电阻值在参考值左右，则电路板可正常使用。

3．测量电路板中电阻器 1R1 的电阻值

按照表 1-5 所示的操作流程，测量电路板中电阻器 1R1 的在路电阻值和开路电阻值。

表 1-5　测量电阻器 1R1 电阻值操作流程

序号	操作步骤	操作图示	操作要点	操作（或测量）结果
1	选择挡位并调零	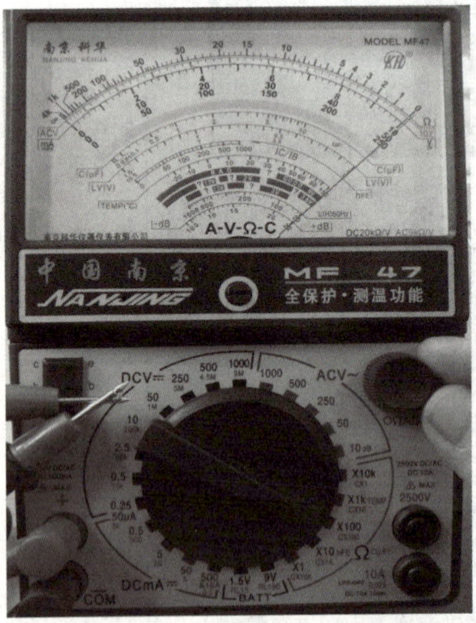	水平放置万用表，根据被测对象为本电路板中电阻器 1R1 的阻值，建议将万用表转换开关拨到电阻挡 R×100Ω 处，并调零	选择电阻×100挡；指针处于电阻刻度线右端"0Ω"位置

续表

序号	操作步骤	操作图示	操作要点	操作（或测量）结果
2	测量在路电阻值	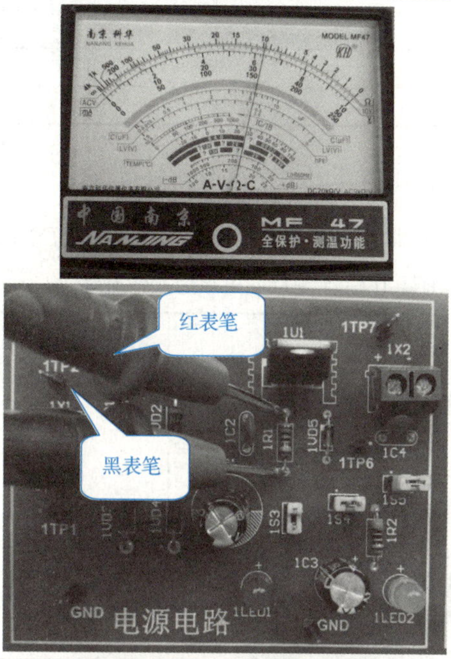	保持电路板中1S2～1S6端口短接帽连接上，将两支表笔接电阻器1R1两只引脚，读出在路电阻值。将数据记入表1-6，并分析测量数据	参考测量阻值：970Ω
3	测量开路电阻值	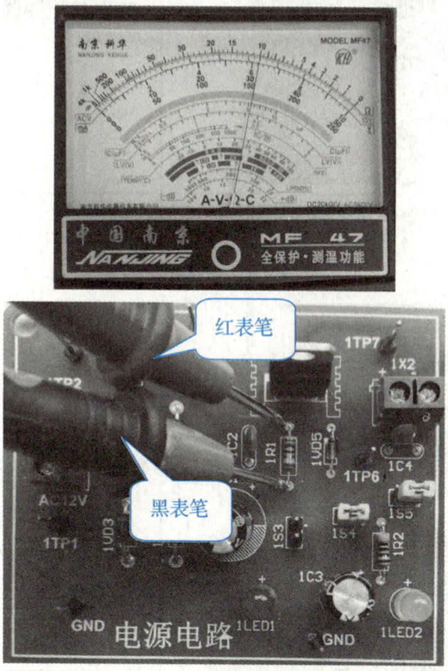	将电路板中1S3端口短接帽断开，两支表笔分别再次接电阻器1R1两只引脚，读出开路电阻值。将数据记入表1-6，并分析测量数据。万用表使用完毕须复位并整理归还	参考测量阻值：990Ω

4. 测量电路板中电阻器1R2的电阻值

参照表1-5的操作流程，测量电路板中电阻器1R2的在路电阻值和开路电阻值，将数据记入表1-6，并分析测量数据。

表 1-6　1R1、1R2 在路 / 开路电阻值测量记录表

测量对象		参考值	测量值	挡位	绝对误差	实际相对误差	分析误差原因
在路电阻值	电阻器 1R1	1kΩ±1%					
	电阻器 1R2	470Ω±5%					
开路电阻值	电阻器 1R1	1kΩ±1%					
	电阻器 1R2	470Ω±5%					

5. 测量电路板中发光二极管 1LED1 的正 / 反向电阻值

按照表 1-7 所示的操作流程，测量电路板中发光二极管 1LED1 的正 / 反向电阻值。

表 1-7　测量 1LED1 正反向电阻值操作流程

序号	操作步骤	操作图示	操作要点	操作（或测量）结果
1	选择挡位并调零		根据被测对象为电路板中发光二极管 1LED1 的相关参数，将万用表转换开关拨到电阻挡 ×10k 处，并调零	选择电阻 ×10k 挡；指针处于电阻刻度线右端"0Ω"位置
2	测量 LED1 的正向电阻值	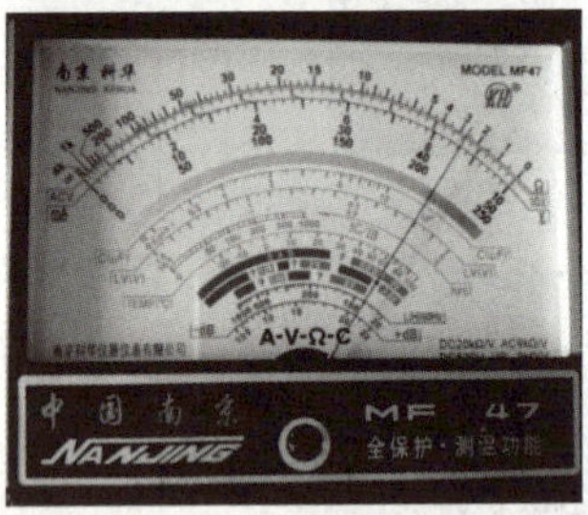 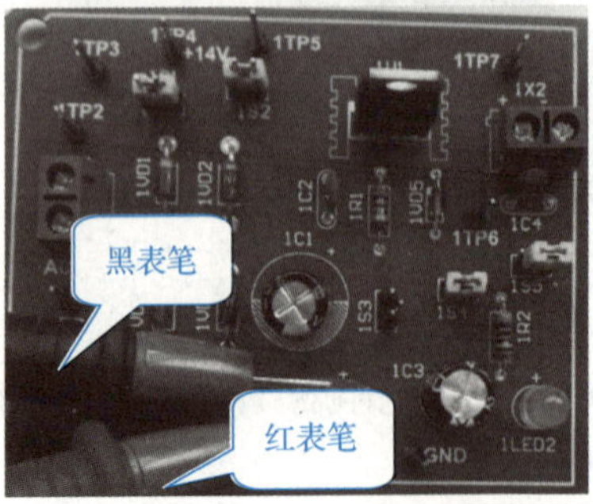	将电路板中 1S3 端口短接帽断开，用万用表黑表笔接 LED1 正极，红表笔接 LED1 负极，读取测量阻值，将数据记入表 1-8	参考测量阻值：27kΩ

续表

序号	操作步骤	操作图示	操作要点	操作（或测量）结果
3	测量LED1的反向电阻值	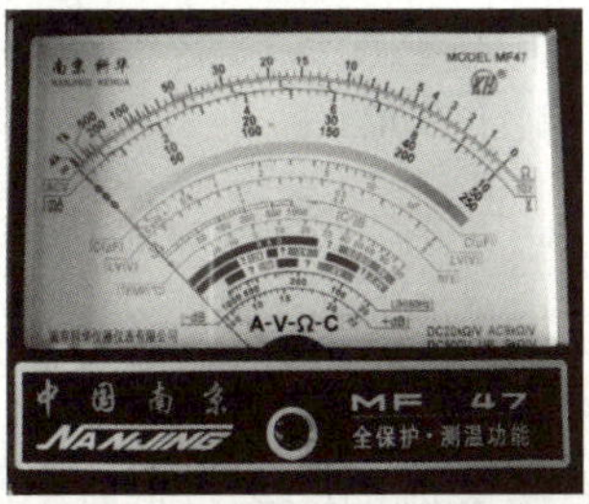 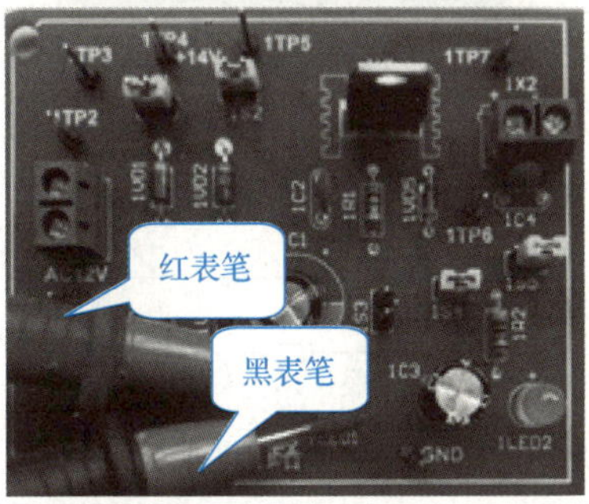	交换表笔测量，指针指示在∞的位置，将数据记入表1-8，并判断二极管的正反极性是否安装正确。万用表使用完毕须复位并整理归还	参考测量阻值：∞

6. 测量电路板中发光二极管1LED2的正/反向电阻值

参照表1-7的操作流程，测量电路板中发光二极管1LED2的正/反向电阻值，将数据记入表1-8，并判断发光二极管的正反极性安装是否正确。

表1-8　发光二极管正反向电阻值测量记录表

测量对象		正向电阻值	反向电阻值	挡位	判定发光二极管极性安装情况
发光二极管	1LED1				
	1LED2				

通过测量电路板中发光二极管的正/反向电阻值，可以判定其好坏。若测量的正/反向电阻值为正常值左右，则该发光二极管正常，不影响电路板的正常工作；若测量的正反向电阻值都趋于0，则该发光二极管被击穿，需要更换后电路板才能正常工作；同样，若正反向电阻值都趋于∞，则该发光二极管被烧断，需要更换后电路板才能正常工作。

👥 导师说

测量电阻选量程，两笔短接先调零。

旋转到底仍有数，更换电池再进行。

断开电源再测量，接触一定要良好。

若要测量更准确，表针最好在格中。

读数勿忘乘倍率，完毕挡归关闭中。

任务 1.2　使用指针式万用表测量电路基本电量

1.2.1　认识指针式万用表的电压挡和电流挡

1．交流电压挡测量原理

指针式万用表交流电压挡测量电路示意图如图 1-6 所示。由于表头为磁电式测量机构，只能通过直流，因此利用二极管将交流电压变为直流电压后再通过表头，这样就可以根据直流电压的大小来测量交流电压。

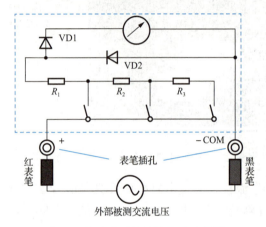

图 1-6　交流电压挡测量电路示意图

2．量程选择原则

指针式万用表交流电压挡包含 10V、50V、250V、500V、1000V 共 5 个量程。若已知被测量值的数量级，则选择与其相对应的数量级量程。若不知被测量值的数量级，则应选择最大量程开始测量，当指针偏转角太小而无法精确读数时，再把量程减小。

3．电压挡测量时的计算方法

测量电流、电压，当表盘上的满刻度值（电流、电压挡刻度线有 10、50、250）与开关指示盘上的量程相同时，表盘上的读数就是测量值。若量程选择 10V，满度值有 10，则读数便是测量值；当表盘上的满刻度值与开关指示盘的量程不同时，则需要换算，方法是：

$$测量值 = 读数 \div (满刻度值 \div 量程)$$

例如，量程选择 500，满刻度值只有 250，若读数为 200，则测量值为 200÷(250÷500)=400V。若量程为 10、50、250 的倍数，则直接读 10、50、250 刻度线，再乘以相应的倍率。（注：此方法同样适用直流电压、直流电流测量值的计算。）

导师说

1）被测交流电压只能是正弦波，其频率应小于或等于万用表的允许工作频率，否则就会产生较大误差。

2）测量后读数时，应使指针位于满刻度 2/3 左右位置为宜。

3）不清楚测量电压值时，应从高量程挡位开始逐渐降低挡位试测，换挡前应先断开电路。

注：此方法同样适用直流电压、直流电流读数。

4. 直流电压挡测量原理及量程

指针式万用表直流电压挡测量电路示意图如图 1-7 所示。其表头内阻为 2kΩ、流过的电流量程 50μA，直接使用只能测量 0.1V 以内直流电压。将万用表的直流电压挡设计为多量程的直流电压表，只要给表头串联分压电阻即可扩大电压量程，分压电阻不同，相应的量程也不同。

指针式万用表直流电压挡包含 0.25V、0.5V、2.5V、10V、50V、250V、500V、1000V 共 8 个量程，读数方法与交流电压挡相同。

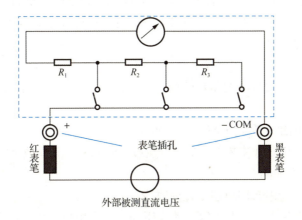

图 1-7　直流电压挡测量电路示意图

5. 直流电流挡测量原理及量程

指针式万用表直流电流挡测量电路示意图如图 1-8 所示。其表头量程为 50μA，只能直接测量 50μA 以内电流。将万用表的直流电流挡设计为多量程的直流电流表，只要给表头并联闭路式分流电阻即可扩大其电流量程，分流电阻不同，相应的量程也不同。

指针式万用表直流电流挡包含 50μA、0.5mA、5mA、50mA、500mA 共 5 个量程，读数方法与交流电压挡相同。

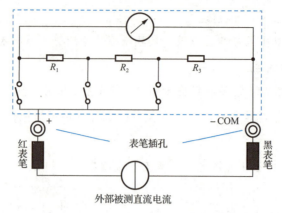

图1-8 直流电流挡测量电路示意图

1.2.2 处理测量误差

对测量误差的处理就是从测量值的原始数据中求出被测量的最佳估计值，并计算最佳估计值的准确度。

1. 有效数字

有效数字是指从最左边第一位非零数字算起，直到末位为止的全部数字。

例如，3.14有3位有效数字，0.0314有3位有效数字，200有3位有效数字，0.0020有2位有效数字。

有效数字位数的确定应掌握以下注意事项。

1）原则上可从有效数字的位数估计出绝对误差，一般规定绝对误差不超过末位有效数字单位的一半。

例如，1.00A的绝对误差不超过 ±0.005A。

2）"0"在最左面为非有效数字，"0"在最右面或两个非零数字之间均为有效数字，因此不得在数据的右面随意加 "0"。

3）有效数字不能因选用单位变化而改变。

例如，2.0A的有效数字为2位，若改用mA作为单位，将2.0A写成2000mA，有效数字为4位，则错误。应写成2.0×10^3mA，有效数字仍为2位。

4）对后面带 "0"的大数目数字，采用不同写法，有效数字位数是不同的。

例如，1000写成10×10^2为2位有效数字，写成1×10^3为一位有效数字。

2. 舍入规则

在实际运用中,通常根据测量要求来确定有效数字的位数。在保留有效数字位数时,通常要对有效数字末位数的后一位,使用"四舍六入五凑偶"舍入规则来保留有效数字。

1）四舍六入："四"是指小于等于4时舍去，"六"是指大于等于6时入位。

2）五凑偶："五"是指等于5时采用凑偶法，即根据5后面的数字来定。

① 当5后为非0数时则舍5入1。例如，3.62456取4位有效数字为3.625，1410.501取4位有效数字为1411。

② 当5后为0或无数时：若5前为奇数则舍5入1（即凑偶）；若5前为偶数则舍5不入。例如，17.995取4位有效数字为18.00，14.9850取4位有效数字为14.98。

1.2.3 实际测量电路基本电量

准备好图0-1所示的综合电路板、指针式万用表及其他测量工具，分别测量电路中的交流、直流电压和直流电流等电路基本电量。

1. 测量电路板中1X1端口输入电压

电路通过220V/12V变压器接入交流电源后，按照表1-9所示的操作流程，测量电路板中1X1端口的输入电压（U_i）。

表1-9 测量1X1端口的输入电压操作流程

序号	操作步骤	操作图示	操作要点	操作（或测量）结果
1	选择挡位	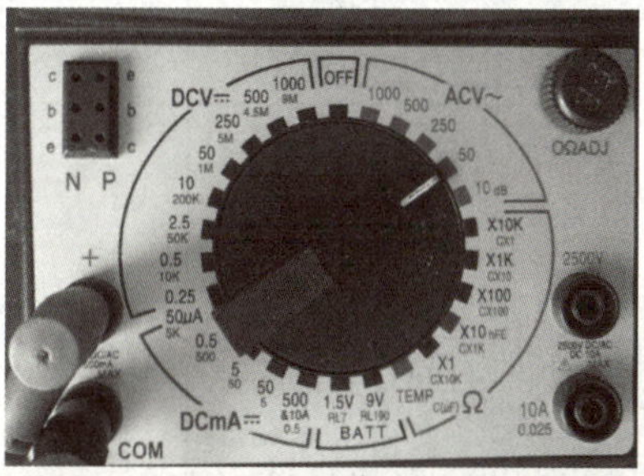	水平放置万用表，根据电路中被测对象为12V交流电压，将万用表转换开关拨到交流电压挡合适量程处	选择交流电压50V挡
2	测量电压	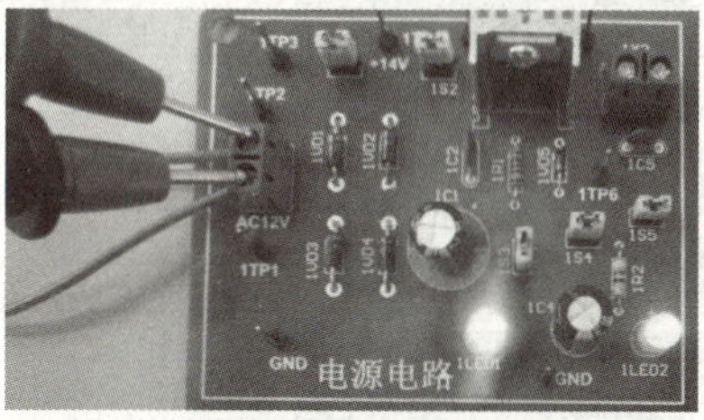	将万用表两支表笔并接在1X1两端（注：检测时交流电没有极性之分）	两支表笔任意接1X1两端
3	读取数据	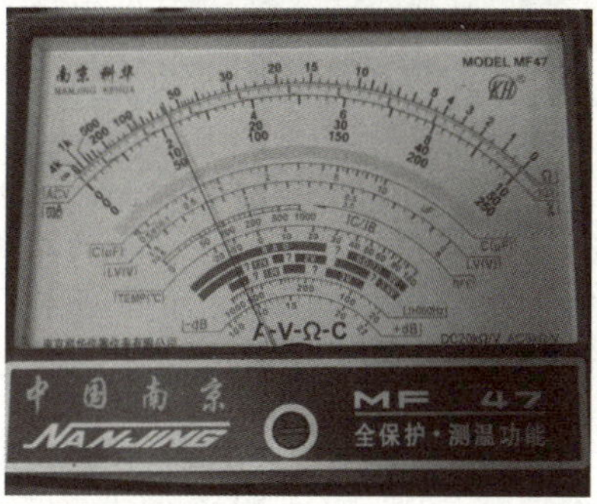	根据万用表指针所指刻度，结合量程读取交流电压值（U_i），将数据记入表1-12，并分析测量数据。万用表使用完毕须复位	参考测量交流电压值：11.2V

2．测量变压器初级电压

参照表 1-9 中的操作流程测量电路外接变压器的初级电压值（$U_初$），将测量结果记入表 1-12，并分析测量数据。

3．测量电路板中 1TP4 点对地直流电压

按照表 1-10 所示的操作流程，测量电路板中 1TP4 点对地的直流电压（U_{1TP4}）。

表 1-10　测量 1TP4 点对地直流电压操作流程

序号	操作步骤	操作图示	操作要点	操作（或测量）结果
1	选择挡位		根据电路中被测对象为 14V 直流电压，将万用表转换开关拨到直流电压挡合适量程处	选择直流电压 50V 挡
2	测量电压	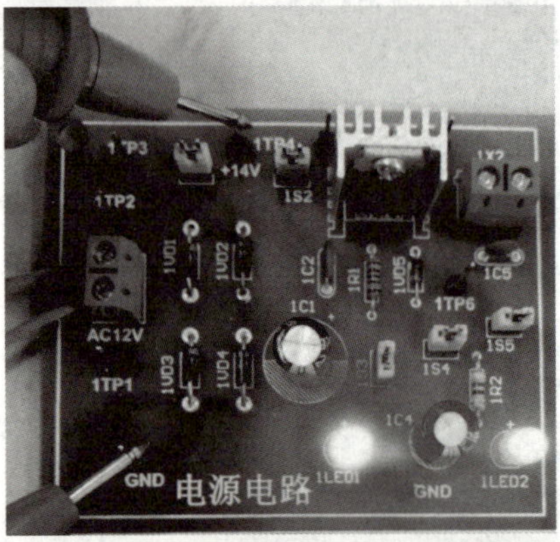	将 1S1～1S5 端口短接帽连接上，万用表两支表笔并接在 1TP4 点和地间（注：红表笔接高电位，黑表笔接低电位）	红表笔接 1TP4 点，黑表笔接 GND
3	读取数据	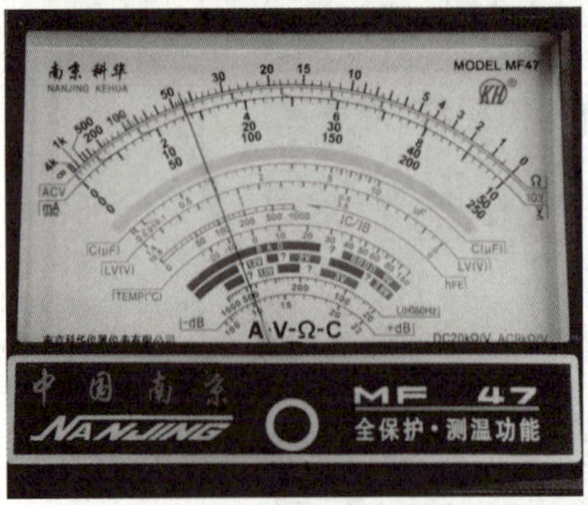	根据万用表指针所指刻度，结合量程读取直流电压值（U_{1TP4}），将数据记入表 1-12，并分析测量数据。万用表使用完毕须复位	参考测量直流电压值：13.2 V

4．测量电路板中 1TP3 点对地直流电压

将 1S1 ～ 1S5 端口短接帽连接上，断开 1S1 端口，参照表 1-10 中的操作流程，测量电路板中 1TP3 点对地直流电压值（U_{1TP3}），将数据记入表 1-12，并分析测量数据。

5．测量电路板中流过电阻器 1R2 的直流电流

按照表 1-11 所示的操作流程，测量电路板中流过电阻器 1R2 的直流电流（I_{1R2}）。

表 1-11　测量流过电阻器 1R2 的直流电流操作流程

序号	操作步骤	操作图示	操作要点	操作（或测量）结果
1	选择挡位		根据电路中被测对象为流过电阻器 1R2 的直流电流（约十几毫安），将万用表转换开关拨到直流电流挡合适量程处	选择直流电流 50mA 挡
2	测量电流	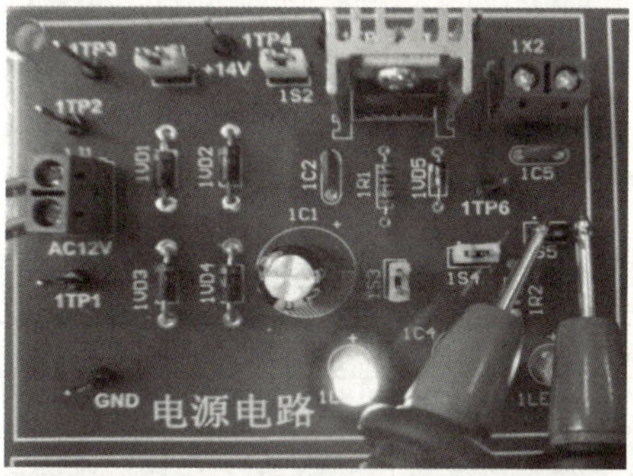	将 1S1 ～ 1S4 端口短接帽连接上，1S5 端口断开，万用表两支表笔串到 1S5 端口（注：红表笔接高电位，黑表笔接低电位）	左边连红表笔，右边连黑表笔
3	读取数据	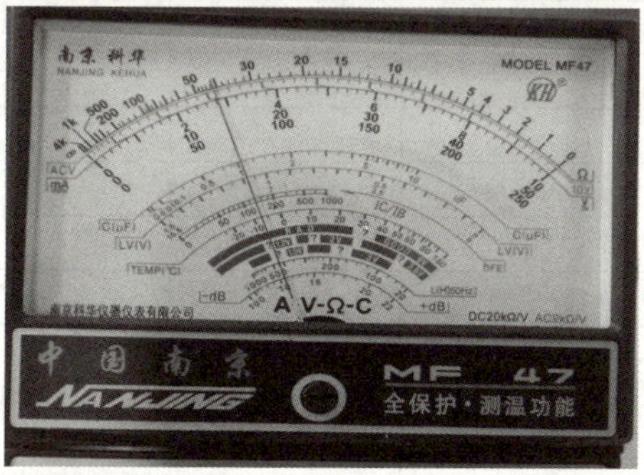	根据万用表指针所指刻度，结合量程读取直流电流值（I_{1R2}），将数据记入表 1-12，并分析测量数据。万用表使用完毕须复位	参考直流电流值：14.1mA

6．测量电路板中流过电阻 1R1 的直流电流

将 1S1 ～ 1S5 端口短接帽连接上，1S3 端口断开，参照表 1-11 中的操作流程，测量电路板中流过电阻器 1R1 的直流电流值（I_{1R1}），将数据记入表 1-12，并分析测量数据。

表 1-12　测量电路基本电量

测量对象		检测内容					
		参考值	测量值	挡位量程	保留 2 位有效数字	绝对误差	相对误差
交流电压	U_i	11.2V					
	$U_{初}$	220V					
直流电压	U_{1TP4}	13.2V					
	U_{1TP3}	10.8V					
直流电流	I_{1R2}	14.1mA					
	I_{1R1}	12.2mA					

导师说

根据对象选挡位，根据大小选量程。
测量电压并电路，测量电流串电路。
交流不分正与负，直流正负不能错。
换挡之前先断电，测量安全挂心间。

项目评价

本项目评价由三部分组成，即自我评价、小组评价和教师评价，请将各评价结果及最终得分填入项目评价表 1-13。

表 1-13　使用指针式万用表测量电气参量测试评价表

评价内容		自我评价	小组评价	教师评价
		优☆　　良△　　中√　　差×		
7S 管理职业素养	（1）整理、整顿			
	（2）清扫、清洁			
	（3）安全、节约			
	（4）素养			
知识与技能	（1）能正确完成表 1-4、表 1-6、表 1-8 内容填写			
	（2）能正确完成表 1-12 内容填写			
	（3）能说出指针式万用表的结构			
	（4）能认识指针式万用表电阻挡、电压挡、电流挡			
汇报展示	（1）作品展示（可以为实物作品展示、PPT 汇报、简报、作业等形式）			
	（2）语言流畅，思路清晰			
评价等级				
完成任务最终评价等级（评价参考：自我评价 20%、小组评价 30%、教师评价 50%）				

拓展提高 关于电子测量的其他知识点

1. 测量与电子测量的含义

（1）测量的含义

测量是人类依据一定的理论，借助专门的设备，通过实验的方法，对客观事物取得数量概念的认识过程。测量的结果称为量值。量值由数值和单位两部分组成。没有单位的量值是没有任何物理意义的。

（2）电子测量的含义

电子测量是指以电子技术理论为依据，以电子测量仪器仪表和设备为手段，对各种电量和非电量所进行的测量。电子测量是将电子技术与通信技术相结合的一门学科。

电子测量的水平是衡量一个国家科学技术水平的重要标志之一。

2. 电子测量的内容

电子测量的内容包含以下5个方面。

1）元器件参数：电阻值、电容量、电感量、晶体管放大倍数。

2）基本电量：电压、电流、功率等。

3）电信号特性参量：波形、振幅、相位、周期、频率等。

4）电路性能指标：灵敏度、增益、带宽、信噪比等。

5）特性曲线的显示：频率特性、器件特性等。

频率、时间、电压、相位、阻抗等是基本参量，其他的为派生参量，基本参量的测量是派生参量测量的基础。电压测量是最基本、最重要的测量内容。

3. 电子测量的方法

选用电子测量的方法是测量工程中重要的一步，常用的电子测量方法有以下3种。

1）直接测量：从仪器仪表上直接读出或显示出测量结果的方法。

2）间接测量：用直接测量的量与被测量之间的函数关系（公式、曲线、表格）得到被测量的测量方法。

3）组合测量：当被测量与多个未知量有关时，可通过改变测量条件进行多次测量，根据被测量与未知量之间的函数关系组成方程组，求出有关未知量的数值。

4. 电子测量的特点

电子测量的主要特点是测量频率范围宽，测量范围广，测量准确度高，测量速度快，易于实现遥测，易于实现测量自动化和智能化。

检测与反思

A 类 试 题

一、填空题

1. 在使用指针式万用表之前，应调整 _____ 旋钮，使表头指针指在表盘刻度的 _____ 位置上。

2. 长时间不用万用表时，应取下万用表内的 _____。

3. 测量高电压时，应站在 _____ 材料上，并 _____ 操作。

4. MF-47 型万用表是一种高灵敏度、多量程的携带式仪表，该表共有 _____ 个基本量程。

5. 电子测量是以 _____ 为依据，以 _____ 为手段，对 _____ 和 _____ 进行的测量。电子测量结果的量值由 _____ 和 _____ 两部分组成。

二、判断题

1. 指针式万用表内有电池，红表笔接电池的负极。 （　　）

2. 测量的电流或电压值未知时，应选择万用表的高挡位进行测量。 （　　）

3. 万用表表盘上有电感读数线，表明该表可以测量电感。 （　　）

4. 在选择万用表电阻挡进行测量时，每变换一次量程都需要进行电阻调零。 （　　）

5. 测量中产生的误差是由万用表的精度不够造成的。 （　　）

三、选择题

1. 不属于测量内容的是（　　）。
   A．电信号特性参量的测量　　　　B．特性曲线的显示
   C．器件序号的鉴别　　　　　　　D．元器件参数的测量

2. 控制（　　）是衡量测量技术水平的标志之一。
   A．电源　　　　B．量程　　　　C．读数　　　　D．误差

3. 系统误差越小，测量结果（　　）。
   A．越准确　　　　　　　　　　　B．越不准确
   C．不一定准确　　　　　　　　　D．与系统误差无关

4. 万用表测量电压时，要（　　）在被测电路两端。
   A．串联　　　　B．并联　　　　C．混联　　　　D．关联

5. 电工仪表的准确等级常分为（　　　）个级别。

    A. 6   B. 7   C. 8   D. 9

B 类 试 题

一、填空题

1. 直流电流挡的量程是 0.05mA，电流的测量值是 0.02mA，读数是 _____。

2. 使用指针式万用表判断二极管的好坏时，应选 _____ 挡。

3. 使用指针式万用表测量电容的漏电阻时，应遵循小容量选 _____ 挡位，大容量选 _____ 挡位，测量时指针开始会向右侧偏转一个角度，然后慢慢向左侧回转，这个过程体现了电容的充电过程，指针最后静止时的指示值即为电容的 _____，这个值越 _____，说明电容的质量越 _____。

4. 根据误差性质，测量误差可分为 _____、_____、_____。

5. 数据舍入规则简单概括为 _____。

6. 指针式万用表测量直流电压，量程是 250V，读数是"150"，电压的测量值是 _____；量程是 10kV，读数是"6"，电压的测量值是 _____。

二、判断题

1. 要扩大直流电流的量程，需要串联电阻才能实现。 （　　　）

2. 在用间接法测量直流电流时，需要将万用表串联在电路中。 （　　　）

3. 在测量电阻器时，应用手将电阻器的两个引脚握住，测量才准确。 （　　　）

4. 由环境温度变化引起的测量误差称为仪器误差。 （　　　）

5. 在测量高电压或大电流时，应先断电后再变换挡位。 （　　　）

6. 20×10^2 是 4 位有效数字。 （　　　）

三、选择题

1. 在使用万用表测量过程中，若需换挡，则应先（　　　），换挡后再进行测量。

    A. 断开电源   B. 断开表笔

    C. 直接换挡   D. 以上都不对

2. 指针式万用表每次使用结束后，应将转换开关拨至（　　　）或空挡。

    A. 电阻挡   B. 直流电压最高挡

    C. 交流电压最高挡   D. 电流挡

3. 用指针式万用表测量直流电压，量程为 2.5V，刻度线上读出的数据是 148，则该直流电压测量值为（　　）。

  A．2.5V   B．14.8V   C．25V   D．1.48V

C 类 试 题

准备好图 0-1 所示的综合电路板、指针式万用表和其他测量工具，按照图 0-2 所示的电路原理图完成以下测量。

1. 使用指针式万用表测量 220V/12V 变压器初级 / 次级电阻值和断开 1S1 端口时整流二极管 1VD1 的正 / 反向电阻值，将测量结果填入表 1-14，并判定变压器和整流二极管的质量。

表 1-14　变压器及整流二极管 1VD1 参数测量结果记录表

测量对象		测量值	量程挡位	保留 2 位有效数字	质量判定
变压器	初级电阻值				
	次级电阻值				
整流二极管 1VD1	正向电阻值				
	反向电阻值				

2. 将 1S1 ～ 1S5 端口用短接帽连接上，使用指针式万用表测量 1TP6 点对地直流电压 U_{1TP6}，将测量结果填入表 1-15。

表 1-15　1TP6 点对地直流电压测量结果记录表

测量对象	参考值	测量值	量程挡位	保留 3 位有效数字	绝对误差	实际相对误差
直流电压 U_{1TP6}	9V					

3. 将 1S1 ～ 1S5 端口用短接帽连接上，先断开 1S4 测量此处通过的电流值 I_{1S4}，然后闭合 1S4，断开 1S2 并测量此处通过的电流值 I_{1S2}，最后闭合 1S2，断开 1S1 并测量此处通过的电流值 I_{1S1}，将测量结果填入表 1-16。

表 1-16　1S4、1S2、1S1 处直流电流测量结果记录表

测量对象	测量值	量程挡位	保留 2 位有效数字	判定电路质量
直流电流 I_{1S4}				
直流电流 I_{1S2}				
直流电流 I_{1S1}				

项目 2　使用数字式万用表测量电气参量

📖 知识目标

1) 了解数字式万用表的结构。
2) 了解数字式万用表的工作原理。
3) 掌握数字式万用表的使用方法和在使用过程中应注意的事项。

📖 能力目标

1) 会使用数字式万用表的电阻挡测量电路元器件参数。
2) 会使用数字式万用表的交 / 直流电压挡测量电路基本电量。
3) 会使用数字式万用表的直流电流挡测量电路基本电量。

📖 安全须知

1. 人身操作安全

1) 在电路接通交流电源前，先断电，连接好线路后，再通电。
2) 在电路通电情况下，禁止用手随意触摸电路中金属导电部位。

2. 仪表操作安全

1) 在使用数字式万用表测量电路中未知参量时，应从高挡位到低挡位依次换挡进行测量，变换挡位时，应先断开仪表与电路的连接。
2) 更换数字式万用表内部电池时，安装的极性必须正确，电池容量要符合要求。
3) 数字式万用表使用结束后，应将转换开关拨至交流电压最高挡，关闭电源；长时间不使用时，应取出万用表内部电池。

⚙ 项目描述

本项目依据图 0-2（a）所示的电源电路原理图，用 UT39A 型数字式万用表测量图 0-1 所示的综合电路板中输入端 / 输出端的电阻值、发光二极管等元器件的参数，以及电路中的交 / 直流电压和直流电流等基本电量，并分析测量数据。

项目准备

完成本项目需要按照表 2-1 所示的工具、仪表及材料清单进行准备。

表 2-1　工具、仪表及材料清单

序号	名称	规格 / 型号	状况	序号	名称	规格 / 型号	状况
1	数字式万用表	UT39A 型		4	螺丝刀	平口螺丝刀	
2	测量电路板	综合电路板		5	绝缘手套	220V 带电操作橡胶手套	
3	输入交流电源	变压器初级220V 交流电源		6	防静电环	防静电手环	

注：“状况”栏填写“正常”或“不正常”。

任务 2.1　使用数字式万用表测量电路元器件参数

数字式万用表是一种多功能、多量程的便携式测量仪表，主要以数字电路为基础进行信号的检测和分析，再通过转换器用 LCD 显示出来。它是电工电子类专业学生必须学会使用的检测仪表之一。

2.1.1　数字式万用表的作用、结构及电阻挡测量原理

1．数字式万用表的作用

数字式万用表可以测量电阻器、电容器等元器件参数，也可以测量直流电流、直流电压、交流电压等电路参数。有些万用表还可测量电容量、电感量、功率、晶体管直流放大倍数等。

2．数字式万用表的结构

（1）外部结构

数字式万用表主要由液晶显示器、量程转换开关和表笔插孔等组成，如图 2-1 所示。

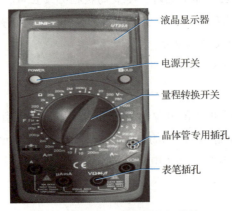

图 2-1　数字式万用表外部结构

（2）内部结构

数字式万用表的内部由电池、电路板及元器件等组成，如图2-2所示。

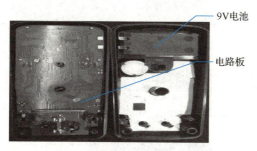

图2-2　数字式万用表内部结构

3. 数字式万用表的特性

数字式万用表采用大规模集成电路和液晶数字显示技术。与指针式万用表相比具有灵敏度高、准确度高、显示清晰、功能多、抗过载能力强、耗电低、便于携带、使用方便等优点。

4. 电阻挡量程及测量原理

（1）电阻挡量程

数字式万用表电阻挡包含200、2k、20k、200k、2M、20M、200M共7个量程。

（2）电阻挡测量原理

测量电阻时，通过量程转换开关的转换，电路构成欧姆表，如图2-3所示。标准电阻器 R_0 和被测电阻器 R_x 构成电阻/电压转换器，在两个电阻器上加一标准电压 U，则 R_0 和 R_x 上分别按比例产生一定的电压降。由于标准电阻器 R_0 的阻值已知，因此通过测量 R_x 上的电压降 U_x 即可间接测得被测电阻器 R_x 的阻值。根据数字表头中集成电路IC7106的特性，当 $R_x=R_0$ 时显示读数为1000，合理设计 R_0 的取值，便可使LCD直接显示被测电阻器的阻值。改变标准电阻器 R_0 的阻值，即可改变量程。

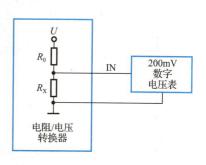

图2-3　电阻挡测量原理图

2.1.2　实际测量电路元器件参数

准备好如图0-1所示的综合电路板、数字式万用表及其他测量工具，按照图0-2（a）所示的电源电路原理图，分别测量电路元器件参数。

1. 测量电路板输入端电阻值

按照表2-2所示的操作流程，测量电路板输入端的电阻值。

表 2-2　测量输入端电阻值操作流程

序号	操作步骤	操作图示	操作要点	操作（或测量）结果
1	选择表笔插孔	黑表笔　红表笔	水平放置万用表，红表笔插入 VΩ 插孔，黑表笔插入 COM 插孔，并打开电源开关	万用表 LCD 显示"000"
2	选择挡位	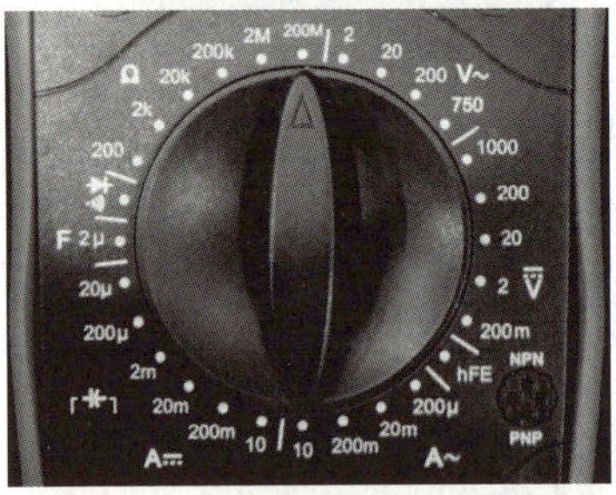	根据电路中被测对象为输入电阻，将万用表转换开关拨到电阻挡合适量程位置	参考选择挡位：电阻 200M 挡
3	测量输入端电阻值（R_i）	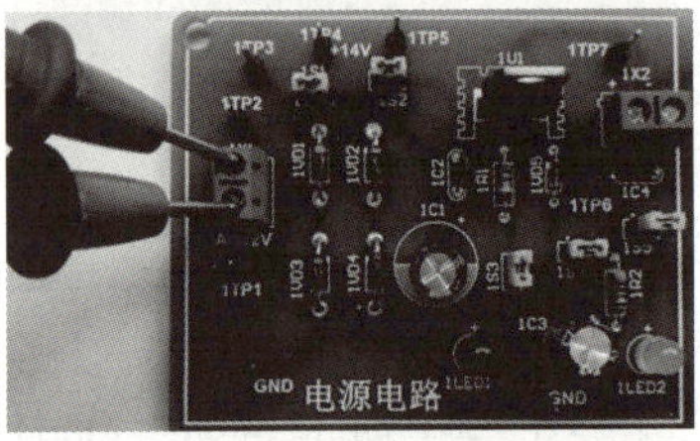 	将电路板中 1S1 ～ 1S5 端口用短接帽连接，将万用表两支表笔接输入端口 1X1 处（红表笔接上端、黑表笔接下端），测量正向电阻，交换表笔再测一次反向电阻，将两次 LCD 显示值记入表 2-3，并根据阻值初步判断整个电路板是否有短路或开路情况	万用表 LCD 显示值为 1.5MΩ
4	复位	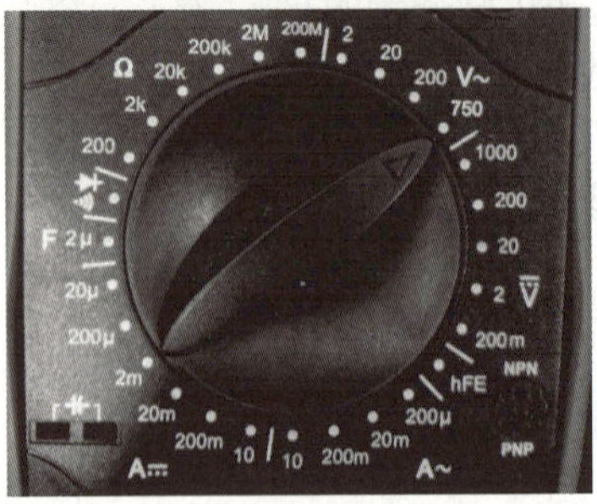	测量完毕，将万用表量程转换开关拨到交流电压最高挡（750V），并关闭电源	转换开关处于交流电压 750V 挡位置

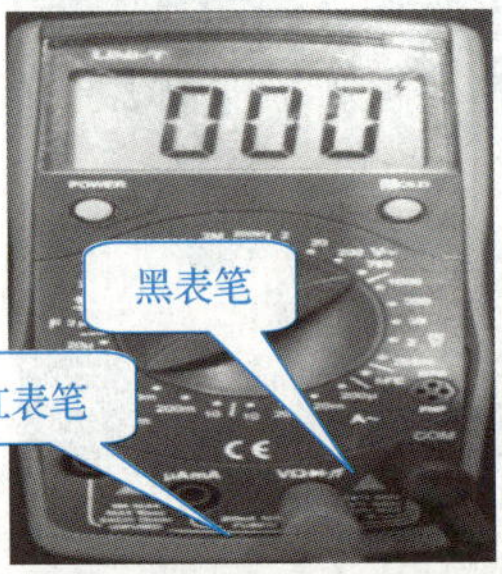

2. 测量电路板输出端电阻值

参照表 2-2 中的操作流程测量电路板输出端口 1X2 处的电阻值，将数据记入表 2-3，并初步判断整个电路是否有短路或开路情况。

表 2-3　输入端 / 输出端电阻值测量记录表

测量对象	正向测量值	反向测量值	挡位	初步判定电路质量
输入端电阻值（R_i）				
输出端电阻值（R_o）				

3. 测量电路板中电阻器 1R1 的电阻值

按照表 2-4 所示的操作流程，测量电路板中电阻器 1R1 的在路 / 开路电阻值。

表 2-4　测量电阻器 1R1 电阻值操作流程

序号	操作步骤	操作图示	操作要点	操作（或测量）结果
1	选择挡位	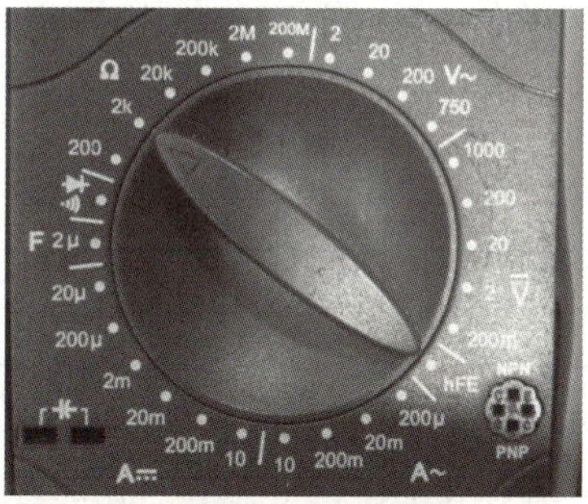	保持红表笔插入 VΩ 插孔，黑表笔插入 COM 插孔。根据电路中被测对象为电阻器 1R1 的标称阻值为 1kΩ，将万用表转换开关拨到电阻 2k 挡位	参考选择挡位：电阻 2k 挡
2	测量在路电阻值	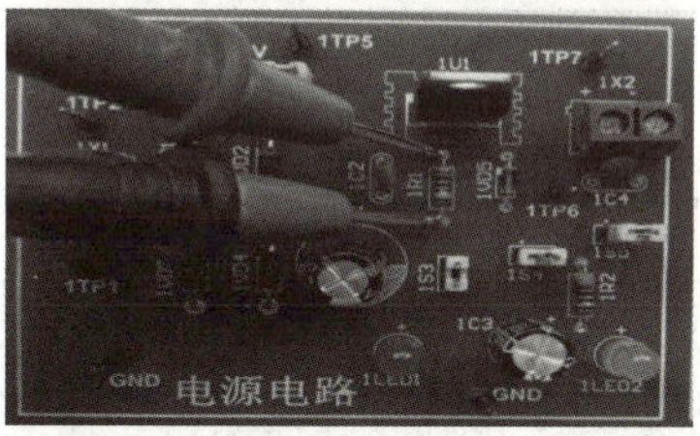 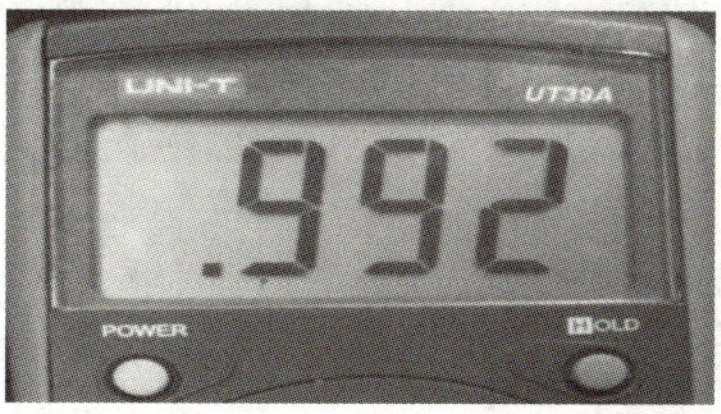	断开电路电源，保持 1S1 ～ 1S5 端口短接帽连接上，将两支表笔接电阻器 1R1 的两个引脚，读出万用表 LCD 显示值，将数据记入表 2-5，并分析测量数据	测量参考阻值：0.992kΩ

序号	操作步骤	操作图示	操作要点	操作（或测量）结果
3	测量开路电阻值		将电路板中 1S3 端口短接帽断开，两支表笔再次接电阻器 1R1 的两个引脚，读出万用表 LCD 显示值。将数据记入表 2-5，并分析测量数据。万用表使用完毕须复位并整理归还	测量参考阻值：1.020kΩ

4．测量电路板中电阻器 1R2 的电阻值

参照表 2-4 中的操作流程，测量电路板中电阻器 1R2 的开路电阻值和在路电阻值，将数据记入表 2-5，并分析测量数据。

表 2-5　1R1、1R2 的在路 / 开路电阻值测量记录表

测量对象		参考值	测量值	挡位	绝对误差	实际相对误差	质量判定
在路电阻值	电阻器 1R1	1kΩ±1%					
	电阻器 1R2	470Ω±5%					
开路电阻值	电阻器 1R1	1kΩ±1%					
	电阻器 1R2	470Ω±5%					

5．测量电路板中发光二极管 1LED1 的导通电压

按照表 2-6 所示的操作流程，测量电路板中发光二极管 1LED1 的导通电压。

表 2-6　测量 1LED1 导通电压操作流程

序号	操作步骤	操作图示	操作要点	操作（或测量）结果
1	选择挡位		保持红表笔插入 VΩ 插孔，黑表笔插入 COM 插孔。根据电路中被测对象为发光二极管 1LED1，将万用表转换开关拨到二极管和蜂鸣器共用挡位	参考选择挡位：二极管和蜂鸣器共用挡

续表

序号	操作步骤	操作图示	操作要点	操作（或测量）结果
2	测量 1LED1 正向电压	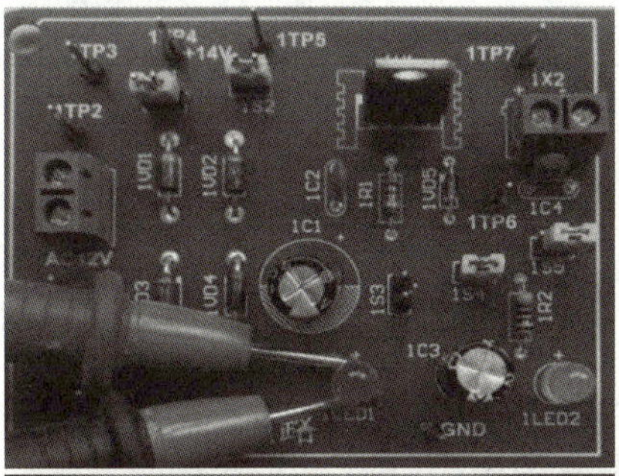 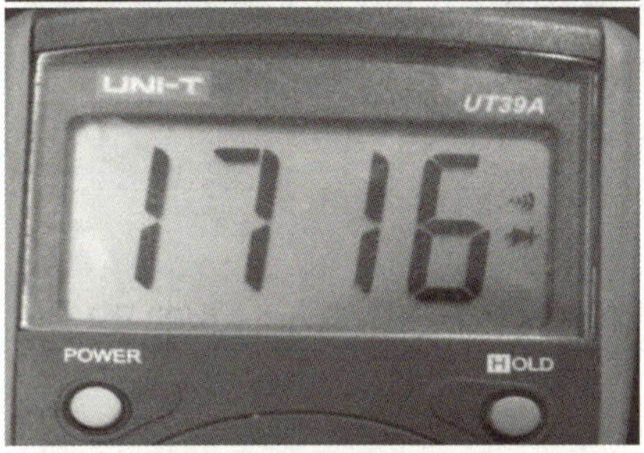	将电路中 1S3 端口断开，用万用表黑表笔接 1LED1 负极，红表笔接 1LED1 正极，读出万用表 LCD 显示导通电压值，将测量数据记入表 2-7	测量参考值：1716mV（即 1.716V）；测量状态：正向导通
3	测量 1LED1 反向电压	 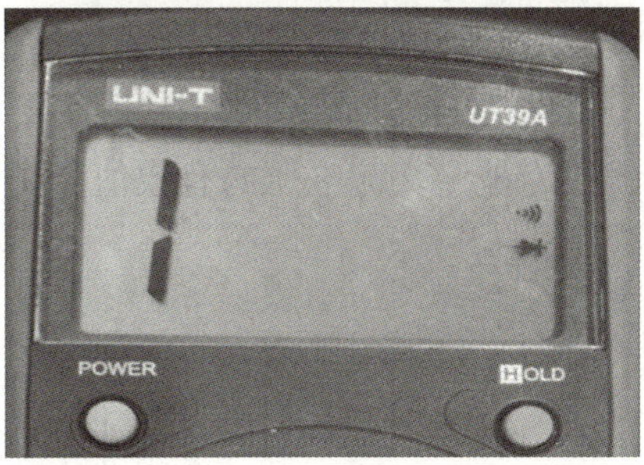	交换表笔测量，LCD 显示为"1"，表示反向截止，将测量数据记入表 2-7，并判断该发光二极管的正/负极性是否安装正确。万用表使用完毕须复位	测量状态：反向截止

6. 测量电路板中发光二极管 1LED2 的导通电压

参照表 2-6 中的操作流程，测量电路板中发光二极管 1LED2 的正/反向电压，将数据记入表 2-7，并判断该发光二极管的正/负极性是否安装正确。

表 2-7　发光二极管正 / 反向电压测量记录表

测量对象		正向电压	反向电压	挡位	判定发光二极管极性安装情况
发光二极管	1LED1				
	1LED2				

导师说

仪表电压要富足，先将电路电关闭。
红笔插入 VΩ 孔，量程大小选适宜。
精确测量电阻值，引线电阻先记录。
笔尖测点接触好，手不接触表笔尖。
若是显示数字 1，超过量程最大值。
若是数字在跳变，稳定以后再读数。

➡ 任务 2.2　使用数字式万用表测量电路基本电量

2.2.1　认识数字式万用表的电压挡和电流挡

1. 交流电压挡的量程及测量原理

（1）交流电压挡的量程
数字式万用表交流电压挡包含 200mV、2V、20V、200V、750V 共 5 个量程。
（2）交流电压挡测量原理
测量交流电压时，通过测量选择开关的转换，电路构成交流电压表，如图 2-4 所示。交流电压挡与直流电压挡共用一个分压器，所不同的是测量交流电压时，在数字表头输入端 IN 与分压器之间增加了一个交流 / 直流转换器，将取样电阻器上的交流电压转换为直流电压送入数字表头显示。交流 / 直流转换器同时能够将交流电压的峰 - 峰值校正为有效值，LED 显示屏显示的读数为被测交流电压的有效值。

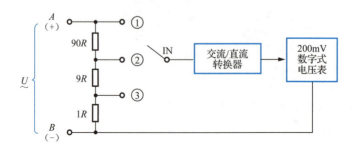

图 2-4　交流电压挡测量电路示意图

2．直流电压挡的量程及测量原理

（1）直流电压挡的量程

数字式万用表直流电压挡包含 200mV、2V、20V、200V、1000V 共 5 个量程。

（2）直流电压挡测量原理

测量直流电压时，通过测量选择开关的转换，电路构成直流电压表，如图 2-5 所示。3 个阻值分别为 1R、9R、90R 的电阻器构成分压器，被测电压 U 加在分压器的 A、B 两端，A 端为正，B 端为负。数字表头（200mV 数字式电压表）仅测量取样电阻器上的电压，取样电阻器可以是分压器的一部分，也可以是分压器的全部，改变取样比，即可改变量程。

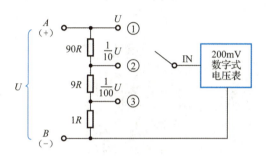

图 2-5　直流电压挡测量电路示意图

3．直流电流挡的量程及测量原理

（1）直流电流挡的量程

数字式万用表直流电流挡包含 2mA、20mA、200mA、10A 共 4 个量程。

（2）直流电流挡测量原理

测量直流电流时，通过测量选择开关的转换，电路构成直流电流表，如图 2-6 所示。取样电阻器 R 构成电流／电压转换器，被测电流 I 由 A 端进、B 端出，在取样电阻器 R 上必然产生电压降 U_R，$U_R=IR$，数字表头（200mV 数字式电压表）测量取样电阻器上的电压降，便可间接测得电流值。改变取样电阻器阻值的大小，即可改变量程。

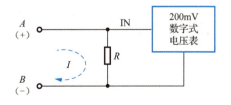

图 2-6　直流电流挡测量电路示意图

2.2.2　实际测量电路基本电量

准备好如图 0-1 所示的综合电路板、数字式万用表及其他测量工具，按照图 0-2（a）所示的电源电路原理图，实际测量电路中的交流、直流电压和直流电流等电路基本电量。

1. 测量电路板中 1X1 端口的输入电压

电路通过变压器接入 220V 交流电源后，按照表 2-8 所示的操作流程，测量电路板中 1X1 端口的输入电压（U_i）。

表 2-8　测量 1X1 端口的输入电压操作流程

序号	操作步骤	操作图示	操作要点	操作（或测量）结果
1	选择挡位		保持红表笔插入 VΩ 插孔，黑表笔插入 COM 插孔。根据电路中被测对象为交流电压，将万用表转换开关拨到交流电压挡合适量程处	参考挡位：交流电压 20V 挡
2	测量电压	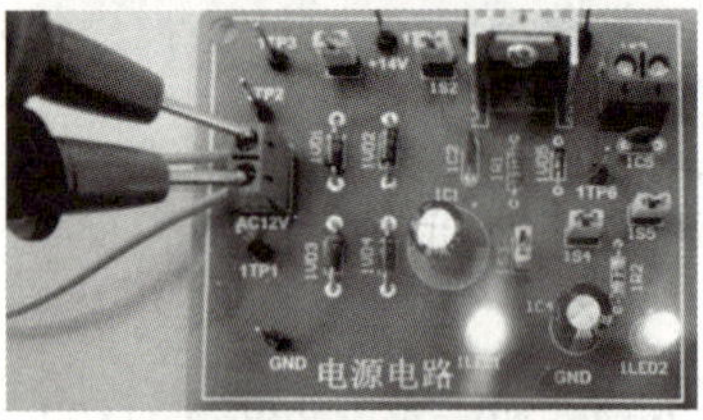	将万用表两支表笔并接在 1X1 两端（注：检测时交流电没有极性之分）	两支表笔任意接 1X1 两端
3	读取数据	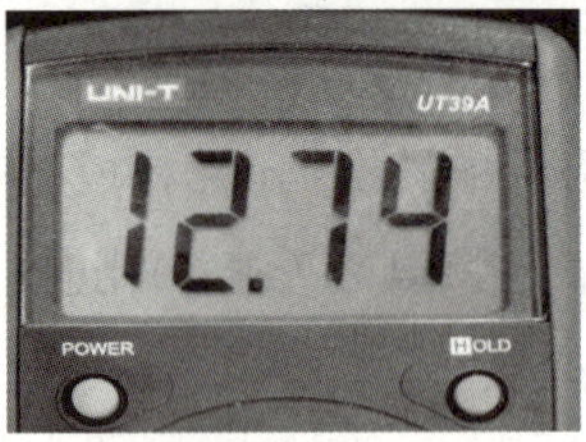	读取万用表 LCD 显示的交流电压值（U_i），将数据记入表 2-11，并分析测量数据。万用表使用完毕后须复位	LCD 显示值为 12.74V

2. 测量变压器初级电压

参照表 2-8 中的操作流程，测量电路外接变压器的初级电压值（$U_初$），将数据记入表 2-11，并分析测量数据。

3. 测量电路板中 1TP5 点对地的直流电压

按照表 2-9 所示的操作流程，测量电路板中 1TP5 点对地的直流电压（U_{1TP5}）。

表 2-9　测量 1TP5 点对地直流电压操作流程

序号	操作步骤	操作图示	操作要点	操作（或测量）结果
1	选择挡位		保持红表笔插入 VΩ 插孔，黑表笔插入 COM 插孔。根据电路中被测对象为 15V 直流电压，将万用表转换开关拨到直流电压挡合适量程处	参考挡位量程：直流 20V
2	测量电压		将 1S1～1S5 端口短接帽连接上，万用表两支表笔并接在 1TP5 点和接地端（注：红表笔接高电位，黑表笔接低电位）	红表笔接 1TP5 点，黑表笔接 GND
3	读取数据		读取万用表 LCD 显示的直流电压值（U_{1TP5}），将数据记入表 2-11，并分析测量数据。万用表使用完毕须复位	LCD 显示值为 15.49 V

4．测量电路板中 1TP6 点对地的直流电压

断开 1S4 端口，参照表 2-9 中的操作流程，测量电路板中 1TP6 点对地的直流电压值 U_{1TP6}，将数据记入表 2-11，并分析测量数据。

5．测量电路板中流过电阻器 1R2 的直流电流

按照表 2-10 所示的操作流程，测量电路板中流过电阻器 1R2 的直流电流（I_{1R2}）。

表 2-10　测量流过电阻器 1R2 的直流电流操作流程

序号	操作步骤	操作图示	操作要点	操作（或测量）结果
1	选择挡位		红表笔插入 uA/mA 插孔，黑表笔插入 COM 插孔，根据电路中被测对象为流过电阻器 1R2 的直流电流，将万用表转换开关拨到直流电流挡合适量程处	参考挡位：直流电流 200mA 挡

续表

序号	操作步骤	操作图示	操作要点	操作（或测量）结果
2	测量电流		将 1S1 ～ 1S4 端口短接帽连接上，1S5 端口断开，万用表两支表笔串接到 1S5 端口（注：红表笔接高电位，黑表笔接低电位）	左边连红表笔，右边连黑表笔
3	读取数据		读取万用表 LCD 显示的直流电流值（I_{1R2}），将数据记入表 2-11，并分析测量数据。万用表使用完毕须复位	LCD 显示值为 14.6 mA

6. 测量电路板中流过电阻器 1R1 的直流电流

将 1S1 ～ 1S5 端口短接帽连接上，1S3 端口断开，参照表 2-10 中的操作流程，测量电路板中流过电阻器 1R1 的直流电流值 I_{1R1}，将数据记入表 2-11，并分析测量数据。

表 2-11　测量电路基本电量

测量对象		检测内容					
		参考电压值	测量值	挡位量程	保留两位有效数字	绝对误差	相对误差
交流电压	U_i	12V					
	$U_{初}$	220V					
直流电压	U_{1TP5}	15V					
	U_{1TP6}	2 ～ 14V					
直流电流	I_{1R2}	22mA					
	I_{1R1}	2.8mA					

导师说

表笔插入相应孔，直流交流要分析。
不知被测未知值，量程从大往小减。
表笔串联测电流，表笔极性不重要。

表笔并联测电压，接触良好防位移。
直流电压的测量，红接正极黑负极。
红黑表笔极性反，"−"号为红接负极。
交流电压不分极，握笔安全为第一。
正在通电测量时，禁忌换挡出问题。
数字跳变为正常，稳定之后读数值。

项目评价

本项目评价由三部分组成，即自我评价、小组评价和教师评价，请将各评价结果及最终得分填入项目评价表 2-12。

表 2-12　使用数字万用表测量电气参量测试评价表

评价内容		自我评价	小组评价	教师评价
		优☆　良△　中✓　差×		
7S 管理职业素养	（1）整理、整顿			
	（2）清扫、清洁			
	（3）节约、素养			
	（4）安全			
知识与技能	（1）能正确完成表 2-3、表 2-5、表 2-7 内容填写			
	（2）能正确完成表 2-11 内容填写			
	（3）能认识数字式万用表的结构			
	（4）能认识数字式万用表电阻挡、电压挡、电流挡			
汇报展示	（1）作品展示（可以为实物作品展示、PPT 汇报、简报、作业等形式）			
	（2）语言流畅，思路清晰			
评价等级				
完成任务最终评价等级（评价参考：自我评价 20%、小组评价 30%、教师评价 50%）				

拓展提高　使用交流电流挡测量交流电流

1. 交流电流挡的量程

数字式万用表交流电流挡包含 200μA、20mA、200mA、10A 共 4 个量程。

2. 交流电流挡测量原理

测量交流电流时，通过测量选择开关的转换，电路构成交流电流表，如图 2-7 所示。

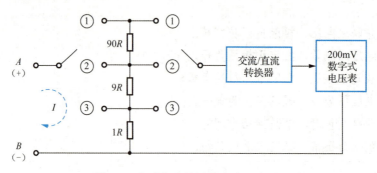

图 2-7　交流电流挡测量电路示意图

交流电流表只是在直流电流表电路基础上增加了一个交流/直流转换器，将被测交流电流 I 在取样电阻器上的交流电压转换为直流电压再送入数字表头显示。同样因为交流/直流转换器的校正作用，LCD 显示的读数为被测交流电流的有效值。

3. 测量交流电流

测量交流电流与测量直流电流相似。转动测量选择开关至交流电流挡"A~"，数字式万用表构成交流电流表，接入被测电流回路即可测量。测量200mA以下交流电流时，红表笔插入"mA"插孔；测量200mA及以上交流电流时，红表笔插入"A"插孔。例如，测量40W照明灯泡的工作电流（图2-8），转动测量选择开关至交流电流200mA挡，数字万用表构成交流电流表，接入照明灯泡H的电流回路（两表笔不分正负），LCD即显示出被测照明灯泡H的工作电流"181.8mA"。

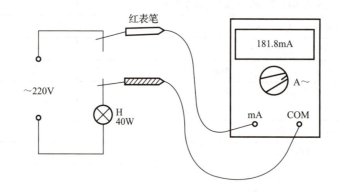

图 2-8　测量 40W 照明灯泡工作电流示意图

检测与反思

A 类 试 题

一、填空题

1. 数字式万用表采用了 ＿＿＿＿＿＿＿＿＿ 和 ＿＿＿＿＿＿＿＿＿ 技术。

2. 数字式万用表主要由 _____、_____ 和 _____ 组成。

3. 数字式万用表按量程转换方式可以分为 _____、_____、_____。

4. 数字式万用表按携带方式可以分为 _____、_____。

5. 数字式万用表采用 _____ 的电池供电。

二、判断题

1. 数字式万用表中黑表笔接内部电池的负极，红表笔接正极。　　　　（　　）

2. 测量过程中，数字式万用表可以随意进行放置。　　　　　　　　（　　）

3. 在用数字式万用表测量 750V 交流电时，可以随意拨动挡位。　　　（　　）

4. 在使用数字式万用表的电阻挡时，需要进行电阻挡调零。　　　　（　　）

5. 测量的电流或电压值未知时，应选择数字式万用表的高挡位进行测量。（　　）

B 类 试 题

一、问答题

1. 如何选择万用表？

2. 数字式万用表测量电阻器阻值的步骤是什么？

3. 用数字式万用表测量电阻器的阻值时有哪些注意事项？

二、实操题

准备好图 0-1 所示的综合电路板，使用数字式万用表测量外接变压器初级/次级电阻值和断开 1S1 端口时整流二极管 1VD1 的正/反向电压值，将测量结果记录入表 2-13。

表 2-13　变压器及整流二极管 1VD1 参数测量结果记录表

测量对象		测量值	量程挡位	保留 2 位有效数字	质量判定
变压器	初级电阻值				
	次级电阻值				
整流二极管 1VD1	正向电压值				
	反向电压值				

C 类 试 题

一、填空题

1. 数字式万用表的特点是 _____。

2. 数字式万用表内有电池，红表笔接电池的 _____。

3. 数字式万用表的优点是 _____。

4. 用数字式万用表测量正常的硅二极管时，黑表笔接二极管的 _____，红表笔接二极管的 _____，则表的示值为 _____。

5. 用数字式万用表测量一个 $10k\Omega$ 的电阻器，挡位为 2k，LCD 显示值为 "1"，则表明 _____。

二、问答题

1. 数字式万用表测量交流电压的步骤是什么？

2. 数字式万用表测量直流电流的步骤是什么？

3. 怎样用数字式万用表测量发光二极管的正 / 反向电压？

三、实操题

准备好图 0-1 所示的综合电路板和测量工具，按照图 0-2（ a ）所示的电源电路原理图，完成以下测量。

1. 将 1S1 ～ 1S5 端口用短接帽连接上，用数字式万用表测量 1TP1 点、1TP3 点分别对地直流电压，将测量结果记入表 2-14。

2. 将 1S1 ～ 1S5 端口用短接帽连接上，先断开 1S5 测量此处流过的电流值；然后闭合 1S5，断开 1S3 并测量此处流过的电流值；最后闭合 1S3，断开 1S2 并测量此处流过的电流值，将测量结果记入表 2-14。

表 2-14　测量结果

测量具体对象		参考值	测量值	量程挡位	保留 2 位有效数字	绝对误差	相对误差
直流电压	U_{1TP1}						
	U_{1TP3}						
直流电流	I_{1S5}						
	I_{1S3}						
	I_{1S2}						

项目3 使用台式万用表测量电气参量

知识目标

1) 理解电子测量的含义、内容、方法。
2) 了解台式万用表的面板组成及各按钮功能。

能力目标

1) 会使用台式万用表的电阻挡测量电路元器件参数。
2) 会使用台式万用表的交/直流电压挡测量电路基本电量。
3) 会使用台式万用表的直流电流挡测量电路基本电量。

安全须知

1) 使用前检查台式万用表和表笔。如果发现异常情况，如表笔线芯裸露、机壳损坏、LCD无显示等，禁止使用。严禁使用没有后盖或者后盖没有盖好的仪表。

2) 表笔破损必须更换，并更换同样型号或相同电气规则的表笔。

3) 当仪表正在测量时，不要接触裸露的电线、连接器、没有使用的输入端或者正在测量的电路。

4) 测量高于直流60V或者交流30V以上的电压时，务必小心谨慎，切记手指不要超过表笔护指位，以防触电。

5) 不能确定被测量值的范围时，必须将量程选择开关置于最大量程位置。

6) 切勿在端子和端子之间，或者端子和接地之间施加超过仪表上所标注的额定电压或电流。

7) 测量时功能开关必须置于正确的量程挡位。在量程开关转换之前，必须断开表笔与被测电路的连接，严谨在测量进行中转换挡位，以防损坏仪表。

8) 测量完毕应及时关断电源。长时间不用时，应取出电池（仅适用电池供电）。

项目描述

本项目依据图0-2所示的综合电路板电路原理图，用UT-802台式万用表测量图0-1所示的综合电路板中电阻器、电容器、发光二极管等元器件的参数，以及电路中的交/直流电压和直流电流等基本电量，并根据测量数据分析电路性能。

项目准备

完成本项目需要按照表 3-1 所示的工具、仪表及材料清单进行准备。

表 3-1　工具、仪表及材料清单

序号	名称	规格 / 型号	状况	序号	名称	规格 / 型号	状况
1	台式万用表	UT-802		4	螺丝刀	平口螺丝刀	
2	测量电路板	综合电路板		5	绝缘手套	220V 带电操作橡胶手套	
3	输入交流电源	变压器初级 220V 交流电源		6	防静电环	防静电手环	

注："状况"栏填写"正常"或"不正常"。

任务 3.1　使用台式万用表测量电路元器件参数

3.1.1　台式万用表的作用及分类

1. 台式万用表的作用

台式万用表具有功能多、精度高、稳定性好、可靠性强等优点，但体积大，不便于携带。它可以测量电阻器、电容器、二极管等元器件参数，也可以测量直流电流、直流电压、交流电压、音频电平等电路基本电量，还可测量温度、信号频率、晶体管直流放大倍数和蜂鸣器电路通断。

2. 台式万用表的分类

台式万用表是一种高精度数字万用表，如图 3-1 所示。四位半、五位半或六位半是精度的数量级，反映检测误差值的大小。目前精度最高的台式万用表可达八位半。精度越高，价格越贵，功能越齐全（特别是过载保护功能，能在选错挡位时自动启动保护装置）。

（a）优利德四位半　　　　（b）优利德五位半　　　　（c）福禄克六位半

图 3-1　台式万用表

　　高精密台式万用表常用于研发、制造。本任务以优利德四位半 UT-802 型台式万用表对电路进行测量。UT-802 是手动量程、便携台式、交 / 直流供电两用台式数字万用表，具有大屏幕带背光的超大字符显示，全功能、全量程过载保护和独特的外观设计，并自带工具箱，是性能优越的电工测试仪表。

3.1.2　台式万用表的外部结构

　　台式万用表的外部结构包含 LCD、电源开关、背光控制开关、数据保持开关、表笔插孔、量程转换开关等，如图 3-2 所示。另外还配有测试表笔、鳄鱼夹短测试线、K 型温度探头、转接插头座、电源适配器。

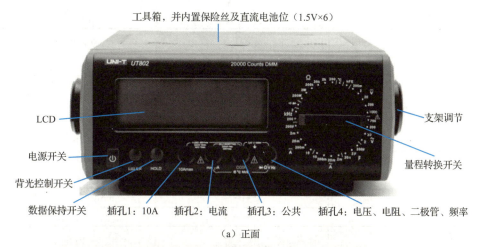

（a）正面

（b）背面

图 3-2　台式万用表结构

　　其中，LCD 显示的符号说明如表 3-2 所示，测量功能说明如表 3-3 所示。

表 3-2 LCD 显示符号

显示符号	显示意义	显示符号	显示意义
Manu Range	手动量程提示符	AC	交流测量提示符
Warning !	警告提示符	**H**	保持模式提示符
🔋	电池欠压提示符	➤⊢	二极管测量提示符
⚡	高压提示符	•)))	蜂鸣通断测量提示
—	显示负的读数	十进数字	测量读数值

表 3-3 测量功能说明

量程位置	输入插孔 红 ←→ 黑	功能说明
V ⎓	4 ←→ 3	直流电压测量
V ~	4 ←→ 3	交流电压测量
Ω	4 ←→ 3	电阻测量
➤⊢ •)))	4 ←→ 3	二极管测量 / 蜂鸣器通断测量
kHz	4 ←→ 3	频率测量
A ⎓	2 ←→ 3	mA/μA 直流电流测量
	1 ←→ 3	A 直流电流测量
A ~	2 ←→ 3	mA/μA 交流电流测量
	1 ←→ 3	A 交流电流测量
F	4 ←→ 2 （用转接插头座）	电容测量
℃	4 ←→ 2 （用转接插头座）	温度测量
hFE	4 ←→ 2 （用转接插头座）	晶体管放大倍数测量

3.1.3 台式万用表的电阻挡

台式万用表的电阻挡包含 200、2k、20k、200k、2M、200M 共 6 个量程，单位欧姆（Ω）。测量时，需根据被测阻值的大小，选择合适量程。

3.1.4 实际测量电路元器件参数

准备好图 0-1 所示的综合电路板、台式万用表和其他测量工具，按照图 0-2 所示的电路原理图，实际测量电路元器件参数。

1. 测量电路板中电阻器 1R2 的在路电阻值

按照表 3-4 所示的操作流程，测量电路板中电阻器 1R2 的在路电阻值。

表 3-4 测量电阻器 1R2 在路电阻值

序号	操作步骤	操作图示	操作要点	操作（或测量）结果
1	准备工作	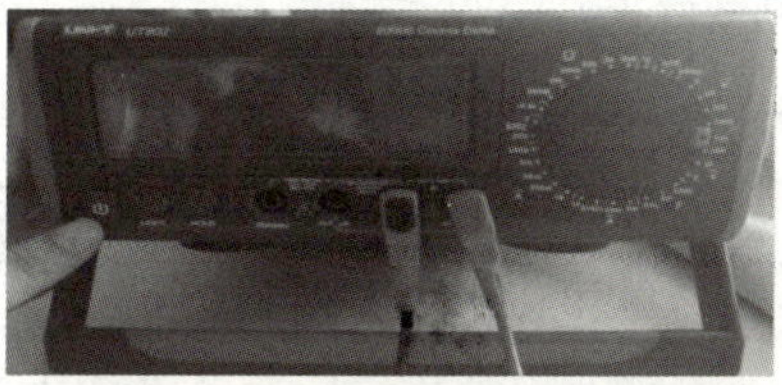	调整台式万用表支架，使其正面水平放置。正确连接表笔，打开电源开关，打开背光控制开关（根据光线需要）	准备待用
2	选择挡位量程	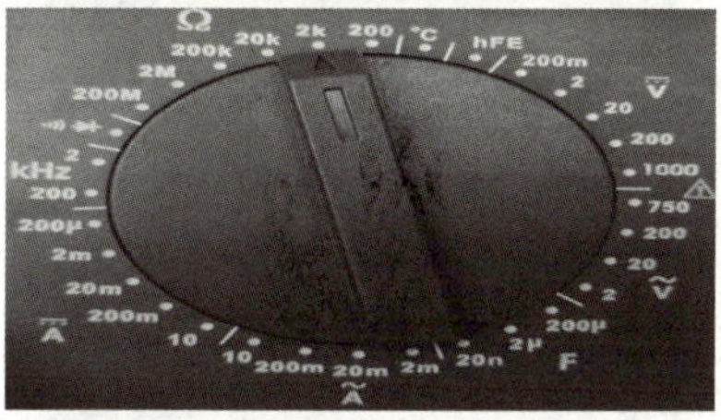	检查表笔插孔，根据电路中被测对象 1R2 的标称阻值 470Ω，将万用表转换开关拨到电阻挡合适量程位置	电阻：2k 挡
3	测量 1R₂ 在路电阻值	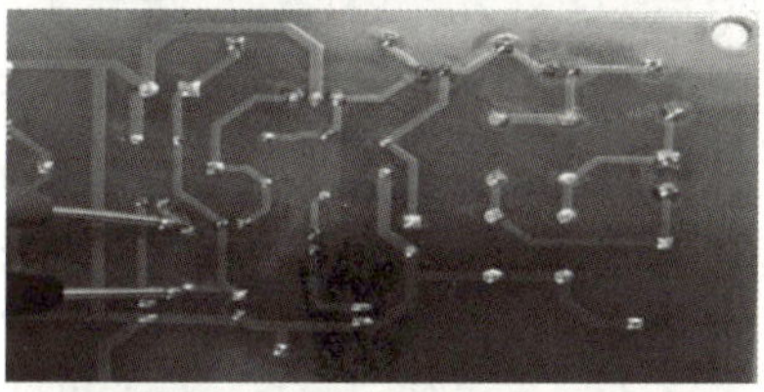 	将电路板中 1S1～1S5 端口用短接帽连接上，将两支表笔分别接电阻器 1R2 两个引脚，读出在路阻值。将数据记入表 3-5，并分析测量数据	正反测量参考值相同
4	复位		测量完毕，将万用表量程转换开关拨到交流电压最高挡（750V），再关闭电源开关	转换开关处于 750V 挡位，关闭电源

导师说

1）测量前必须先将被测电路内所有电源关断，并将所有电容器放尽残余电荷。

2）在不清楚阻值的情况下，采用从高挡位到低挡位依次递减原则选择合适挡位进行测量。

3）测量 1MΩ 以上的电阻时，需要几秒钟才会稳定，这对于高电阻的测量属正常。

4）LCD 显示"1"，说明量程选择过小。

2. 测量电路板中电阻器 1R2 的开路电阻值

参照表 3-4 中的操作流程，测量电路板中电阻器 1R2 的开路电阻值（断开 1S5 短接帽），将数据记入表 3-5，并分析测量数据。

表 3-5　测量电路元器件参数

测量对象	检测内容					
	参考值	测量值	挡位	绝对误差	相对误差	质量判定
电阻器 1R2 在路电阻值						
电阻器 1R2 开路电阻值						

注："质量判定"栏根据具体情况选填"正常""断路""短路""漏电"。

导师说

> 测量电阻选量程，量程大于被测值。
> 电阻不分正负极，红黑表笔随意接。
> 二极管有正负极，红正黑负测正向。
> 断开电源再测量，接触一定要良好。
> 要求测量很准确，完毕挡归关电源。

任务 3.2　使用台式万用表测量电路基本电量

3.2.1　台式万用表量程及使用

1. 交流电压挡

台式万用表交流电压挡包含 2V、20V、200V、750V 共 4 个量程。
读数方法：测量值 = 显示值 + 单位（LCD 右下方）。
（注：此读数方法同样适用测量直流电压、直流电流。）

导师说

> 在测量交流电压时：
> 1）台式万用表并联在被测电路中。
> 2）表笔不区分正负极。
> 3）测量未知电压值时，应从高量程挡位开始逐渐降低挡位测量，换挡前先断开被测点。

2. 直流电压挡

台式万用表直流电压挡包含 200mV、2V、20V、200V、1000V 共 5 个量程。

导师说

测量直流电压时：

1）将台式万用表并联在被测电路中。

2）红表笔接电源正极，黑表笔接电源负极。

3）测量未知电压值时，应从高量程挡位开始逐渐降低挡位测量，换挡前先断开被测点。

3．直流电流挡

台式万用表直流电流挡包含 200μA、2mA、20mA、200mA、10A 共 5 个量程。

导师说

测量直流电流时：

1）将台式万用表串联在被测电路中。

2）红表笔接电流流入方向，黑表笔接电流流出方向。

3）测量未知电流值时，应从高量程挡位开始逐渐降低挡位测量，换挡前先断开被测点。

4）若被测电流值过大，则应将红表笔接入 10A 插孔。

3.2.2　实际测量电路基本电量

准备好图 0-1 所示的综合电路板、台式万用表和其他测量工具，按照图 0-2 所示的电路原理图，实际测量电路中的交流电压、直流电压和直流电流等基本电量。

1．测量电路中的交流电压——输入电压（U_i）

电源输入端接入 12V 交流电源后，按照表 3-6 所示的操作流程，测量电路板中 1X1 端口的输入电压（U_i）。

表 3-6　测量 1X1 端口输入电压操作流程

序号	操作步骤	操作图示	操作要点	操作（或测量）结果
1	选择挡位	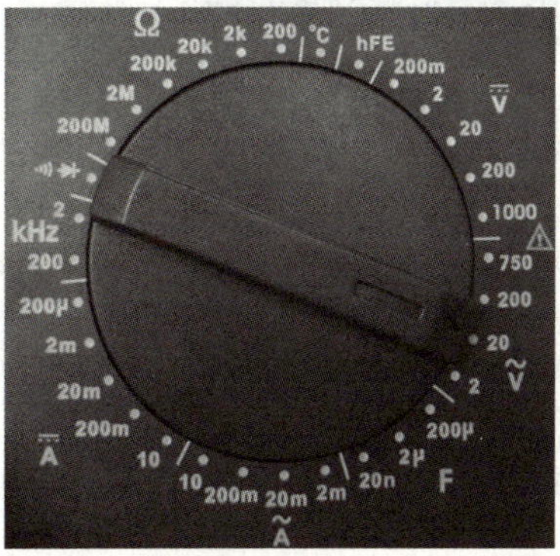	检查表笔插孔，根据电路中被测对象为交流电压 12V，将万用表转换开关拨到交流电压挡合适量程处	参考选择挡位：交流电压 20V 挡

续表

序号	操作步骤	操作图示	操作要点	操作（或测量）结果
2	测量交流电压	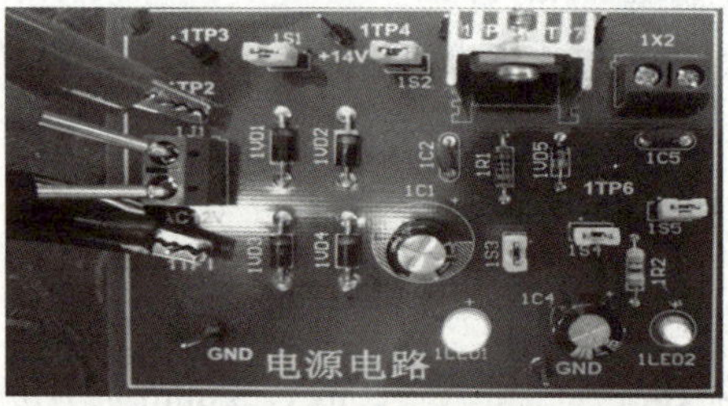	将万用表两支表笔并接在 1X1 两端，也可根据需要选用鳄鱼夹替代表笔（注：检测时交流电没有极性之分）	两支表笔任意接 1X1 两端
3	读取数据		读出 LCD 显示的交流电压测量值（U_i），将数据记入表 3-9，并分析测量数据。万用表使用完毕须复位	参考交流电压值：12V

2. 测量电路板中 1S4 断开时 1TP6 点对地的直流电压（U_{1TP6}）

按照表 3-7 所示的操作流程，测量电路板中 1TP6 点对地的直流电压（U_{1TP6}）。

表 3-7　测量电路板中 1S4 断开时 1TP6 点对地直流电压操作流程

序号	操作步骤	操作图示	操作要点	操作（或测量）结果
1	选择挡位	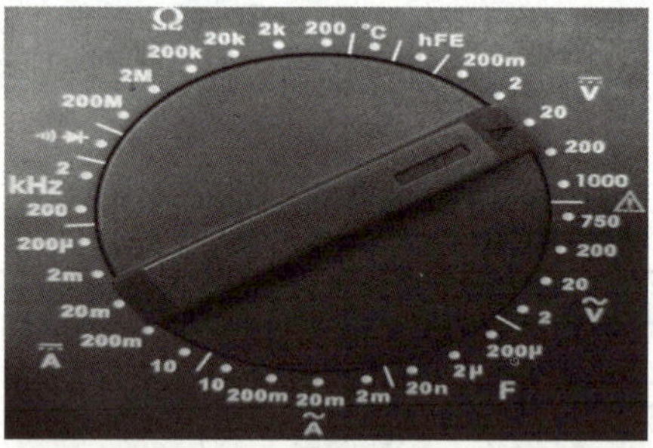	检查表笔插孔，根据电路中被测对象的相关参数，将万用表转换开关拨到直流电压挡合适量程处	参考选择挡位：直流电压 20V 挡
2	测量直流电压		连接 1S1、1S2、1S3、1S5 端口短接帽，将万用表两支表笔并接在 1TP6 点和接地端（注：红表笔接高电位，黑表笔接低电位）	红表笔接 1TP6 点，黑表笔接 GND

序号	操作步骤	操作图示	操作要点	操作（或测量）结果
3	读取数据		读出万用表 LCD 显示的直流电压测量值（U_{1TP6}），将数据记入表 3-9，并分析测量数据。万用表使用完毕须复位	参考直流电压值：9.044V

3. 测量电路板中流过电阻器 1R2 的直流电流（I_{1R2}）

按照表 3-8 所示的操作流程，测量电路板中流过电阻器 1R2 的直流电流（I_{1R2}）。

表 3-8　测量流过电阻器 1R2 的直流电流操作流程

序号	操作步骤	操作图示	操作要点	操作（或测量）结果
1	选择挡位	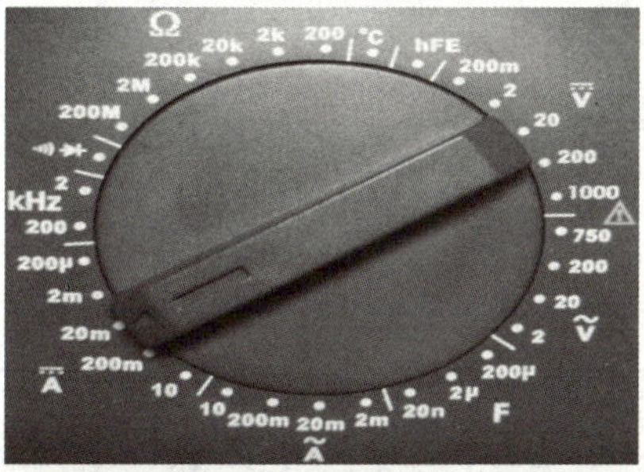	检查表笔插孔，根据电路中被测对象的相关参数，将万用表转换开关拨到直流电流挡合适量程处	参考选择挡位：直流电流 20mA 挡
2	测量直流电流		将 1S1～1S4 端口短接帽连接上，1S5 端口断开，万用表两支表笔串接到 1S5 端口（注：红表笔接高电位，黑表笔接低电位）	左边连红表笔，右边连黑表笔
3	读取数据		读出万用表 LCD 显示的直流电流的测量值（I_{1R2}），将数据记入表 3-9，并分析测量数据。万用表使用完毕须复位	参考电流：14.073mA

表 3-9　测量电路基本电量

测量对象	检测内容						
	参考值	测量值	挡位	保留 3 位 有效数字	绝对误差	相对误差	电路性能
交流电压 U_i	12V						
1S4 断开时的直流电压 U_{1TP6}	2 ～ 14V						
直流电流 I_{1R2}	22mA						

导师说

根据对象选挡位，根据大小选量程。

测量电压并电路，测量电流串电路。

交流不分正与负，直流正负不能错。

换挡之前先断电，测量安全挂心间。

三 项目评价

本项目评价由三部分组成，即自我评价、小组评价和教师评价，请将各评价结果及最终得分填入项目评价表 3-10。

表 3-10　使用台式万用表测量电气参量测试评价表

评价内容		自我评价	小组评价	教师评价
		优☆　良△　中√　差×		
7S 管理 职业 素养	（1）整理、整顿			
	（2）清扫、清洁			
	（3）节约、素养			
	（4）安全			
知识与 技能	（1）能正确完成表 3-5 内容填写			
	（2）能正确完成表 3-9 内容填写			
	（3）能认识台式万用表的结构			
	（4）能认识台式万用表电阻挡、电压挡、电流挡			
汇报 展示	（1）作品展示（可以为实物作品展示、PPT 汇报、简报、作业等形式）			
	（2）语言流畅，思路清晰			
评价等级				
完成任务最终评价等级 （评价参考：自我评价 20%、小组评价 30%、教师评价 50%）				

拓展提高　测量二极管导通电压及晶体管放大倍数

1. 测量二极管的导通电压

二极管具有单向导电性,按照表3-11所示的操作流程,开路状态下测量其导通电压,并将测量结果记入表3-12。

表3-11　测量二极管导通电压操作流程

序号	操作步骤	操作图示	操作要点	操作(或测量)结果
1	选择挡位	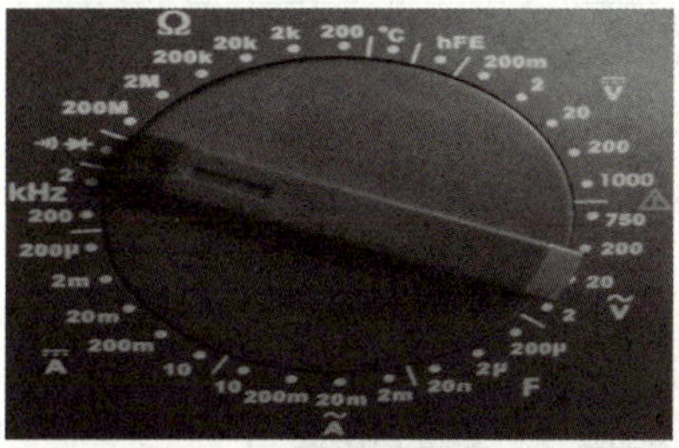	检查表笔插孔,将万用表转换开关拨到二极管量程处	参考选择挡位:二极管测量挡
2	测量二极管正向导通电压	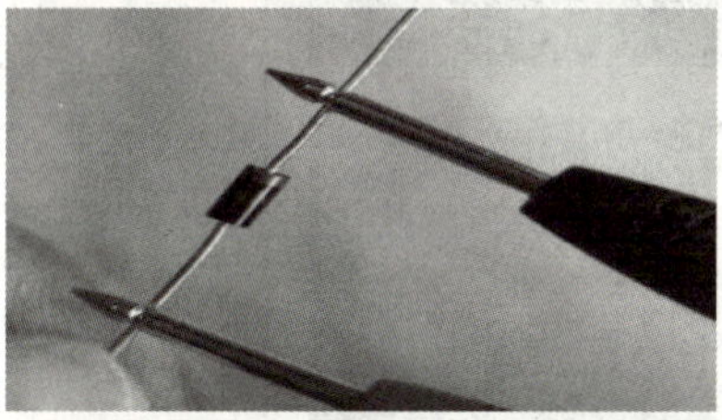	测量正向导通电压时表笔接法与测量直流电压时表笔接法相同	红表笔接二极管正极,黑表笔接二极管负极
3	读取数据		读出万用表LCD显示的测量值,单位:mV。将数据记入表3-12,并分析测量数据。万用表使用完毕须复位	

表3-12　二极管导通电压测量记录表

测量对象	正向电压	反向电压	导通电压	元件性能
二极管				

2. 测量晶体管的放大倍数

晶体管具有电流放大作用,放大倍数 β 可用台式万用表检测。按照表3-13所示操作流程测量晶体管9014的管型、放大倍数及引脚极性,并将测量结果记入表3-14。

表3-13　测量晶体管 9014 的管型、放大倍数及引脚极性操作流程

序号	操作步骤	操作图示	操作要点	操作（或测量）结果
1	选择挡位	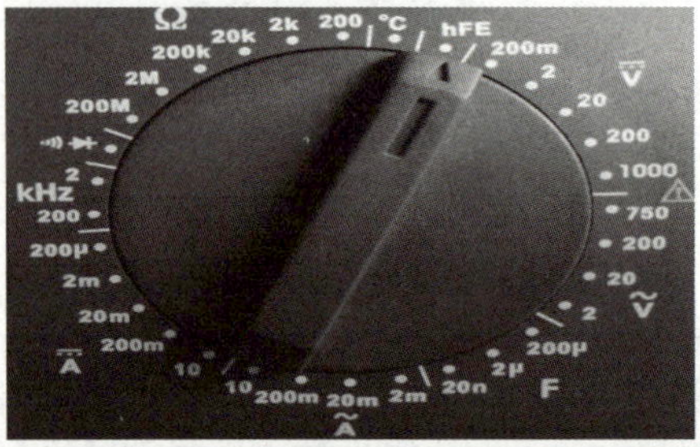	将万用表转换开关拨到晶体管量程处，并正确连接转接头	参考选择挡位：hFE
2	检测管型与放大倍数	 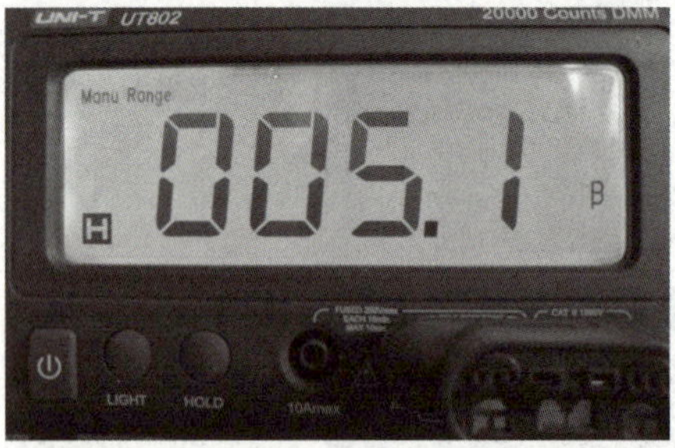	将晶体管 9014 的 3 只引脚分别插入转接头"N"的 3 个接触孔中，读取 LCD 显示的数据，然后再插入转接头"P"的 3 个接触孔中，读取 LCD 显示的数据，第一次较大的数值为该晶体管的放大倍数，同时确定管型为 NPN 型。将测量数据记入表 3-14	该晶体管的放大倍数 β 为 149.3，管型为 NPN 型
3	判断极性		将晶体管 3 只引脚分别置于对应管型下方"E、B、C"接触点，当 LCD 显示值与放大倍数相同时，各引脚为对应极性，将数据记入表 3-14，并分析测量数据。万用表使用完毕须复位	9014 引脚排列为 E、B、C

表3-14　晶体管的管型、放大倍数及引脚极性测量记录表

测量对象	型号	管型	放大倍数	引脚极性
晶体管				

检测与反思

A 类 试 题

一、填空题

1. UT-802 台式万用表上的 LIGHT 按钮的作用是 _____，HOLD 按钮的作用是 _____。

2. 用台式万用表测量前应检查表笔位置是否正确，黑表笔始终接在标有 _____ 的插孔内。

3. 使用台式万用表检测电池时，红表笔接电池 _____ 极，黑表笔接电池 _____ 极。

4. 使用台式万用表检测直流电流时，_____ 表笔接电流流入端，_____ 表笔接电流流出端。

5. 台式万用表使用完毕，转换开关位置于 _____ 挡再关闭电源。

二、判断题

1. 台式万用表测量电阻值前必须欧姆调零。　　　　　　　　　　　（　　）
2. 台式万用表测量未知电流值或电压值时，应先选择高挡位进行测量。（　　）
3. 台式万用表的电阻挡，显示屏显示"1"时，表示量程选择较小。　（　　）
4. 使用台式万用表电阻挡测量电阻器的阻值时，红黑表笔不用区分接法。（　　）
5. 在测量电阻器的阻值时，人体最多只能接触电阻器的一只引脚。　（　　）

三、选择题

1. 使用台式万用表测量一未知直流电压时，应先选（　　）挡，再根据测量值的大小酌情换挡。
   　A. 1000V　　　　B. 200V　　　　C. 2V　　　　　D. 200mV

2. 使用台式万用表检测标称阻值为 25kΩ 的电阻器时，应选的电阻挡量程是（　　）。
   　A. 2M　　　　　B. 200k　　　　C. 20k　　　　D. 200

3. 使用台式万用表检测电视机遥控板的供电情况时，应选择的挡位是（　　）。
   　A. 直流电压 20V　　　　　　B. 交流电压 20V
   　C. 直流电流 20mA　　　　　D. 交流电流 20mA

B 类 试 题

一、填空题

1. 用台式万用表测量电压时，应 _____ 联在被测电路中；测量电流时，应 _____ 联在被测电路中。

2. 用台式万用表测量家用照明电源时，应选择交流电压的 _____ 量程挡。

3. hFE 挡用于测量 _____。

4. 用台式万用表测量时，某电路的交流电源输入电流为 5A，应选择交流电流的 _____ 量程挡。

5. 使用台式万用表 _____ 挡测量时，表笔不分极性。

二、判断题

1. LCD 显示 ▣ ，表示台式万用表电量充足。 （   ）

2. 在测量过程中，可以随意转换台式万用表的挡位。 （   ）

3. LCD 左上角显示 ϟ，表示正在使用台式万用表交流电压 750V 量程挡。 （   ）

4. 当仪表正在测量时，不要接触裸露的电线、连接器、没有使用的输入端或者正在测量的电路。 （   ）

5. 台式万用表长时间不用时，应取出万用表内的电池。 （   ）

三、选择题

1. 用台式万用表测得的交流电压值是指交流电压的（   ）。
   A. 最大值　　　　B. 平均值　　　　C. 有效值　　　　D. 瞬时值

2. 台式万用表转换开关的"kHz"挡位是用来测量（   ）。
   A. 频率　　　　B. 周期　　　　C. 温度　　　　D. 电容量

3. 断路状态下使用台式万用表测量并判断元件的好坏，应选用（   ）挡。
   A. 直流电压　　B. 交流电压　　C. 直流电流　　D. 电阻

C 类 试 题

一、简答题

1. 简述台式万用表测量电阻器阻值的步骤。

2. 简述台式万用表测量直流电流的步骤。

二、实操题

准备好图 0-1 所示的综合电路板及测量工具，按照图 0-2 所示的电路原理图，完成以下测量。

1. 使用台式万用表测量 1S1 端口断开时整流二极管 1VD2 的正反向电阻值，将测量结果记入表 3-15。

表 3-15　整流二极管 1VD2 正反向电阻值测量记录表

测量对象	正向电阻值	反向电阻值	量程挡位	质量判定
整流二极管 1VD2				

2. 将 1S1 ～ 1S5 端口用短接帽连接上，使用台式万用表测量 1TP3 点、1TP5 点分别对地直流电压，将测量结果记入表 3-16。

3. 将 1S1 ～ 1S5 端口用短接帽连接上，先断开 1S1 测量此处通过的电流值；然后闭合 1S1，断开 1S2 并测量此处通过的电流值；最后闭合 1S2，断开 1S4 并测量此处通过的电流值，将测量结果记入表 3-16。

表 3-16　1TP3、1TP5 点对地直流电压和 1S2、1S4 直流电流测量记录表

测量对象	参考值	测量值	量程挡位	保留 3 位有效数字	绝对误差	相对误差	质量判定
直流电压 U_{1TP3}							
直流电压 U_{1TP2}							
直流电流 I_{1S1}							
直流电流 I_{1S2}							
直流电流 I_{1S4}							

项目 4 使用毫伏表测量电气参量

知识目标

1）认识毫伏表的结构。
2）理解毫伏表的基本工作原理。
3）掌握毫伏表的使用方法和选用原则。

能力目标

1）会使用晶体管毫伏表测量电路的基本电量。
2）会使用数字毫伏表测量电路的基本电量。

安全须知

1）在仪器仪表需要接入 220V 交流电源时，检查电源线有无破损，无破损再接通。
2）在电路通电情况下，禁止用手随意触摸电路中金属导电部位。
3）仪器通电之前，将输入电缆的红、黑鳄鱼夹短接。
4）正确插拔，当探头或测试导线与电源线连接时，请勿随意插拔。
5）正确连接信号输入线与被测信号点。在测试过程中，请勿触摸裸露的接点和部件。
6）测量的电压值未知时，应先将毫伏表的量程开关置于最高量程挡。
7）在测量高电压时，输入端黑色鳄鱼夹接在"地"端。

项目描述

本项目依据图 0-2 所示的综合电路板电源电路原理图，用 TVT-321 型晶体管毫伏表和 DF1931A 型双通道交流数字毫伏表测量图 0-1 所示的综合电路中的交流电压并分析测量数据。

项目准备

完成本项目需要按照表 4-1 所示的工具、仪表及材料清单进行准备。

表 4-1　工具、仪表及材料清单

序号	名称	规格 / 型号	状况	序号	名称	规格 / 型号	状况
1	数字式毫伏表	DF1931A		5	螺丝刀	平口螺丝刀	
2	晶体管毫伏表	TVT-321		6	绝缘手套	220V 带电操作橡胶手套	
3	测量电路板	综合电路板		7	防静电环	防静电手环	
4	输入交流电源	220V 变压器输入 / 电子工艺实训考核装置					

注："状况"栏填写"正常"或"不正常"。

任务 4.1　使用指针式毫伏表测量电路输入电压

毫伏表是一种用来测量正弦电压的交流电压表，具有测量交流电压、电平测试、监视输出三大功能，主要用于测量毫伏级以下的交流电压。在电视机和收音机的天线输入电压、中放级电压等毫伏级电压的测量中使用非常广泛。

4.1.1　毫伏表的作用、分类及面板结构

1．毫伏表的作用

万用表能够测量直流电压，同时也能够测量正弦交流电压的有效值，而毫伏表只能测量正弦交流电压的有效值，不能测量直流电压和非正弦交流电压的有效值（特殊毫伏表除外），毫伏表与万用表的功能及测量指标对比如表 4-2 所示。

表 4-2　毫伏表与万用表的功能及测量指标对比

测量对象	万用表（MF-47 型）	毫伏表（DF1931A）
	直流电压、交流电压（有效值）	交流电压（有效值）
交流电压频率范围	45Hz ～ 1kHz	20Hz ～ 1MHz
交流电压输入阻抗	5000Ω	1MΩ
交流电压范围	1 ～ 500V	100μV ～ 300V

2．毫伏表的分类

毫伏表的分类方式有多种，常见的分类方式如下。

（1）按照显示方式分类

毫伏表按照显示方式可分为指针式毫伏表（AVM）和数字式毫伏表（DVM），如图 4-1 所示。

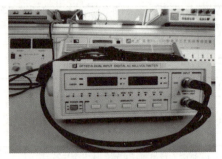

（a）指针式毫伏表　　　　　　　　　　　（b）数字式毫伏表

图 4-1　毫伏表按显示方式分类

（2）按照测量的电压频率分类

毫伏表按照测量的电压频率高低可分为直流毫伏表、音频毫伏表（20Hz ～ 1MHz）、视频毫伏表（30Hz ～ 10MHz）、高频毫伏表（20Hz ～ 400MHz）、超高频毫伏表（50kHz ～ 1000MHz）。

（3）按照通路分类

毫伏表按照通路多少可分为单路毫伏表和双通道毫伏表。

（4）按照电路元件分类

毫伏表按照毫伏表电路元件可分为电子管毫伏表、晶体管毫伏表、集成电路元件毫伏表。

本任务首先以 TVT-321 型晶体管毫伏表为例来完成操作。

3．指针式毫伏表的面板结构

图 4-2 所示为 TVT-321 型晶体管毫伏表。其外部结构分为指针面板部分和量程面板部分，主要包括刻度盘、机械调零、电源开关、量程选择开关，电源指示灯、信号输入接口和信号输出接口，如图 4-2 所示。

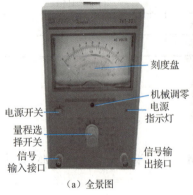

（a）全景图　　　　　　　　　（b）指针面板部分　　　　　　　　（c）量程面板部分

图 4-2　TVT-321 型晶体管毫伏表外部结构

TVT-321 型晶体管毫伏表面板各部分的作用如表 4-3 所示。

表 4-3　TVT-321 型晶体管毫伏表面板各部分的作用

序号	名称	作用
1	电源开关	按下时接通电源
2	指示灯	指示灯亮显示电源接通
3	信号输入 / 输出接口	连接信号输入 / 输出线
4	机械调零旋钮	使指针在刻度线左端 "0" 位置
5	量程选择开关	选择适当挡位量程，以确保测量数据精确。TVT-321 型晶体管毫伏表挡位共有 12 个量程，分别为 0.3mV、1mV、3mV、10mV、30mV、0.1V、0.3V、1V、3V、10V、30V、100V
6	刻度盘	指针：指示读数 刻度线：从上至下第一、二条刻度线用于表示所测交流电压值，第三条刻度用于表示所测电平分贝（dB）值

4.1.2　实际测量电路基本电量

准备好如图 0-1 所示的综合电路板、TVT-321 型晶体管毫伏表和其他测量工具，按照图 0-2 所示的综合电路板电路原理图，实际测量电路中的交流电压和电平分贝值。

1. 测量电路板中 1X1 端口的输入电压

电路通过变压器接入 220V 交流电源后，按照表 4-4 所示的操作流程，测量电路板中 1X1 端口的输入电压（U_i）。

表 4-4　测量 1X1 端口的输入电压操作流程

序号	操作步骤	操作图示	操作要点	操作（或测量）结果
1	机械调零		保证指针指示零刻度线，注意保持仪表垂直放置	指针回到最左边零刻度线

续表

序号	操作步骤	操作图示	操作要点	操作（或测量）结果
2	通电		量程开关置于最大量程，按下电压开关，预热 10s 后使用，开机后 10s 内指针无规则摆动属正常现象	电源指示灯亮，量程开关置于最大量程，指针稳定
3	校正调零		将信号输入线的信号端和接地端短接，注意手不要接触金属部分	指针指到零刻度线
4	选择量程		旋转量程开关，选择适当的测量量程，在测量未知电压时量程从大到小选择，指针偏转至满度值的 2/3 左右最佳	量程开关置于 30V 挡

序号	操作步骤	操作图示	操作要点	操作（或测量）结果
5	测量	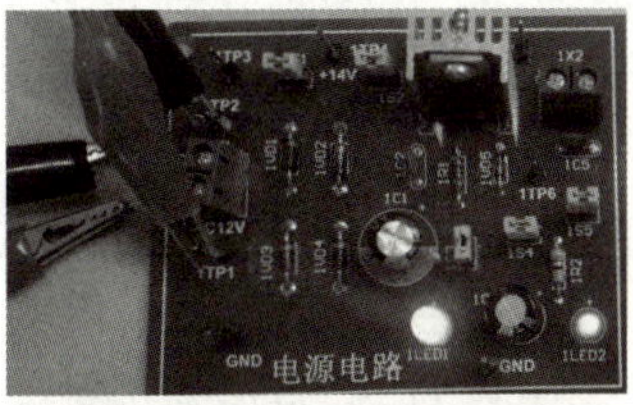	将信号输入线的信号端接到电路的被测点上，将接地端接到电路的接地线上，先接接地线，再接信号端	接通被测点，指针偏转
6	读数		读取电压值，计算电平分贝值，记入表4-5	参考交流电压值：12格×（30V÷30格）=12V

导师说

1）读数时刻度值与挡位量程结合使用，刻度盘从上至下第一条刻度线标有0～1数值，适用1、10、100挡位量程；第二条刻度线标有0～3数值，适用3、30、300挡位量程。

2）满刻度时，所测电压值等于所选挡位量程的值。

3）第三条刻度线用来表示测量电平的分贝（dB）值，测量值以指针读数与挡位量程值的代数和来表示，即测量值＝量程＋指针读数。

2. 测量变压器的初级电压

参照表4-4中的操作流程测量电路外接变压器的初级电压值（$U_初$），计算电平分贝值，将数据记入表4-5，并分析测量数据。

表4-5　指针式毫伏表测量电路交流电压

测量对象		参考值	测量值	保留两位有效数字
交流电压值	U_i	12V		
	$U_初$	220V		
电平分贝值	U_i			
	$U_初$			

任务 4.2　使用数字式毫伏表测量电路输入电压

数字式毫伏表是用其他分离元件组成的高精度晶体管毫伏表，对常用电路中的交流输入波形，可直接计算出其有效值，并用数码显示。其精度和性能都优于同类产品，而且具有体积小、使用方便等特点。本任务以 DF1931A 型双通道交流数字毫伏表完成电路输入电压的测量。

4.2.1　DF1931A 型双通道交流数字毫伏表的结构

DF1931A 型双通道交流数字毫伏表采用单片机控制技术，集模拟技术与数字技术于一体，是一种通用智能化的全自动交流数字毫伏表。DF1931A 型双通道交流数字毫伏表外观如图 4-3 所示，面板结构如图 4-4 所示，图中所指示的 1 ～ 7 关于面板各部分的作用如表 4-6 所示。

（a）正面

（b）背面

图 4-3　DF1931A 型双通道交流数字毫伏表外观

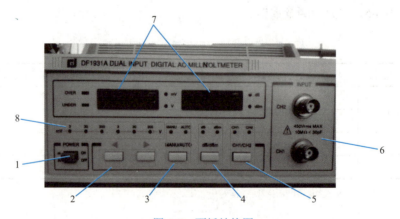

图 4-4　面板结构图

表 4-6　DF1931A 型双通道交流数字毫伏表面板各部分的作用

序号	名称	作用
1	电源键	按下时接通电源
2	量程切换按键	手动选择量程
3	手动 / 自动	按一下，AUTO 指示灯亮，表示处于自动测量状态。若输入信号小于当前量程的 1/10，自动减小量程；若输入信号大于当前量程的 3/4 倍，自动加大量程。再按一下，MANU 指示灯亮，表示处于手动测量状态，需根据测量电压大小通过量程切换按钮选择合适量程
4	dB/dBm	切换到显示 dB 值或 dBm 值
5	双通道选择（CH1/CH2）	按一下，CH2 通道指示灯亮，此时测量 CH2 通道信号；再按一下，CH1 通道指示灯亮，此时测量 CH1 通道信号
6	CH1 通道、CH2 通道	信号输入端接口，连接信号输入端
7	电压值和 dB/dBm 值显示	数字显示电压值和 dB/dBm 值。当 mV 指示灯亮，表示显示数值单位为 mV，当 V 指示灯亮，表示显示数值单位为 V，当 dB 指示灯亮，表示显示数值单位为 dB，当 dBm 指示灯亮，表示显示数值单位为 dBm
8	OVER/UNDER	OVER 灯亮，被测值超出最大量程，需增大量程 UNDER 灯亮，被测值过低，需减小量程

4.2.2　实际测量电路基本电量

准备好图 0-1 所示的综合电路板、DF1931A 双通道交流数字毫伏表和其他测量工具，按照图 0-2 所示的电源电路原理图，实际测量电路中的交流电压。

1. 手动测量电路板中 1X1 端口的输入电压（U_i）

电路通过电子工艺实训装置接入 12V 交流电源后（也可通过变压器接入 220V 交流电压），按照表 4-7 所示的操作流程，使用 DF1931A 双通道交流数字毫伏表手动模式测量电路板中 1X1 端口的输入电压（U_i）。

表 4-7　测量 1X1 端口的输入电压操作流程（手动模式）

序号	操作步骤	操作图示	操作要点	操作（或测量）结果
1	连接电源线		电源线插头端连接 220V 交流电压插孔，另一端连接仪器电源插孔，通电前必须检查电源线是否完好，两端务必连接完好	仪器接通电源

续表

序号	操作步骤	操作图示	操作要点	操作（或测量）结果
2	连接信号输入线	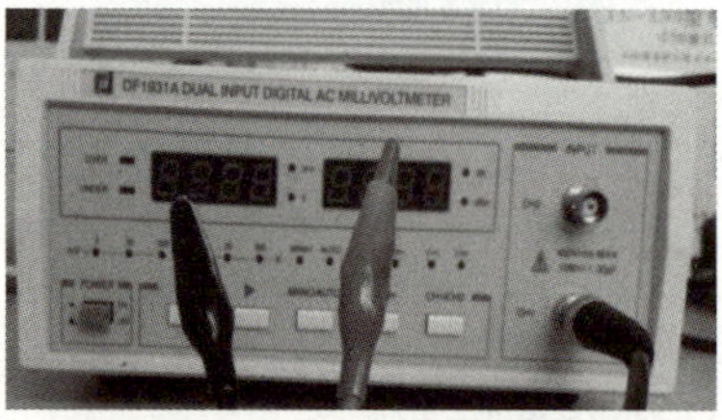	注意正确接入通道位置	将信号输入线接入 CH1 通道
3	启动电源		按下开关的同时观察 ON 指示灯是否点亮	接通电源，指示灯亮，毫伏表启动
4	模式选择	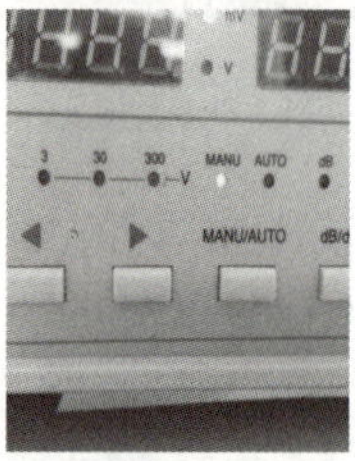	按 MANU/AUTO 测量按钮，选择 MANU 模式，MANU 灯亮代表选择手动模式，需手动选择测量量程	选择手动测量，MANU 指示灯亮
5	量程选择	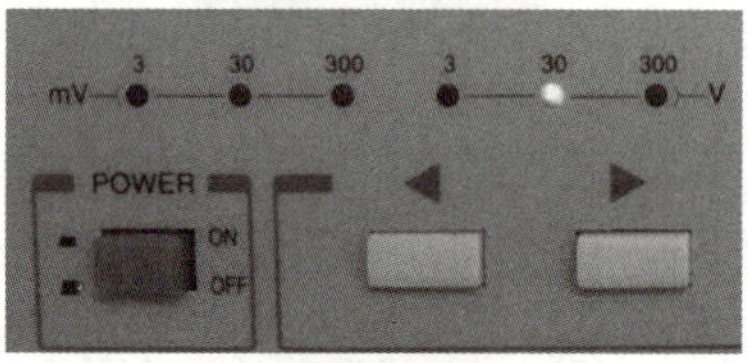	按量程切换按钮，使 30V 指示灯亮，按◀按钮量程减小，按▶按钮量程增大	30V 量程指示灯亮，最大量程 30V
6	通道选择	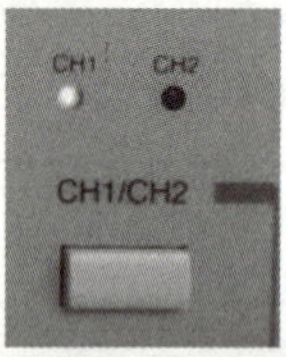	按双通道选择按钮（CH1/CH2），使 CH1 指示灯亮，输入线接入 CH1 通道	CH1 通道指示灯亮
7	测量	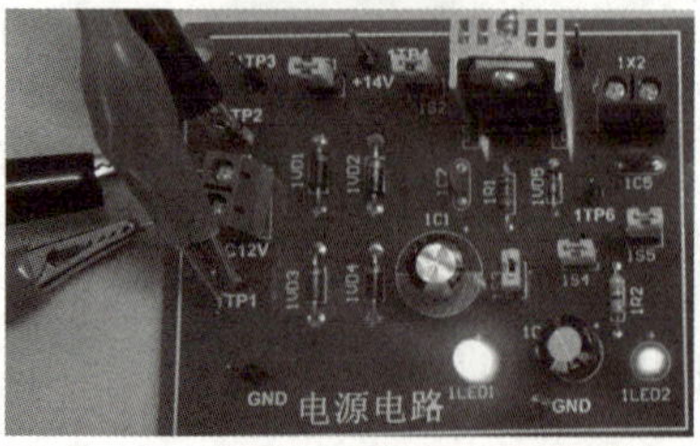	将信号输入线（探头红黑夹）分别接输入端口 1X1 两端	红探头接 1TP1，黑探头接 1TP2，可交换探头

续表

序号	操作步骤	操作图示	操作要点	操作（或测量）结果
8	读数	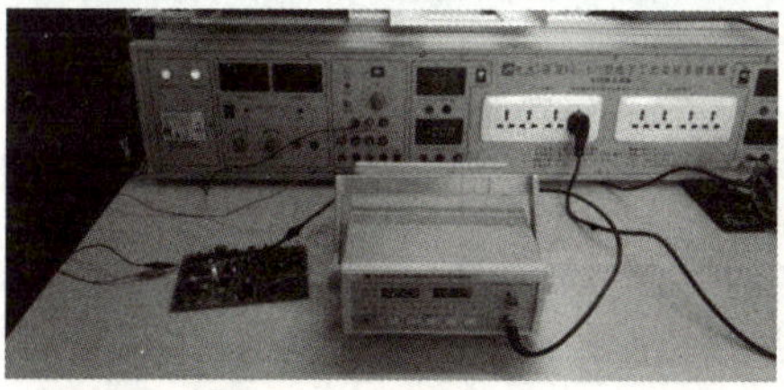 	待显示屏数值稳定后读取电压值和电平分贝测量值，将数据记入表 4-9	参考测量值：12V

2. 手动测量变压器初级电压（$U_初$）

变压器接入 220V 交流电压，参照表 4-7 中的操作流程，手动测量电路中变压器的初级电压值，将测量数据记入表 4-9，并分析测量数据。

导师说

1）测量电压的关键在于选择合适的量程。

2）测量的电压值未知时，应先将毫伏表的量程开关置于最高量程挡。

3）等待显示值稳定后再读数。

3. 自动测量电路板中 1X1 端口的输入电压（U_i）

按照表 4-8 所示的操作流程，使用 DF1931A 双通道交流数字毫伏表的 CH2 通道的自动模式测量电路板中 1X1 端口的输入电压。

表 4-8　测量 1X1 端口的输入电压操作流程（自动模式）

序号	操作步骤	操作图示	操作要点	操作（或测量）结果
1	连接电源线		通电前必须检查电源线是否完好	连接电源

续表

序号	操作步骤	操作图示	操作要点	操作（或测量）结果
2	连接信号输入线	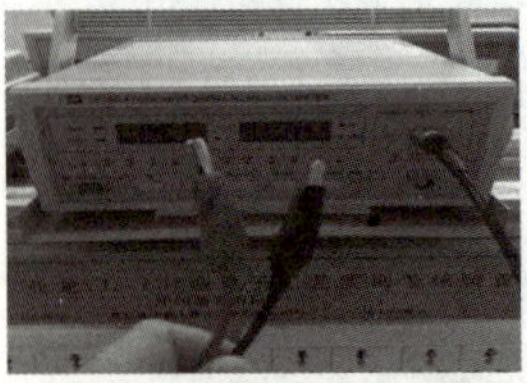	注意正确接入通道位置	将信号输入线接入 CH2 通道
3	启动电源		按下开关的同时观察 ON 指示灯是否点亮	接通电源，启动毫伏表
4	模式选择		按 MANU/AUTO 测量按钮选择 AUTO 模式。AUTO 指示灯亮，代表选择自动模式，毫伏表自动选择测量量程	AUTO 指示灯亮，表示自动测量
5	通道选择	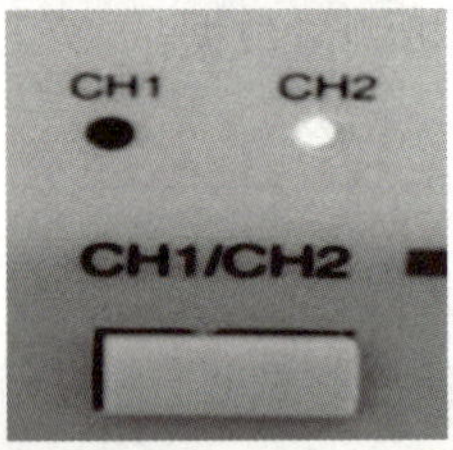	按双通道选择按钮（CH1/CH2），使 CH2 指示灯亮，输入线接入 CH2 通道	CH2 通道指示灯亮，表示测量 CH2 通道输入信号
6	测量	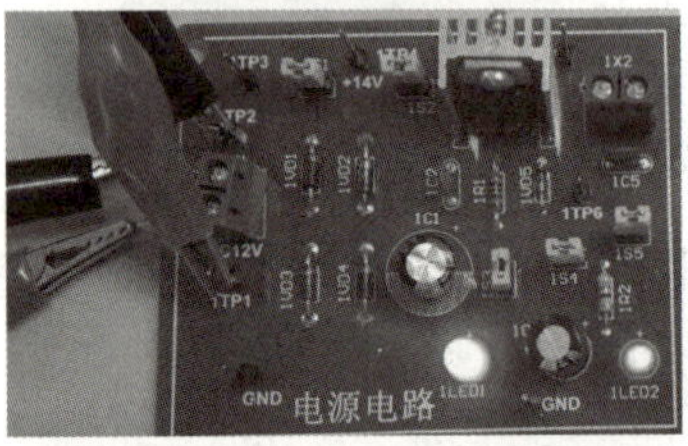	将信号输入线连接至被测信号点 1X1 端口	红探头接 TP1，黑探头接 TP2，可交换探头
7	读数		待显示屏数值稳定后再读取电压值和电平分贝值，并记入表 4-9	参考测量值：12.24V

4. 自动测量变压器初级电压（$U_{初}$）

变压器接入 220V 交流电压，参照表 4-8 中的操作流程，自动测量电路外接变压器的初级电压值和电平分贝值，将测量数据记入表 4-9，并分析测量数据。

表 4-9　数字式毫伏表测量电路交流电压

测量对象		参考值	测量值		保留 2 位有效数字
			手动	自动	
交流电压值	U_i	12V			
	$U_初$	220V			
电平分贝值	U_i				
	$U_初$				

导师说

　　使用指针毫伏表，机械调零当为先。

　　通电预热等 10 秒，校正调零接两线。

　　从大到小选量程，指针稳定记心间。

　　若是数字毫伏表，检查电源坏或好。

　　启动电源选模式，选择量程和通道。

　　接通测量即读数，显示稳定最为好。

项目评价

　　本项目评价由三部分组成，即自我评价、小组评价和教师评价，请将各评价结果及最终得分填入项目评价表 4-10。

表 4-10　使用毫伏表测量电气参量测试评价表

评价内容		自我评价	小组评价	教师评价
		优☆　良△　中√　差×		
7S 管理职业素养	(1) 整理、整顿			
	(2) 清扫、清洁			
	(3) 节约、素养			
	(4) 安全			
知识与技能	(1) 能正确完成表 4-5、表 4-9 内容填写			
	(2) 能认识毫伏表的结构填写			
	(3) 能说出毫伏表的各按键功能及作用			
汇报展示	(1)作品展示(可以为实物作品展示、PPT 汇报、简报、作业等形式)			
	(2) 语言流畅，思路清晰			
评价等级				
完成任务最终评价等级 （评价参考：自我评价 20%、小组评价 30%、教师评价 50%）				

拓展提高　毫伏表的内部结构及主要技术指数

1. 毫伏表的内部结构及特点

（1）模拟式交流毫伏表

根据电路组成的方式不同，模拟式交流毫伏表可分为以下 3 种。

1）放大－检波式交流电压表。其组成如图 4-5 所示。

图 4-5　放大－检波式交流电压表的组成框图

优点：信号首先被放大，在检波时，避免了小信号检波时非线性的影响。

缺点：信号工作的频率范围受放大器通频带限制。

这种电压表常用作低频毫伏表，工作的上限频率为 MHz 级，工作频率通常在 10MHz 以下。

2）检波－放大式交流电压表。其组成如图 4-6 所示。

图 4-6　检波－放大式交流电压表的组成框图

优点：对被测信号先检波，再进行直流放大。其测量频率范围可不受电压表内部放大电路频率响应的限制，工作频率上限可达 GHz 级，常用作超高频电压表。

缺点：其灵敏度由于谐波失真等原因受到限制，最小量程为 mV 级。

3）外差式交流电压表。其组成如图 4-7 所示。

图 4-7　外差式交流电压表的组成框图

外差式交流电压表，首先将输入的被测信号转换为固定的中频信号，再进行选频放大、检波。由于中频放大器的通带可以做得很窄，从而有可能在高增益的条件下，大大削弱内部噪声的影响。

外差式交流电压表既有较高的上限工作频率，又有很高的灵敏度，常用作高频微伏表。其上限频率可达几百兆赫兹，最小量程达 μV 级。

（2）数字式毫伏表

数字式毫伏表的种类和型号较多，但其基本电路结构大致相同。数字式毫伏表的电路分为模拟和数字两部分。其工作原理（图4-8）是输入信号经过输入通道进入放大器部分，经过放大后，由模拟/数字（AC/DC）转换电路转换为与交流电压有效值相等的直流电压。该直流电压经过电压/频率（V/F）转换电路输出相应的频率量，然后计数器部分在秒脉冲发生器的控制下进行技术测量，最后显示出读数，从而完成电压的测量。

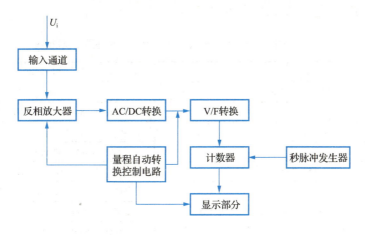

图4-8　数字式毫伏表的工作原理

2．TVT-321型晶体管毫伏表与DF1931A双通道交流数字毫伏表的主要技术参数

（1）TVT-321型晶体管毫伏表主要技术参数

TVT-321型晶体管毫伏表为单通道，具有交流0Hz～1MHz的频带宽，测量电压范围300μV～100V，共分12个量程，300μV测量情况下有效灵敏度为30V。

该表采用了高阻抗的缓行电路，具有较高的稳定性和可靠性。其主要技术参数如表4-11所示。

表4-11　TVT-321型晶体管毫伏表主要技术参数

项目	技术参数
交流电压测量范围	300μV～100V
dB 测量范围	−90～+40dB
频率响应误差	20Hz～200kHz：≤3%；10Hz～1MHz：≤10%
电压频率测量范围	10Hz～1MHz
固有误差	≤3%
消耗功率	3W
输入电阻	1MΩ±5%
输入电容	≤0.5pF

（2）DF1931A型双通道交流数字毫伏表主要技术参数

DF1931A型双通道交流数字毫伏表采用单片机控制技术，集模拟与数字技术于一体，是一种通用智能化的全自动交流数字毫伏表；适用于测量频率 5Hz ～ 2MHz、电压 100 ～ 300V 的正弦波有效值电压，具有测量精度高、测量速度快、输入阻抗高、频率影响误差小等优点；具备自动 / 手动测量功能，同时显示电压值和 dB/dBm 值，以及量程和通道状态，显示清晰直观，使用方便，可广泛应用于工厂、实验室、科研单位、部队和学校。其主要技术参数如表 4-12 所示。

表 4-12　DF1931A 型双通道交流数字毫伏表主要技术参数

项目	技术参数
交流电压测量范围	100 ～ 300V
dB 测量范围	–80 ～ 50dB（0dB=1V）
dBm 测量范围	–77 ～ 52dBm
量程	3mV，30mV，300mV，3V，30V，300V
频率范围	5Hz ～ 2MHz
电压测量误差（以 1kHz 为基准，20℃环境温度下）	50Hz ～ 100kHz：±1.5%，读数 ±8 个字
	20Hz ～ 500kHz：±2.5%，读数 ±10 个字
	5Hz ～ 2MkHz：±4.0%，读数 ±20 个字
dB 测量误差	±1 个字
dBm 测量误差	±1 个字
输入电阻	10MΩ
输入电容	不大于 30pF
噪声	输入短路时为 0 个字
工作电压	220V±10%，50Hz±2Hz

检测与反思

A 类 试 题

一、填空题

1. 毫伏表是一种用来测量正弦电压的 _____，主要用于测量 _____ 以下的毫伏、微伏交流电压。

2. 毫伏表具有测量 _____、_____ 和 _____ 三大功能。

3. 毫伏表按照测量的电压频率高低可分为 _____、_____、_____、_____、_____。

4. 毫伏表按照显示方式可分为 _____ 和 _____。

5. 在使用 TVT-321 型晶体管毫伏表测量前，为保证仪器稳定性，应先预热 _____。

二、判断题

1. 晶体管交流毫伏表只能用来测量正弦交流电的最大值。（   ）

2. 使用毫伏表在不知所测电压大小时，应先选择最小量程，然后逐渐增大到合适的量程。（   ）

3. 晶体管毫伏表通电后指针摆动说明仪器损坏。（   ）

4. 将毫伏表当作电平表使用时，实际的电平数值为表针所指的 dB 数。（   ）

5. 可用万用表的交流电压挡代替交流毫伏表测量交流电压。（   ）

三、选择题

1. 下列不属于 TVT-321 型晶体管毫伏表中量程挡位的是（   ）。
   A. 1mV   B. 10V   C. 300V   D. 3kV

2. TVT-321 型晶体管毫伏表中挡位量程开关共有（   ）个。
   A. 10   B. 11   C. 12   D. 9

3. TVT-321 型晶体管毫伏表交流电压测量范围为（   ）。
   A. $300\mu V \sim 100V$ B. $3 \sim 100V$
   C. $300mV \sim 100V$ D. $100mV \sim 300V$

4. DF1931A 型双通道交流数字毫伏表的交流电压测量范围为（   ）。
   A. $300\mu V \sim 100V$ B. $3 \sim 100V$
   C. $300mV \sim 100V$ D. $3mV \sim 300V$

5. DF1931A 型双通道交流数字毫伏表的工作电源电压为（   ）。
   A. DC220V   B. AC220V   C. DC110V   D. AC110V

B 类 试 题

一、填空题

1. 用毫伏表测量电平分贝值时，如果挡位量程选 10dB，测量指针在 −2dB 位置，则测量值 = _____。

2. DF1931A 型双通道交流数字毫伏表具备 _____、_____ 测量功能，适用于测量频率范围为 _____、电压范围为 _____ 的正弦波有效值电压，有 _____、_____ 两个输入通道。

3. 用指针式毫伏表测量，读数时：标有 0～1 数值的第一条刻度线适用 _____、_____、_____ 挡位量程；标有 0～3 数值的第二条刻度线适用 _____、_____、_____ 挡位量程。

4. 在测量未知电压的大小时，应先 _____ ，然后 _____ 。

5. 低频晶体管毫伏表工作时先将信号 _____ ，然后再进行 _____ ，最后通过直流表头指示读数。

二、判断题

1. 使用晶体管毫伏表测量时只需要机械调零，不需要校正调零。　　（　　）

2. 使用晶体管毫伏表测量时，如果用 10mV 挡位，应读 0 ～ 10 数值的第一条刻度线。　　（　　）

3. 晶体管毫伏表使用结束后，应将输入线的信号和接地端进行短接，或将量程开关拨到较大量程，避免感应电压损坏毫伏表。　　（　　）

4. 使用数字交流毫伏表可以测量直流信号的电压。　　（　　）

5. 使用毫伏表测量时，应分清输入信号线的输入端和接地端，测量完毕后，应先拆信号端，后拆接地端。　　（　　）

6. 放大－检波式交流电压表的优点是避免了小信号检波时非线性的影响。　　（　　）

7. 检波－放大式交流电压表，最小量程为 mV 级。　　（　　）

8. 外差式交流电压表其上限频率可达几百兆赫兹，最小量程达 mV 级。　　（　　）

三、选择题

1. 晶体管毫伏表工作时先将被测交流信号（　　　），再进行检波，最后通过直流表头指示读数。

  A．整流　　　　　B．放大　　　　　C．衰减　　　　　　D．滤波

2. 交流毫伏表在测量时，输入探头的红黑鳄鱼夹应与被测电路（　　　）。

  A．串联　　　　　B．并联　　　　　C．混联　　　　　　D．都可以

3. 下列关于 TVT-321 和 DF1931A 两种毫伏表说法错误的是（　　　）。

  A．TVT-321 是单通道毫伏表，DF1931A 是双通道毫伏表

  B．TVT-321 是数字毫伏表，DF1931A 是模拟毫伏表

  C．TVT-321 晶体管毫伏表采用高阻抗的缓行电路，具有较高的稳定性和可靠性

  D．DF1931A 双通道交流数字毫伏表采用单片机控制技术，具体测量精度高、
   测量速度快等优点

C 类 试 题

使用 DF1931A 型双通道交流数字毫伏表测量手机输出的音频信号电压。

模块 2
测量电信号参量，判断仪器质量

模块概述

　　电子产品装配完成以后，需要对产品的实际工作性能进行综合检测，以确定电路板是否达到性能要求，为电子产品的调试、返修提供数据依据。本模块基于图 0-1 所示的综合电路板中的功放电路及报警电路，介绍使用直流稳压电源、函数信号发生器、频率计、频率特性测试仪测量电信号参量，并分析测试数据，评估电路板的性能。

项目 5 使用直流稳压电源输出电信号参量

知识目标

1）了解直流稳压电源的工作原理和分类。

2）理解 UTP3705S 型直流稳压电源的结构、工作原理及相应参数。

3）掌握 UTP3705S 型直流稳压电源各功能键的作用及操作方法。

能力目标

1）会正确使用 UTP3705S 型直流稳压电源输出所需的直流电压和电流。

2）会使用万用表对直流稳压电源输出的电压和电流进行测试。

3）会将直流稳压电源输出端与电路正确连接，为电路提供电源。

安全须知

1. 人身操作安全

1）UTP3705S 型直流稳压电源采用 220V 交流电供电，因此在通电之前一定要检查电源线是否存在破损现象，并要确保将稳压电流的电源线与外电路连接好后再通电。

2）UTP3705S 型直流稳压电源单组输出最高电压可达 32V，若工作在串联模式下，则电压最高可输出 64V，电流最高输出 5A，超过了人体的安全电压，因此注意不能带电接负载。

2. 仪表操作安全

1）本电源可由交流 220V 和 110V 两种电压供电，通过电源后面板的红色开关来切换。由于市电是 220V 供电，因此切换开关只能置于 220V 位置，否则会因电压过高而烧坏仪器。

2）电源电压和电流的调节范围较宽，因此调节速度不宜过快，否则一是不易达到准确值，二是容易损坏仪器。

3）不能超负荷使用电源，使用完毕要切断电源。

项目描述

本项目以 UTP3705S 型直流稳压电源为例讲解其工作原理和操作方法，并使用 UTP3705S 型直流稳压电源为负载提供所需的直流电压。

项目准备

完成本项目需要按照表 5-1 所示的工具、仪表及材料清单进行准备。

表 5-1　工具、仪表及材料清单

序号	名称	规格/型号	状况	序号	名称	规格/型号	状况
1	直流稳压电源	UTP3705S 型		4	螺丝刀	平口螺丝刀	
2	数字万用表	UT890D		5	电源输出线	红黑带夹子	
3	测量电路板	功放和报警电路板		6	防静电环	防静电手环	

注："状况"栏填写"正常"或"不正常"。

➡ 任务 5.1　测量直流稳压电源输出电压范围

5.1.1　直流稳压电源的分类及结构

当今社会人们极大地享受着电子设备带来的便利，任何电子设备都有一个共同的电路——电源电路。大到超级计算机、小到袖珍计算器，所有的电子设备都必须在电源电路的支持下才能正常工作，直流稳压电源的作用就是为电子设备提供持续稳定、满足负载要求的直流电能。由于直流电源获取方便，因此应用广泛。

1. 直流稳压电源的分类

直流稳压电源的种类繁多，常见的分类方式如下。

1）按稳压电路与负载的连接方式，直流稳压电源可分为串联型稳压电源和并联型稳压电源，其工作原理如图 5-1 所示。

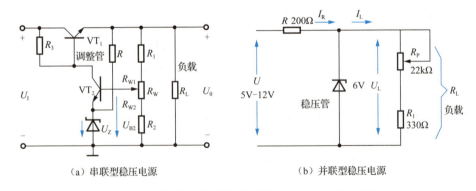

（a）串联型稳压电源　　　　　　（b）并联型稳压电源

图 5-1　串联型稳压电源与并联型稳压电源电路原理图

2）按照调整管的工作状态，直流稳压电源可分为线性稳压电源和开关型稳压电源，如图 5-2 所示。

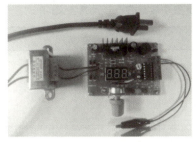

（a）线性稳压电源

（b）开关型稳压电源

图 5-2 线性稳压电源与开关型稳压电源

① 线性稳压电源有一个共同的特点就是它的功率器件（即调整管）工作在线性区，通过调整管之间的电压降稳定输出。由于调整管静态损耗大，需要安装一个很大的散热器，由于变压器工作在工频（50Hz）上，因此重量较大。

该类电源的优点是稳定性高，纹波小，可靠性高，易做成多路输出连续可调的成品；其缺点是体积大、较笨重、效率相对较低，一般只有 50% 左右。

② 开关型直流稳压电源的电路形式主要有单端反激式、单端正激式、半桥式、推挽式和全桥式。其与线性电源的根本区别在于它的变压器不是工作在工频上，而是工作在几十千赫兹到几兆赫兹，功能管工作在饱和及截止区即开关状态。

2．UTP3705S 型直流稳压电源的面板结构

UTP3705S 型直流稳压电源的面板包括电压、电流显示，电压、电流及模式设置，输出接线端三部分，面板正面如图 5-3 所示，面板上各功能键的符号及其含义如表 5-2 所示。

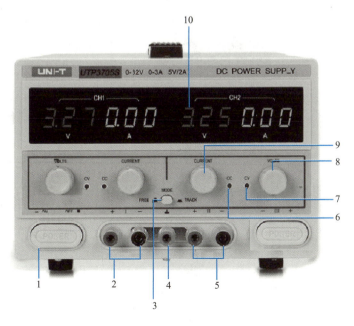

图 5-3 UTP3705S 型直流稳压电源面板结构

表 5-2　UTP3705S 型直流稳压电源面板上各功能键的符号及其含义

序号	符号	图片	含义
1	POWER	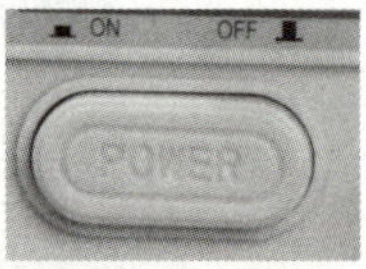	电源开关
2	I		CH1 输出通道，有红 "+"、黑 "−" 两个接线端
3	MODE	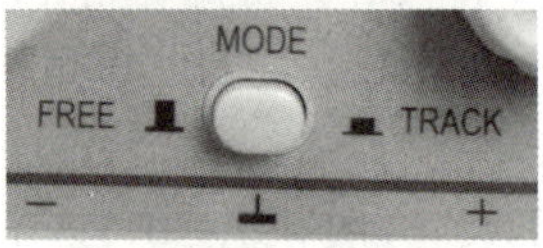	串联跟踪模式和独立非跟踪模式切换键；TRACK 为串联模式，FREE 为独立模式
4	⊥		接地端：机壳接地接线端，配有短接片
5	II	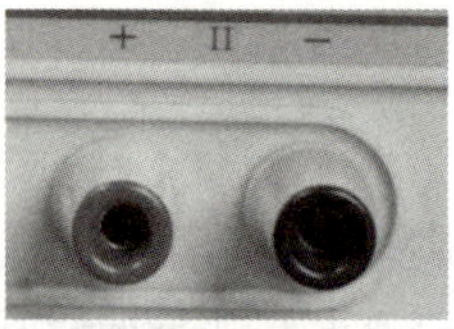	CH2 输出通道，有红 "+"、黑 "-" 两个接线端
6	CC	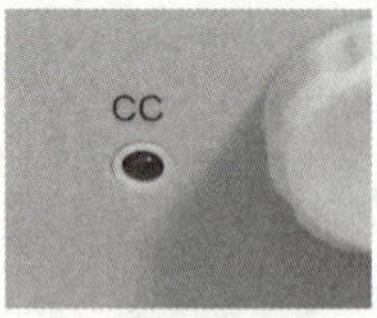	恒流模式指示灯，当 CC 灯亮时表明工作在恒流模式
7	CV	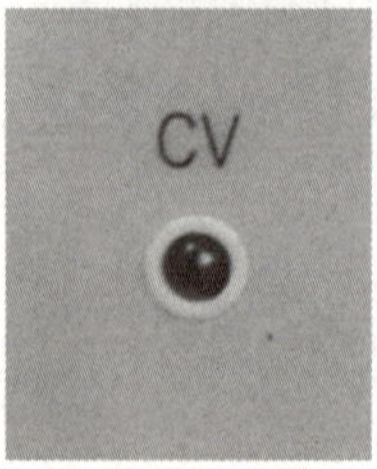	恒压模式指示灯，当 CV 灯亮时表明工作在恒压模式

序号	符号	图片	含义
8	VOLTS	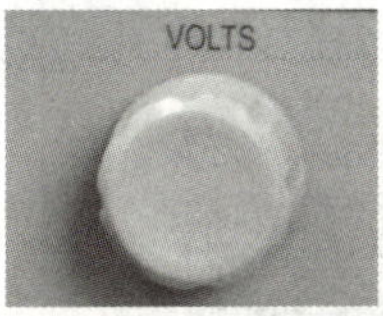	在恒压模式下设置输出电压值
9	CURRENT	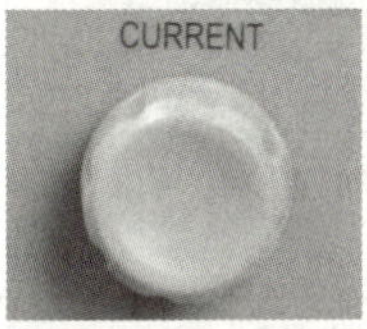	切换恒流、恒压模式；设置输出电流值
10	CH1、CH2		两个通道输出电压、电流显示

5.1.2　实际测量直流稳压电源输出电压的范围

按照表 5-3 所示的操作流程，完成 UTP3705S 型直流稳压电源输出电压范围的测量。

表 5-3　测量 UTP3705S 型直流稳压电源输出电压范围的操作流程

序号	操作步骤	操作图示	操作要点	操作（或测量）结果
1	连接好电源插头		将电源线与设备连接好，并接入 220V、50Hz 的交流电	连接可靠
2	打开直流稳压电源的电源开关		按左下角的 POWER 键	CH1、CH2 通道显示屏灯亮，显示当前电压值和电流值

序号	操作步骤	操作图示	操作要点	操作（或测量）结果
3	将工作方式调为独立模式		将模式切换按钮 MODE 复位到 FREE，使其工作在独立模式下	CH1 和 CH2 通道显示数据独立，所显示的电压、电流只受对应通道电压、电流调节旋钮的控制
4	将 CH1 和 CH2 的电压调节旋钮逆时针调到底		分别将 CH1 和 CH2 通道的电压调节旋钮逆时针调到底	此时两个通道均显示为 0V
5	用数字万用表的直流电压 6V 挡测量输出电压	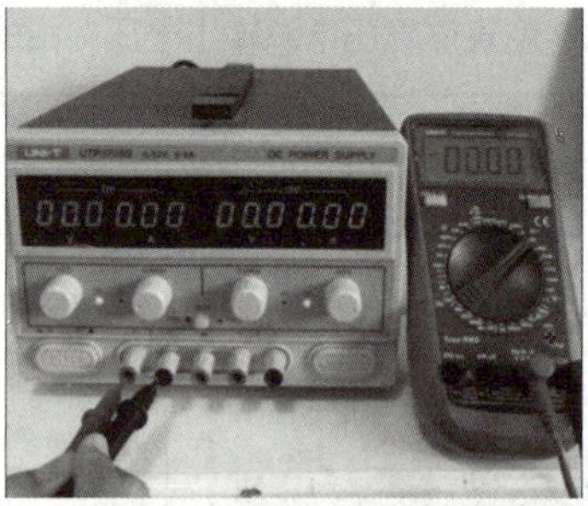	将数字万用表调到直流电压 6V 挡位，分别测量 CH1 和 CH2 两个通道的输出电压	两个通道均显示为 0V
6	将 CH1 和 CH2 的电压调节旋钮顺时针调到底		分别将 CH1 和 CH2 的电压调节旋钮顺时针调到底	CH1、CH2 通道显示为 32V 左右
7	用数字万用表的直流电压 60V 挡测量其输出电压		将数字万用表调到直流电压 60V 挡位，分别测量 CH1 和 CH2 两个通道的输出电压	两个通道显示为 32V 左右

导师说

1）将稳压电源的工作方式设置为独立模式。

2）先将电压调节旋钮逆时针调到底测量输出电压的最小值，再将电压调节旋钮顺时针调到底测量输出电压的最大值。

3）万用表选好合适的挡位和量程，表笔良好接触稳压电源的输出端。

导师说

测量输出电压范围，接通电源设置模式。

逆时针到底测最小，顺时针到底测最大。

择合适量程测电压，结果与参数来比较。

任务 5.2 使用直流稳压电源为电路提供电源

5.2.1 输出电压、电流的设置，模式的切换及与负载的连接

1. 输出电压、电流的设置

（1）输出电压的设置

UTP3705S 型直流稳压电源的输出电压调节范围是 0～32V 连续可调，调节电压必须在恒压模式下调节，即调节恒压恒流模式切换旋钮 CURRENT，使恒压指示灯 CV 亮后才可调节。

（2）输出电流的设置

UTP3705S 型直流稳压电源的输出电流调节范围是 0～5A 连续可调，设置电流要求一是使电源工作在恒流模式，二是将对应通道输出红、黑端短接，即先调节恒压恒流模式切换旋钮 CURRENT 使电源工作在恒流模式（当 CC 指示灯亮起时），然后短接对应的输出端，最后调节对应通道的电流调节旋钮 CURRENT 完成电流设置。

2. 模式的切换

UTP3705S 型直流稳压电源有独立（FREE）和串联跟踪（TRACK）两种工作模式。

（1）独立工作模式

1）特点：CH1 和 CH2 两个通道相互独立，所显示的电压和电流值只受对应通道的电压、电流调节旋钮控制，可输出两组不同的电压。

2）设置：将模式切换按钮 MODE 弹起置于 FREE。

（2）串联跟踪模式

1）主从关系：当工作在串联跟踪模式时，将建立以 CH1 通道为主，以 CH2 通道为从的主从关系，即 CH2 通道此时所显示的电压将保持与 CH1 通道的数值一致且不受 CH2 通道电压调节旋钮的控制，两组电压大小此时都由 CH1 通道的电压调节旋钮控制。

2）可输出 CH1 通道两倍的电压：当工作在串联模式下时，使用 CH1 通道的正极接线端和 CH2 通道的负极接线端作为电源的输出端，输出电压值为 CH1 通道的两倍，最高可输出 64V。

3）可输出正、负双电源：将接地端作为固定公共端，CH1 通道的正极接线端与接地端之间输出为正电压，CH2 负极接线端与接地端之间输出为负电压。

4）设置：将模式切换按钮 MODE 按下置于 TRACK，为确保跟踪模式能正常工作，在模式切换前要用短接片将 CH1 通道负极与 CH2 通道的正极可靠连接。

3. 负载的连接

（1）单电源供电的连接

1）选择对应的通道。

2）将负载的负极与对应输出通道的负极接线端相连，即接黑色接线端。

3）将负载的正极与对应输出通道的正极接线端相连，即接红色接线端。

（2）双电源供电的连接

1）将短接片与 CH1 通道的负极和 CH2 通道的正极可靠连接。

2）将负载的公共端与电源的接地端可靠连接。

3）将负载的正极接到 CH1 通道的正极接线端即红色接线端，负载的负极接到 CH2 通道的负极接线端即黑色接线端。

5.2.2 使用直流稳压电源为电路提供电源

按照表 5-4 所示的操作流程，为报警电路和功放电路提供所需电压。

表 5-4 为报警电路和功放电路供电操作流程

序号	操作步骤	操作图示	操作要点	操作（或测量）结果
1	观察电路所需工作电压		观察电路所需的工作电压，判别供电的方式及类型，找到电源输入端	此报警电路和功放电路均为单电源直流 9V 供电

续表

序号	操作步骤	操作图示	操作要点	操作（或测量）结果
2	调节直流稳压电源使其输出电路所需电压		打开 UTP3705S 稳压电源，设置为独立工作模式，选择 CH1 通道并将其输出电压设置为 9V	工作方式按钮为弹起，工作模式为恒压 CV 灯亮，CH1 通道显示 9V
3	利用万用表测量电源输出电压	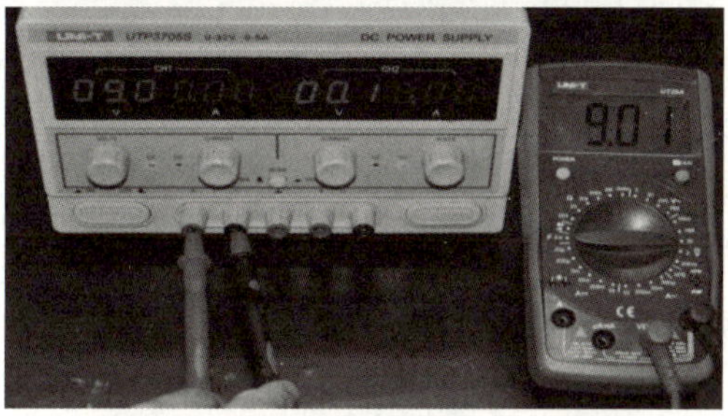	将数字万用表置于 DC20V 挡，红表笔接 CH1 通道的红色接线端，黑表笔接 CH1 通道的黑色接线端，测量其输出电压	数字万用表显示屏显示 9V
4	连接负载	 	找到电路板的电源输入端并分清正负极，用连接导线将电路电源输入端的正负极分别与直流稳压电源的正负端相连	可靠连接，无短路和错接现象

序号	操作步骤	操作图示	操作要点	操作（或测量）结果
5	供电		接通开关，观察电源指示灯，判别电源供电是否正常	电源指示灯亮，电路正常工作

导师说

观察电路所需电压，分清电源供电方式。

选择对应工作模式，调节所需电源电压。

用表校对输出电压，正确接连供给电压。

项目评价

本项目评价由三部分组成，即自我评价、小组评价和教师评价，请将各评价结果及最终得分填入项目评价表 5-5。

表 5-5　使用直流稳压电源输出电信号参量测试评价表

评价内容		自我评价	小组评价	教师评价
		优☆　良△　中√　差×		
7S 管理职业素养	（1）整理、整顿			
	（2）清扫、清洁			
	（3）节约、素养			
	（4）安全			
知识与技能	（1）能知道面板上各功能键的作用并正确操作			
	（2）能正确测量电源输出的电压范围			
	（3）能设置输出电路所需的电压			
汇报展示	（1）操作展示（可以为实物作品展示、PPT 汇报、简报、作业等形式）			
	（2）语言流畅，思路清晰			
评价等级				
完成任务最终评价等级（评价参考：自我评价 20%、小组评价 30%、教师评价 50%）				

拓展提高　直流稳压电源

1. 直流稳压电源的基本功能

1）输出电压能够在额定输出电压值以下任意设定和正常工作。

2）输出电流的稳流值能在额定输出电流值以下任意设定和正常工作。

3）直流稳压电源的稳压与稳流状态能够自动转换并有相应的状态指示。

4）对于输出的电压值和电流值要求精确地显示和识别。

5）对于输出电压值和电流值有精准要求的直流稳压电源，一般要用多圈电位器和电压电流微调电位器，或者直接输入数字。

6）要有完善的保护电路。直流稳压电源在输出端发生短路及异常工作状态时不应损坏，在异常情况消除后能立即正常工作。

2. 直流稳压电源的技术指标

直流稳压电源的技术指标可以分为两大类：一类是特性指标，反映直流稳压电源的固有特性，如输入电压、输出电压、输出电流、输出电压调节范围；另一类是质量指标，反映直流稳压电源的优劣，包括稳定度、等效内阻（输出电阻）、纹波电压及温度系数等。

（1）特性指标

1）输出电压范围。在符合直流稳压电源工作条件的情况下，能够正常工作的输出电压范围。该指标的上限由最大输入电压和最小输入－输出电压差所决定，而其下限由直流稳压电源内部的基准电压值决定。

2）最大输入－输出电压差。该指标表征在保证直流稳压电源正常工作条件下，所允许的最大输入与输出之间的电压差值，其值主要取决于直流稳压电源内部调整晶体管的耐压指标。

3）最小输入－输出电压差。该指标表征在保证直流稳压电源正常工作条件下，所需的最小输入－输出之间的电压差值。

4）输出负载电流范围。输出负载电流范围又称输出电流范围，在这一电流范围内，直流稳压电源应能保证符合指标规范所给出的指标。

（2）质量指标

1）电压调整率 SV。电压调整率是表征直流稳压电源稳压性能优劣的重要指标，又称为稳压系数或稳定系数，它表征当输入电压 U_I 变化时直流稳压电源输出电压 U_o 稳定的程度，通常以单位输出电压下的输入和输出电压的相对变化百分比表示。

2）电流调整率 SI。电流调整率是反映直流稳压电源负载能力的一项主要指标，又称为电流稳定系数。它表征当输入电压不变时,直流稳压电源对由负载电流(输出电流)变化而引起的输出电压波动的抑制能力, 在规定的负载电流变化的条件下, 通常以单位输出电压下的输出电压变化值的百分比来表示直流稳压电源的电流调整率。

3)纹波抑制比 SR。纹波抑制比反映了直流稳压电源对输入端引入的市电电压的抑制能力, 当直流稳压电源输入和输出条件保持不变时, 纹波抑制比常以输入纹波电压峰－峰值与输出纹波电压峰－峰值之比表示, 一般用分贝数表示, 有时也可以用百分数表示, 或直接用两者的比值表示。

4)温度稳定性 K。集成直流稳压电源温度稳定性是指在所规定的工作温度 T_i 的变化范围内($T_{min} \leqslant T_i \leqslant T_{max}$), 直流稳压电源输出电压相对变化的百分比值。

(3)极限指标

1)最大输入电压:是保证直流稳压电源安全工作的最大输入电压。

2)最大输出电流:是保证直流稳压电源安全工作所允许的最大输出电流。

检测与反思

A 类 试 题

一、填空题

1. 在 UTP3705S 型直流稳压电源的面板上, 将电源开关置于 ON 位置, 表示_____, 指示灯_____。

2. 在 UTP3705S 型直流稳压电源的面板上, 标有 CC 的指示灯亮, 表示_____, 标有 CV 的指示灯亮, 表示_____。

3. 直流稳压电源按工作方式分为_____、_____和_____。

4. 直流稳压电源按稳压电路与负载的连接方式分为_____和_____两种。

5. 直流稳压电源按调整管的工作状态分为_____和_____两种。

二、判断题

1. 在使用直流稳压电源时, 应先接入负载, 再按负载要求调整电压。 (   )

2. UTP3705S 型直流稳压电源使用完毕后, 可直接切断电源。 (   )

3. 直流稳压电源在串联模式下既可以输出正、负双电源, 也可以输出两倍设置电压。 (   )

4. 在 UTP3705S 型直流稳压电源的面板上, 当 CC 灯亮时, 表明此时电源工作在恒压模式。 (   )

5. 在 UTP3705S 型直流稳压电源的面板上，只有当对应通道的 CV 灯亮时，才可调节该通道的输出电压。　　　　　　　　　　　　　　　　　　　　　（　　）

B 类 试 题

一、填空题

1. UTP3705S 型直流稳压电源的工作方式有 _____ 和 _____ 两种。

2. UTP3705S 型直流稳压电源的最高输出电压为 _____V，最大输出电流为 _____A。

3. UTP3705S 型直流稳压电源的电压输出范围是 _____。

4. UTP3705S 型直流稳压电源的电流输出范围是 _____。

5. 在 UTP3705S 型直流稳压电源的面板上，当将 MODE 按钮置于 TRACK 时，表明此时 CH1 和 CH2 通道工作在 _____ 模式下。

二、判断题

1. UTP3705S 型直流稳压电源工作在串联模式下时，CH2 通道的电压调节旋钮将不能使用。　　　　　　　　　　　　　　　　　　　　　　　　　　　　（　　）

2. 在 UTP3705S 型直流稳压电源使用过程中，若负载过重或短路，则稳压电源将自动从恒压状态转变为恒流状态。　　　　　　　　　　　　　　　　　　　（　　）

3. 在使用直流稳压电源时，若输出正负双电源，则必须工作在串联模式且可靠连接好短接片。　　　　　　　　　　　　　　　　　　　　　　　　　　　（　　）

4. 在使用直流稳压电源时，在设置输出电流时必须工作在恒流模式且短接输出端才能调节。　　　　　　　　　　　　　　　　　　　　　　　　　　　　（　　）

5. 在 UTP3705S 型直流稳压电源的面板上，当 MODE 按钮置于 FREE 时，表明 CH1 和 CH2 通道工作在串联模式下。

（　　）

C 类 试 题

一、填空题

1. UTP3705S 型直流稳压电源工作环境温度为 _____。

2. UTP3705S 直流稳压电源的特性指标有 _____、_____、_____ 和 _____。

3. UTP3705S 直流稳压电源的质量指标有 _____、_____、_____ 和 _____。

4. UTP3705S 直流稳压电源的极限指标有 _____ 和 _____。

5. UTP3705S 直流稳压电源在为电路供电时，应先接 _____ 极，后接 _____ 极。

二、简答题

1. 描述测量电源输出电压范围的步骤。
2. 设置输出正负双电源的方法是什么？
3. 描述设置电路所需电流的正确操作方法。
4. 描述设置电路所需电压的正确操作方法。

三、实操题

1. 设置输出电压为 5.5V，电流为 0.5A 的单电源，并用数字万用表对其输出值进行测量。
2. 设置输出正负 12V 的双电源，并用数字万用表对其输出值进行测量。

项目 6　使用函数信号发生器输出电信号参量

知识目标

1）掌握函数信号发生器的用途。
2）熟悉函数信号发生器面板操作键的功能。
3）了解函数信号发生器的基本参数及性能特点。
4）了解函数信号发生器的保养方法。

能力目标

1）会正确使用函数信号发生器输出符合参数要求的信号。
2）会按要求使用函数信号发生器为电路输入波形信号。
3）会排除在使用过程中出现的简单问题。

安全须知

1．人身操作安全

1）使用符合产品安全规格的专用电源线，确保仪器及工作台无漏电。
2）正确连接探头线，在测试过程中勿触摸裸露的接点和部件。
3）电源接通后，请勿接触外露的接头和元件。

2．仪表操作安全

1）为避免起火和过大电流的冲击，电源电压必须在仪器工作电压范围内。
2）保持适当的通风，勿在潮湿和危险的环境中操作。
3）为避免电击，函数信号发生器必须正确接地后再进行测量线路的连接。

项目描述

本项目依据图 0-1 所示的综合电路板，用 DG1022U 型函数信号发生器作为信号源，按照图 0-2 所示的电路原理图，为电路提供所需波形信号。

项目准备

完成本项目需要按照表 6-1 所示的工具、仪表及材料清单进行准备。

表 6-1　工具、仪表及材料清单

序号	名称	规格 / 型号	状况	序号	名称	规格 / 型号	状况
1	函数信号发生器	DG1022U		4	螺丝刀	十字螺丝刀	
2	测量电路板	综合电路板（配喇叭）		5	绝缘手套	220V 带电操作橡胶手套	
3	直流稳压电源	UTP3705S		6	防静电环	防静电手环	

注："状况"栏填写"正常"或"不正常"。

任务 6.1　使用函数信号发生器输出函数信号

6.1.1　函数信号发生器的特点和结构

　　函数信号发生器是产生正弦波、三角波、方波、斜波、正向或负向脉冲波、锯齿波等多种函数波形的仪器，作为一种通用信号源，被广泛应用在电子电路的研发、实验、测试和维修中。函数信号发生器的类型较多，但其组成和工作原理是基本相同的。本任务以 DG1022U 型函数信号发生器为例进行介绍。

1. 函数信号发生器的主要性能特点

　　DG1022U 型函数信号发生器使用直接数字合成（DDS）技术及多种调制技术，不仅具有函数信号源输出功能，还具有高精度、宽频带的频率计测量功能，并可实现与同系列示波器的无缝对接，直接获取示波器中存储的波形并无损地重现。其主要性能特点如表 6-2 所示。

表 6-2　DG1022U 型函数信号发生器的主要性能特点

主要性能特点	说明
采用 DDS 技术	采用直接数字合成技术（DDS），得到精确、稳定、低失真的输出信号
双通道输出	CH1、CH2 两个通道，可实现通道耦合，通道复制
输出波形种类丰富	可输出 5 种基本波形，内置 48 种任意波形
可编辑输出波形	可编辑输出 14-bit、4k 点的用户自定义任意波形
丰富的调制功能	可输出各种调制波形：调幅（AM）、调频（FM）、调相（PM）、二进制频移键控（FSK）
丰富的输入输出	外接调制源，外接基准 10MHz 时钟源，外触发输入，波形输出，数字同步信号输出
高精度、宽频带频率计功能	测量功能：频率、周期、占空比、正 / 负脉冲宽度，频率范围：100MHz ～ 200MHz（单通道）
具有标准配置接口：USB Host、USB Device	支持即插即用 USB 存储设备，并可通过 USB 存储设备存储、读取波形配置参数及用户自定义任意波形，升级软件

2. DG1022U 型函数信号发生器的主要技术参数

不同的函数信号发生器的测量范围有所不同，但其基本参数大同小异。在使用前应首先了解其特点及主要参数，以便准确地测量相关数据。DG1022U 型函数信号发生器的主要技术参数如表 6-3 所示。

表 6-3　DG1022U 型函数信号发生器的主要技术参数

项目	技术参数	
输出频率范围 0.1Hz ～ 25MHz	正弦波：1μHz ～ 25MHz	
	方波：1μHz ～ 5MHz	
	锯齿波 / 三角波：1μHz ～ 500kHz	
	脉冲波：500μHz ～ 5MHz	
	白噪声：5MHz 带宽（-3dB）	
	任意波形：1μHz ～ 5MHz	
分辨率	1μHz	
采样率	CH1、CH2 通道均为 100MSa/s	
输出波形	正弦波、三角波、矩形波、正向或负向锯齿波、正向或负向脉冲波	
输出波形幅度（50Ω 负载）	CH1 通道	CH2 通道
	输出频率≤ 20MHz 时，输出波形幅度 2mV ～ 10V	输出波形幅度 2 mV ～ 3 V
	输出频率 >20MHz 时，输出波形幅度 2 mV ～ 5 V	
外测参数类型	频率、周期、正 / 负脉冲宽度、占空比	
外测频率范围	单通道：100MHz ～ 200MHz	
外测电压范围	200mV$_{PP}$ ～ 5 V$_{PP}$	
脉冲宽度、占空比测量范围	1Hz ～ 10MHz（100mV$_{PP}$ ～ 10V$_{PP}$）	

3. DG1022U 型函数信号发生器的结构

DG1022U 型函数信号发生器向用户提供简单而功能明晰的前面板。人性化的键盘布局和指示及丰富的接口，外部结构包含液晶显示屏、功能选择按键、幅度频率调节旋钮、输入输出接口、BNC 线（BNC 同轴线和 BNC 鳄鱼夹线）等。前面板结构如图 6-1 所示，后面板结构如图 6-2 所示。

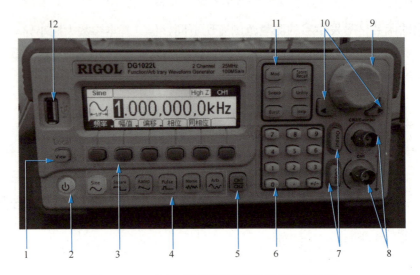

图 6-1　DG1022U 型函数信号发生器前面板结构

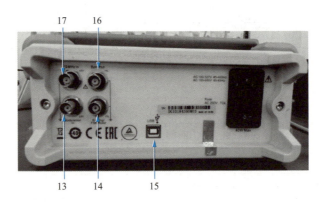

图 6-2　DG1022U 型函数信号发生器后面板结构

DG1022U 型函数信号发生器面板各部分的名称及作用如表 6-4 所示。

表 6-4　DG1022U 型函数信号发生器面板各部分名称及其作用

序号	名称	作用
1	本地 / 视图切换（View）	通过前面板左侧的 View 按键实现 3 种显示模式的切换（单通道常规模式、单通道图形模式及双通道常规模式）
2	电源开关	在总电源开关闭合时，按下该键，开关点亮，仪器启动进入工作状态
3	菜单键	包括频率 / 周期、幅值 / 高电平、偏移 / 低电平、相位等菜单选项，通过对应按键进行选择
4	波形选择键	从左至右依次为正弦波、方波、锯齿波、脉冲波、噪声波、任意波，按下对应按键点亮时有效
5	通道切换按键	用户可通过该键来切换活动通道（CH1/CH2），以便设定每通道的参数及观察、比较波形

序号	名称	作用
6	数字键盘	直接输入需要的数值，改变参数大小
7	输出使能键	使用 Output 按键，启用或禁用前面板的输出连接器输出信号。已按下 Output 键的通道显示"ON"，而且灯被点亮 注意：在频率计模式下，CH2 对应的 Output 连接器作为频率计的信号输入端，CH2 自动关闭，禁用输出
8	CH1/CH2 输出端	该端口连接 BNC 线，CH2 输出端兼做频率计的信号输入端
9	旋钮	改变数值大小，在 0～9 范围内改变某一数值大小时，顺时针转一格加 1，逆时针转一格减 1 用于切换内建波形种类、任意波文件／设置文件的存储位置、文件名输入字符
10	方向键	用于切换数值的数位、任意波文件／设置文件的存储位置
11	模式／功能键	Mod 使用 Mod 按键，可输出经过调制的波形，并可以通过改变类型、内调制／外调制、深度、频率、调制波等参数来改变输出波形
		Sweep 使用 Sweep 按键，对正弦波、方波、锯齿波或任意波形产生扫描（不允许扫描脉冲、噪声和 DC）
		Burst 使用 Burst 按键，可以产生正弦波、方波、锯齿波、脉冲波或任意波形的脉冲串波形输出，噪声只能用于门控脉冲串
		Store/Recall 使用 Store/Recall 按键，存储或调出波形数据和配置信息
		Utility 使用 Utility 按键，可以设置同步输出开／关、输出参数、通道耦合、通道复制、频率计测量；查看接口设置、系统设置信息；执行仪器自检和校准（出厂时由专业人员完成）等操作
		Help 使用 Help 按键查看帮助信息，要获得任何前面板按键或菜单按键的帮助信息，按住该键 2～3s，即可显示相关帮助信息
12	USB Host 接口	可以连接并控制功率放大器（PA），将信号进行放大后输出，或外接存储设备，读取波形配置参数及用户自定义任意波形，升级软件读取调用相应指令
13	Modulation in	调制波输入
14	Ext Trig/FSK/Burst	外部触发 FSK/Burst
15	USB	USB 设备端口
16	Sync Out	同步输出
17	10MHz In	10MHz 参考输入

6.1.2 使用函数信号发生器设置输出波形

1. 设置输出方波（CH1）

按照表 6-5 所示的操作流程，使用 DG1022U 型函数信号发生器从 CH1 通道输出幅度为 4mVpp、频率为 2kHz 的方波。

表 6-5　从 CH1 通道输出方波操作流程

序号	操作步骤	操作图示	操作要点	操作（或测量）结果
1	连接好电源插头及 BNC 线		BNC 线连接至 CH1 输出端时必须旋转到位，电源线与设备连接好，并接通市电	电源线接触良好无松动，BNC 线连接可靠
2	按下电源开关键	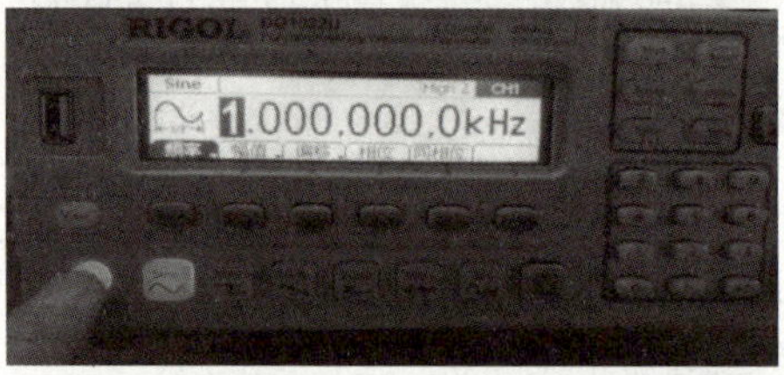	确认仪器后面板电源开关已置于开机位置，按下电源开关键，该键点亮	仪器进入工作状态
3	选择通道为 CH1		通过输出通道切换键，选择输出通道为 CH1	显示屏右上角 CH1 反色显示
4	选择波形类别为方波		按下 Square 键，该键点亮，方波选择成功	显示屏左边显示方波波形
5	设置参数（频率 2kHz、幅度 4mV$_{pp}$）		用数字键盘输入数字"2"，单位选择 kHz	显示屏显示 2kHz
		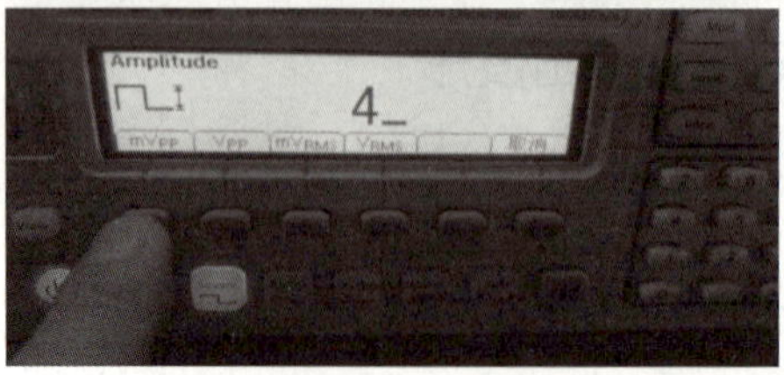	用数字键盘输入数字"4"，单位选择 mV$_{pp}$	显示屏显示 4mV$_{pp}$

续表

序号	操作步骤	操作图示	操作要点	操作（或测量）结果
6	按 View 键切换为图形显示模式	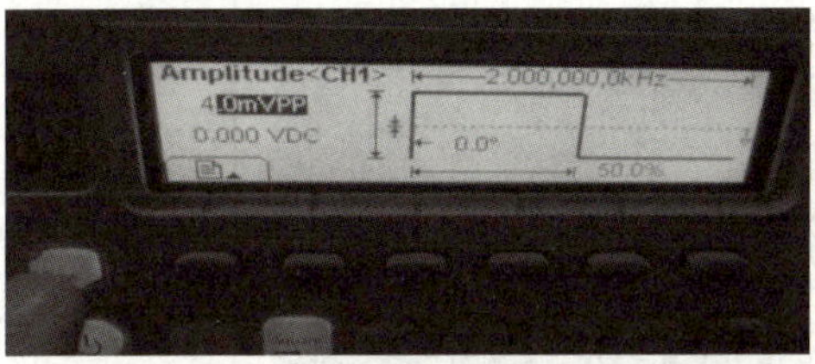	按一次 View 键，界面显示为图形模式	显示屏显示 2kHz、4mV$_{pp}$ 的方波波形
7	按下 Output 信号输出控制键输出方波信号		按下 CH1 通道 Output 键，使之点亮	信号从函数信号发生器有效输出
8	整理	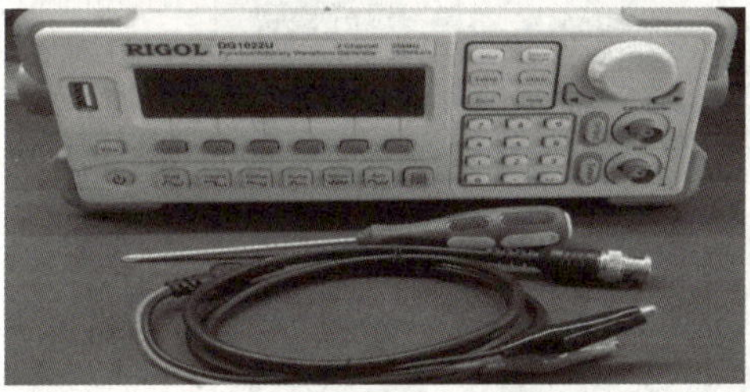	整个实训结束后，按照 7S 要求，清洁整理工作台	工作台干净、整洁，设备关机断电

2．设置输出方波（CH2）

参照表 6-5 中的操作流程，使用 DG1022U 型函数信号发生器设置幅度为 12V$_{pp}$、频率为 10kHz、占空比为 30% 的方波，并从 CH2 通道输出。

6.1.3 使用函数信号发生器动态输出波形

1．使用函数信号发生器连续调节正弦波频率

按照表 6-6 所示操作流程，使用 DG1022U 型函数信号发生器完成幅度为 1V$_{pp}$、频率为 20Hz 正弦波频率的连续调节，并从 CH2 通道输出。

表 6-6 使用函数信号发生器连续调节正弦波频率操作流程

序号	操作步骤	操作图示	操作要点	操作（或测量）结果
1	连接好电源插头及 BNC 线		BNC 线连接至 CH2 输出端时必须旋转到位，电源线与设备连接好，并接通市电	电源线接触良好无松动，BNC 线连接可靠
2	按下电源开关键		确认仪器后面板电源开关已置于开机位置，按下电源开关键，该键点亮	仪器进入工作状态
3	选择通道为 CH2		通过输出通道切换键，选择输出通道为 CH2	显示屏右上角 CH2 反色显示
4	选择波形类别为正弦波		按下 Sine 键，该键点亮，正弦波选择成功	显示屏左边显示正弦波形
5	设置参数值（频率 20Hz、幅度 1V$_{pp}$）		按下"幅值"软键，使幅值反色显示，用数字键盘输入数字"1"，单位选择 V$_{pp}$ 按下"频率"软键，用数字键盘输入数字"20"，单位选择 Hz	显示屏显示 20Hz、1V$_{pp}$ 的正弦波形
6	按下 Output 信号输出控制键输出矩形波信号		按下 CH2 通道 Output 键，使之点亮	信号从函数信号发生器 CH2 通道有效输出

续表

序号	操作步骤	操作图示	操作要点	操作（或测量）结果
7	按 View 键切换为图形显示模式	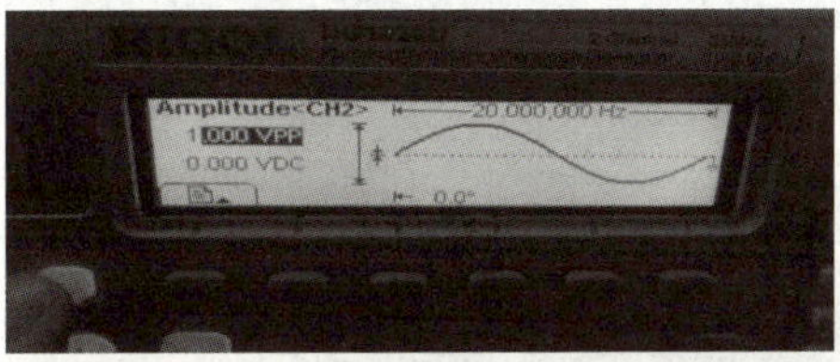	按一次 View 键，界面显示为图形模式	显示屏以图形模式显示波形及参数值
8	选择连续调节数位		按右选位键，选择个位	个位 0 成反色显示
9	进 1 连续调节		向右缓慢调节旋钮	显示屏从 20Hz 每次加 1 显示输出频率，信号连续从 CH1 通道输出
10	整理		整个实训结束后，按照 7S 要求，清洁整理工作台	工作台干净、整洁，设备关机断电

👥 **导师说**

1）选位键不仅可选择数位（整数位或者小数位），还可选择单位，实现单位递进调节。

2）在图形显示模式下，按"幅值"软键选中幅值，按"选位键"选择数位，然后旋转旋钮，可对幅值进行连续调节。

2. 使用函数信号发生器连续调节正弦波幅值

参照表 6-6 所示操作流程，使用 DG1022U 型函数信号发生器完成幅度为 $4mV_{pp}$、频率为 1kHz 正弦波，幅值每次加"0.1"连续调节，并从 CH2 通道输出。

6.1.4 使用函数信号发生器的通道复制功能输出双通道信号

按照表 6-7 所示操作流程，首先将 CH1、CH2 通道分别接上 BNC 线，本流程基于仪器已开机进入工作状态，从 CH1、CH2 通道分别输出幅度为 $4V_{pp}$、频率为 1kHz 的正弦波。

表 6-7　使用通道复制功能输出双通道信号操作流程

序号	操作步骤	操作图示	操作要点	操作（或测量）结果
1	设置 CH1 通道波形参数	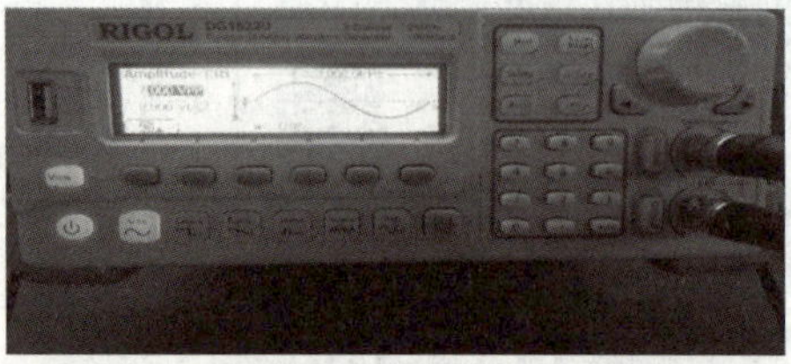	按前述设置方法设置波形类别：正弦波波形参数：1kHz，4V$_{pp}$	屏幕显示 CH1 通道 为 1kHz，4V$_{pp}$ 的正弦波形
2	点亮 Utility 键		按下并点亮 Utility 键	屏幕显示"耦合"项
3	选择耦合		按下"耦合"对应软键	屏幕显示"复制"项
4	选择复制	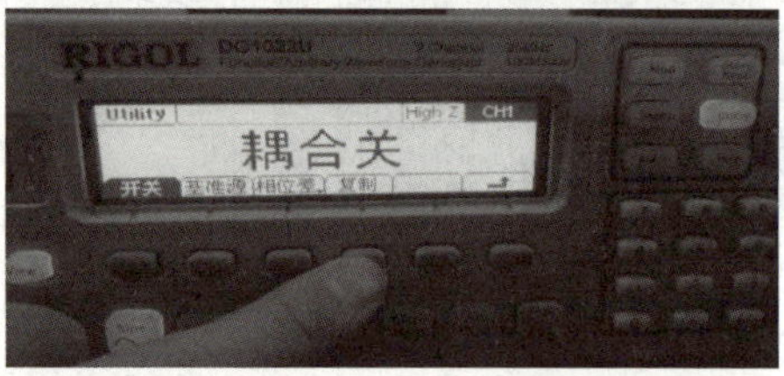	按下"复制"对应软键	屏幕显示"CH1->CH2""CH2->CH1"
5	选择 CH1-CH2 通道		按下 CH1->CH2 对应软键	屏幕显示"CH1->CH2"
6	确定	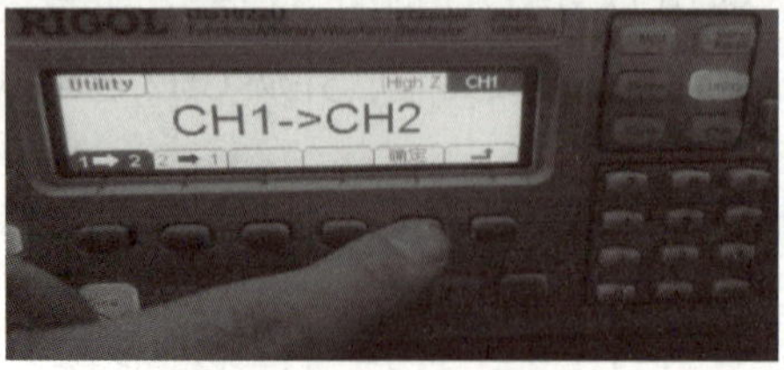	按"确定"对应软键，再次按下 Utility 键，按键灯灭	CH1 通道参数成功复制到 CH2 通道

续表

序号	操作步骤	操作图示	操作要点	操作（或测量）结果
7	按 View 键查看参数		按 View 键切换为双通道显示模式	屏幕显示 CH1、CH2 参数相同
8	按下 Output 信号输出控制键输出矩形波信号		分别按下 CH1、CH2 通道 Output 键，使之点亮	波形信号双通道输出
9	用示波器观查波形	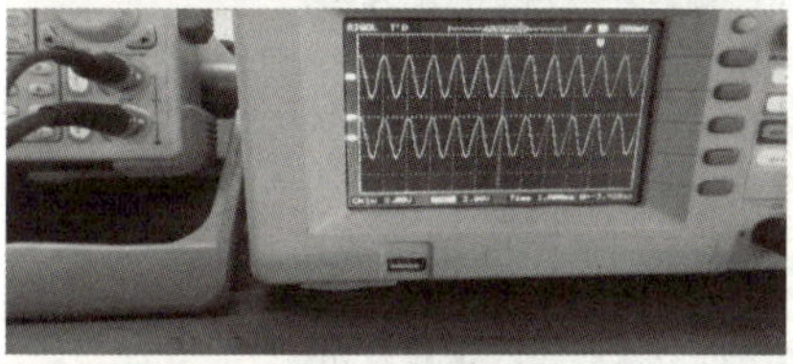	示波器使用详见项目 9	函数信号发生器两个通道分别输出相同参数的波形
10	整理	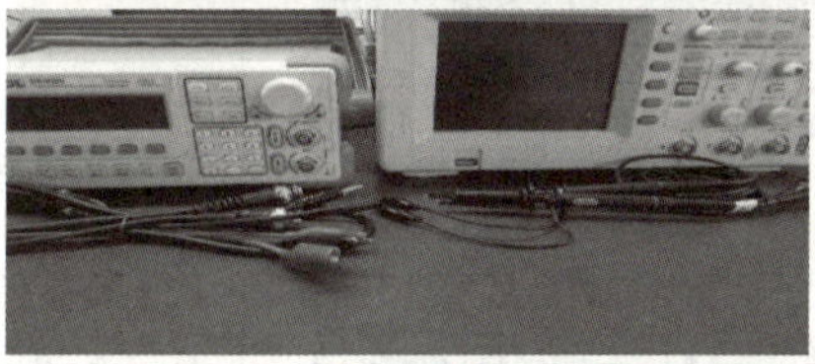	整个实训结束后，按照 7S 要求，清洁整理工作台	工作台干净、整洁，设备关机断电

导师说

1）通道复制须先设置好被复制通道的波形参数，包括幅值、频率、相位等。

2）若需将 CH1 通道的正弦波复制为数值相同的方波，则需在复制完成后，将屏幕显示通道切换为 CH2，然后按 Square 键使之点亮即可。

任务 6.2 使用函数信号发生器为电路输入函数信号

6.2.1 为功放电路输入正弦波信号

准备好图 0-1 所示的综合电路板、喇叭、函数信号发生器、直流稳压电源及其他测量工具，按照图 0-2（b）所示的功放电路原理图，在功放电路输入端（2TP2）输入幅度为 $5mV_{pp}$、频率为 10kHz 的正弦波信号。

基于功放电路接通电源（9V）工作正常、2S2 断开，按照表 6-8 所示的操作流程，完成功放电路正弦波信号输入，并将观测结果记入表 6-9。

表 6-8　为功放电路输入正弦波信号操作流程

序号	操作步骤	操作图示	操作要点	操作（或测量）结果
1	连接好电源插头及 BNC 线		BNC 线连接至 CH1 输出端时必须旋转到位，电源线与设备连接好，并接通市电	电源线接触良好无松动，BNC 线连接可靠
2	按下电源开关键		确认仪器后面板电源开关已置于开机位置，按下电源开关键，使之点亮	仪器进入工作状态
3	选择 CH1 通道	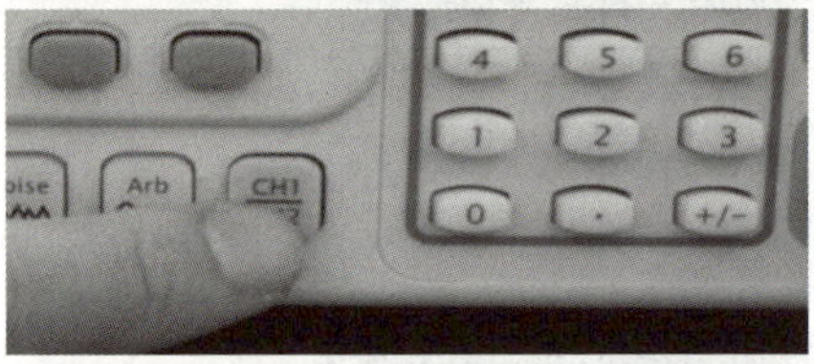	通过输出通道切换键，选择输出通道为 CH1	显示屏右上角 CH1 反色显示
4	选择波形类别为正弦波		按下 Sine 键，按键点亮，正弦波选择成功	显示屏显示正弦波波形
5	设置参数值（频率 10kHz、幅度 5mV$_{pp}$）	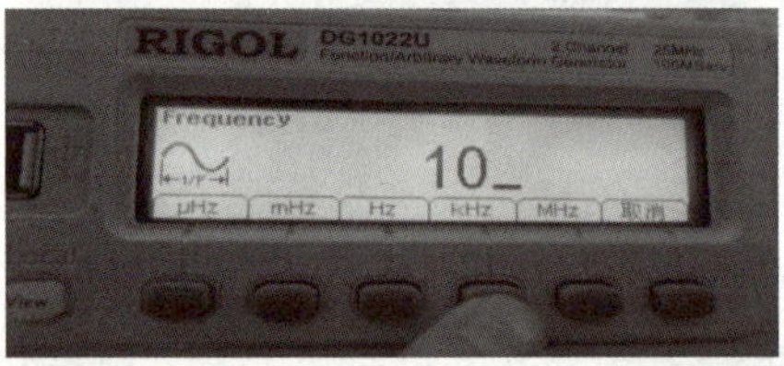	用数字键盘输入数字"10"，单位选择 kHz	显示屏显示 50Hz、5mV$_{pp}$ 的正弦波波形
		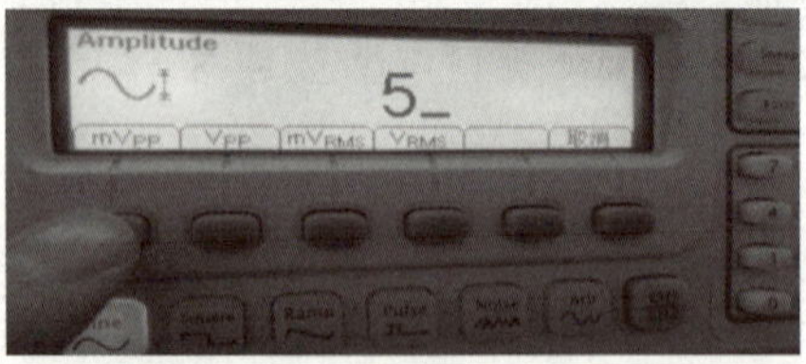	用数字键盘输入数字"5"，单位选择 mV$_{pp}$	
6	为功放电路接入工作电压		为功放电路板通入直流 9V 电压，正负极连接正确，按下电源开关键	功放电路板指示灯点亮

续表

序号	操作步骤	操作图示	操作要点	操作（或测量）结果
7	断开电源开关	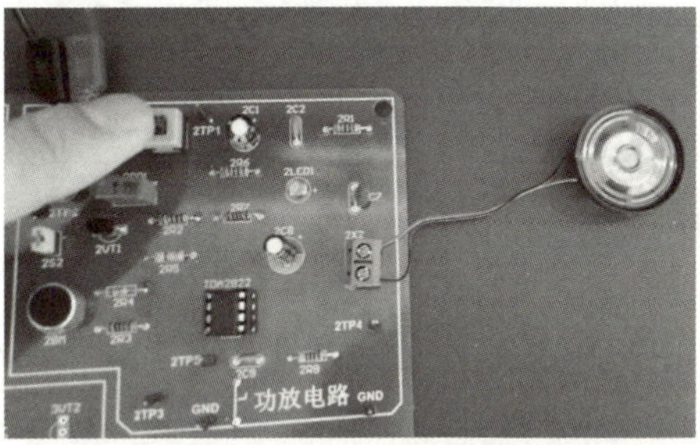	电源开关弹出	功放电路板指示灯熄灭
8	连接 BNC 线至功放电路板 2TP2 输入端		黑色鳄鱼夹连接功放电路板 GND 端，红色鳄鱼夹连接功放电路板 2TP2 输入端，检查鳄鱼夹与输入端可靠连接无短路	线路连接完成
9	按下 Output 信号输出控制键输出正弦波信号		按下 CH1 通道 Output 键，使之点亮	信号从函数信号发生器有效输出
10	按下功放电路板电源开关	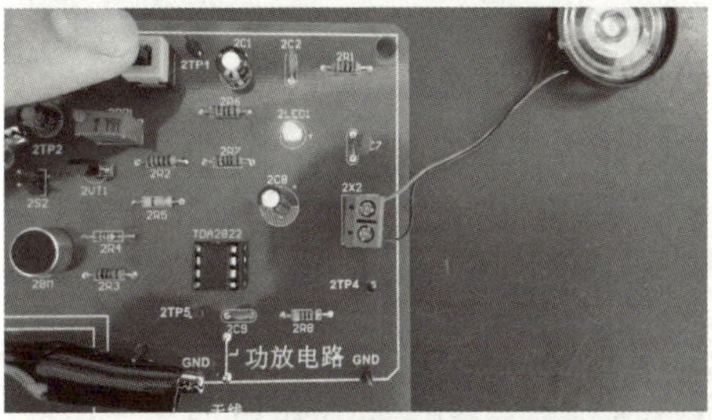	功放电路板电路指示灯点亮	喇叭发出蜂鸣声，信号成功输入电路
11	整理	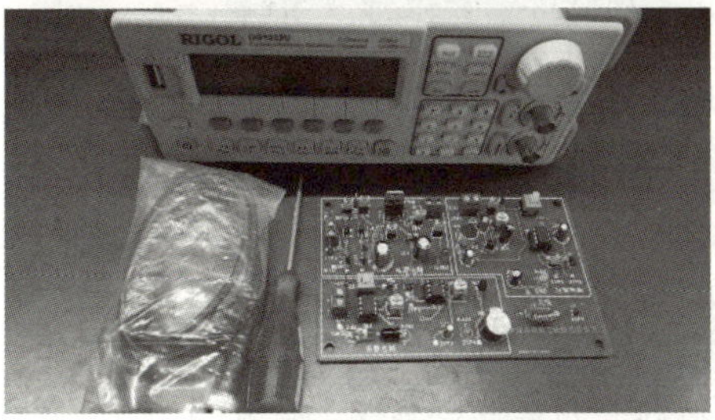	整个实训结束后，按照 7S 要求，清洁整理工作台	工作台干净、整洁，设备关机断电

表 6-9　为功放电路输入正弦波信号

功放电源输入端在电路板上的标识	BNC 线所接通道	屏显通道选择	弹出 2S3 喇叭有无蜂鸣声

导师说

1）输出所接通道与屏幕显示通道对应。

2）已点亮 Output 按键。

3）先加入输入信号，然后接通电路电源，可降低输入信号对电路造成瞬间冲击的可能性。

6.2.2　为功放后级电路输入方波信号

准备好图 0-1 所示的综合电路板、喇叭、函数信号发生器、直流稳压电源及其他测量工具，按照图 0-2（b）所示的功能放电路原理图，在功放后级电路（2TP3）输入幅度为 4.5mV$_{pp}$、频率 20Hz ～ 20kHz 连续变化的方波信号。

基于函数信号发生器 BNC 线连接可靠，已开机进入工作状态，功放电路板通电试机正常，按照表 6-10 所示操作流程，完成方波输入，并将观测结果记入表 6-11。

表 6-10　为功放后级电路输入正弦波信号操作流程

序号	操作步骤	操作图示	操作要点	操作（或测量）结果
1	选择 CH2 通道		通过输出通道切换键，选择输出通道为 CH2	显示屏右上角 CH2 反色显示
2	选择波形类别为方波		按下 Square 键，该键点亮，方波选择成功	显示屏显示方波波形

序号	操作步骤	操作图示	操作要点	操作（或测量）结果
3	设置参数（频率 20Hz、幅度 4.5mV$_{pp}$）	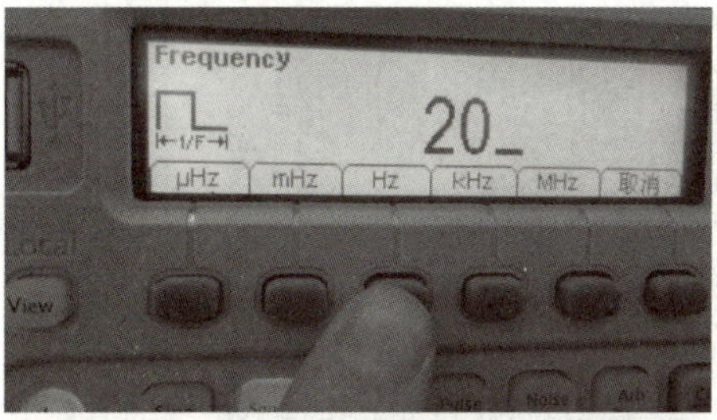	按下"频率"键，使"频率"反色显示，调节旋钮使频率为 20，单位选择 Hz	显示屏显示 20Hz
		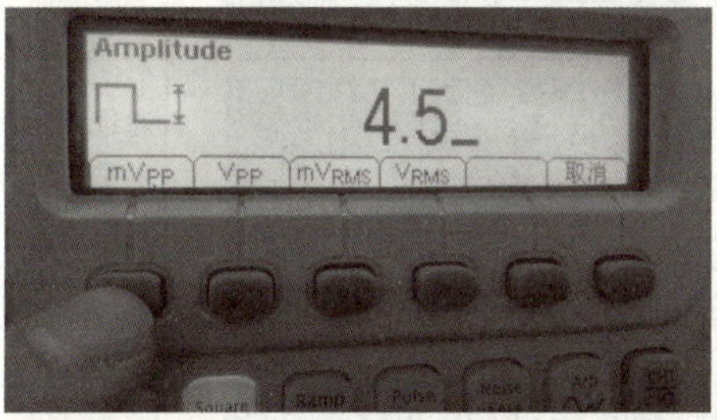	按下"幅值"键，使"幅值"反色显示，数字键盘输入数字"4.5"，单位选择 mV$_{pp}$	显示屏显示 4.5mV$_{pp}$
4	按 View 键切换视图查看波形	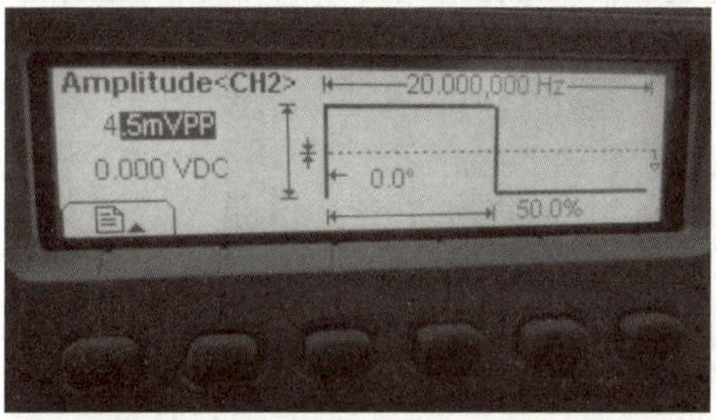	通过 View 键切换为单通道视图模式	显示屏显示 20Hz、4.5mV$_{pp}$ 的方波波形
5	连接 BNC 线至功放电路板 2TP3 输入端	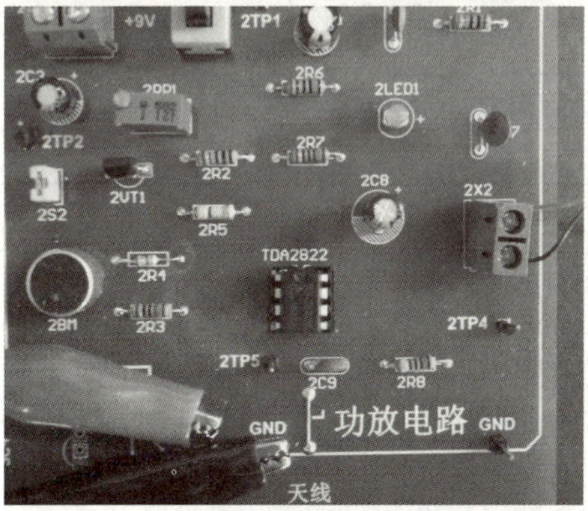	断开功放电路板电源开关，黑色鳄鱼夹连接功放电路板 GND 端，红色鳄鱼夹连接功放电路板 2TP3 输入端，检查鳄鱼夹与输入端可靠连接无短路	线路连接完成
6	按下 Output 信号输出控制键输出正弦波信号		按下 CH1 通道 Output 键，使之点亮	信号从函数信号发生器有效输出

序号	操作步骤	操作图示	操作要点	操作（或测量）结果
7	按下功放电路板电源开关，按下 2S3 键	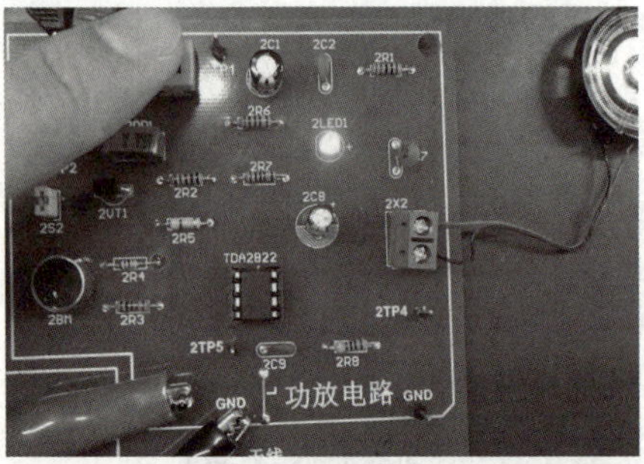	功放电路板指示灯点亮	喇叭发出蜂鸣声，信号成功输入电路
8	连续调节输入信号频率		通过调节函数信号发生器数值旋钮，使信号从 20Hz 逐渐增大至 20kHz，然后从 20kHz 逐渐减小到 1kHz	喇叭声调随着频率变化发生变化
9	整理		整个实训结束后，按照 7S 要求，清洁整理工作台	工作台干净、整洁，设备关机断电

表 6-11　为功放后级电路输入连续变化的方波信号

测量对象	输出频率逐渐增大	输出频率逐渐减小
喇叭声调变化情况		

6.2.3　为功放电路输入锯齿波信号

为进一步熟悉操作过程，参照表 6-11 所示的操作流程，使用 CH2 通道为功放电路输入幅度为 4.25mV$_{pp}$、频率为 50Hz 的锯齿波信号，并将设置参数填入表 6-12。

表 6-12　函数信号发生器参数设置

设置对象	设置参数
BNC 线连接端口	
通道选择	
幅值选择（单位）	

导师说

> 先选通道再设值，输出通道要对应。
>
> 线缆连接要可靠，点亮 OUT 出信号。
>
> 安全意识很重要，清洁整理不可少。

项目评价

本项目评价由三部分组成，即自我评价、小组评价和教师评价，请将各评价结果及最终得分填入项目评价表 6-13。

表 6-13　使用函数信号发生器输出电信号参量测试评价表

评价内容		自我评价	小组评价	教师评价
		优☆　良△　中√　差×		
7S 管理职业素养	（1）整理、整顿			
	（2）清扫、清洁			
	（3）节约、素养			
	（4）安全			
知识与技能	（1）能正确完成表 6-9 内容填写			
	（2）能正确完成表 6-11 内容填写			
	（3）能正确完成表 6-12 内容填写			
	（4）能认识函数信号发生器的结构			
	（5）能正确使用函数信号发生器的输入、输出功能			
汇报展示	（1）作品展示（可以为实物作品展示、PPT 汇报、简报、作业等形式）			
	（2）语言流畅，思路清晰			
评价等级				
完成任务最终评价等级 （评价参考：自我评价 20%、小组评价 30%、教师评价 50%）				

拓展提高　函数信号发生器的频率计功能与故障处理

1. 函数信号发生器的频率计功能

DG1022U 函数信号发生器具有频率计功能，可测量信号的频率、周期、占空比及正/负脉宽，频率测量方式有自动测量模式和手动测量模式。频率计采用单通道测频，可测量频率范围为 100MHz ～ 200MHz 的信号，且具有测量结果保持功能。

频率计的测量参数主要包括耦合方式、灵敏度、触发电平、高频抑制开 / 关，通过改变这些参数值，可得到不同的测量效果。选择自动测量模式时，信号发生器将自动设置耦合方式、灵敏度、触发电平等测量参数。

　　前面板 Utility 键，选择"频率计"，即可进入频率计界面，通过频率计功能菜单，可对测量模式进行选择，对测量参数进行手动设置，各项作用如表 6-14 所示。

表 6-14　频率计菜单功能说明

菜单功能		说明
频率		显示待测信号的频率测量值，范围 100MHz ～ 200MHz，当外部有频率信号输入时，屏幕数值会定时刷新；如果断开外部频率信号，则刷新停止，屏幕保留上次频率值
周期		显示待测信号的周期测量值
占空比		显示待测信号的占空比测量值
正负脉宽		显示待测信号的正脉宽、负脉宽测量值
自动模式		自动设置频率计测量参数
设置（手动模式）	手动设置频率计的测量参数	耦合方式：DC/AC
		灵敏度：对于小幅值信号，灵敏度选择中或者高，对于低频大幅值信号或者上升沿比较慢的信号，选择低灵敏度，测量结果更准确
		触发电平：在 DC 耦合时须用户自己手动调整触发电平
		高频抑制：在测量低频信号时，滤除高频成分，提高测量精确度，被测频率小于 1kHz 时应打开，被测频率大于 1kHz 时应关闭

　　注：频率计输入端为 CH2 端口，被测信号应从"CH2 使能端"输入函数信号发生器。

2. 函数信号发生器的故障处理

　　1）函数信号发生器在使用时，如果按下电源开关键，屏幕没有任何显示，则需要注意：①检查电源接头是否接好；②检查后面板电源开关是否开启；③做完上述检查后，重新启动仪器。如果现象依旧，可拔掉电源插头，取出后面板如图 6-3 所示的熔丝盒，检查熔丝是否完好。如果熔丝熔断，必须更换同规格熔丝并装好，熔丝规格一般标注于后面板，也可在熔丝上查看。

图 6-3　更换熔丝

2）设置正确但无波形输出，需要检查：①检查信号连接线是否正常接在 Output 端口上；②检查 BNC 线是否能够正常工作；③检查 Output 键是否按下；④做完上述检查后，将开机的电压值设置为上次值，重新启动仪器。

对于有波形输出但与所设波形不符的情况，需要注意输出使能端是否与菜单显示通道一致。

3．函数信号发生器的保养

函数信号发生器属于精密仪器，应避免仪器接触腐蚀性液体，平时要做好保养维护，不要将仪器长时间置于日光照射下，对仪器进行清洁时，必须断电，用湿软布擦拭仪器外部，注意不要损伤 LCD，仪器使用完毕应关闭电源并拔掉电源插头。

检测与反思

A 类 试 题

一、填空题

1．DG1022U 型是 _____ 通道函数信号发生器，可输出 _____ 种基本波形信号，内置 _____ 种任意波形。

2．为避免电击,函数信号发生器必须正确 _____ 后再进行测量线路的连接操作。

3．函数信号发生器不仅具有 _____ 功能,还具有 _____ 的频率计测量功能。

4．函数信号发生器输出频率范围 _____，频率计外测频率范围 _____，外测电压范围 _____。

5．通过前面板左侧的 View 按键实现 _____、_____、_____ 3 种显示模式的切换。

二、判断题

1．DG1022U 型双通道函数信号发生器使用直接数字合成（DDS）技术及多种调制技术。 （ ）

2．函数信号发生器具有存储波形的功能。 （ ）

3．使用函数信号发生器，对于有波形输出但与所设波形不符的情况，需要注意输出使能端是否与菜单显示通道一致。 （ ）

4．函数信号发生器具有 CH1、CH2 通道耦合及通道复制功能。 （ ）

5．函数信号发生器只能输出正弦波、方波、三角波 3 种波形信号 （ ）

三、选择题

1. 以下选项属于 DG1022U 型函数信号发生器主要性能特点的是（　　）。

    A. 采用 DDS 技术　　　　　　　　B. 双通道输出

    C. 具有频率计功能　　　　　　　　D. 可编辑输出波形

2. 以下选项对 DG1022U 型函数信号发生器功能描述有误的是（　　）。

    A. 可输出 5 种基本波形　　　　　　B. 可通过 View 键切换显示模式

    C. 可通过 help 键获取帮助信息　　D. 能输出 $24V_{pp}$ 的波形信号

3. 函数信号发生器屏幕显示波形正常但输出端无波形，可能的原因是（　　）。

    A. 输出所接通道与屏幕显示通道不对应

    B. BNC 线内部断开

    C. 没有点亮 Output 键

    D. 熔丝熔断

4. 函数信号发生器不正确的保养方法是（　　）。

    A. 用酒精清洁仪器外部　　　　　　B. 仪器置于干燥通风处

    C. 断电对仪器进行清洁　　　　　　D. 仪器使用完毕关闭电源并拔掉插头

5. 函数信号发生器黑屏，可能的原因是（　　）。

    A. 电源插头接触不良　　　　　　　B. 仪器后面板电源开关未开启

    C. 未按下电源软按键　　　　　　　D. 实训台上的插座未通电

B 类 试 题

一、填空题

1. 函数信号发生器 _____ 输出端兼做频率计的信号输入端。

2. V_{pp} 表示输出 _____ 值，V_{rms} 表示输出 _____ 值。

3. 一块电源电路板，电压输入端标示为"AC3V"，用函数信号发生器提供此工作电压，电压单位应选择 _____。

4. 点亮函数信号发生器的 _____ 按键可编辑输出波形。

5. 函数信号发生器的高频抑制开关的作用是在测量 _____ 信号时，滤除高频成分，提高测量精确度。

二、判断题

1. DG1022U 型函数信号发生器的 CH2 通道不支持 Mod 键功能。　　　　（　　）

2. 点亮 PULSE 按键，函数信号发生器将输出锯齿波信号。　　　（　　）

3. 点亮 Output 按键，函数信号发生器将关断对应通道信号输出功能。　　（　　）

4. 函数信号发生器不具备仪器自检功能。　　　　　　　　　　（　　）

5. 为了保证函数信号发生器能正常工作，用户在使用前必须执行校准功能。

（　　）

6. 在频率计模式下，函数信号发生器禁止从 CH2 通道输出信号，但 CH2 通道输出使能键仍可点亮。　　　　　　　　　　　　　　　　　（　　）

7. 函数信号发生器在使用中进入屏幕保护状态，需要重按电源键才能唤醒。

（　　）

C 类 试 题

1. 为图 0-1 所示综合电路板中的功放电路输入端接入 9V 直流电压，使用 DG1022U 型双通道函数信号发生器为功放电路输入 20kHz、$1V_{pp}$ 正弦波信号，并用该函数信号发生器测量功放电路输出端波形频率，记入表 6-15。

表 6-15　功放电路输出端波形参数记录

测试项	输入波形参数（频率、幅值）	输出波形频率	频率误差
功放电路			

2. 从 CH1 通道输出一个频率为 20kHz，幅值为 $2.5V_{pp}$，偏移量为 500mVDC，初始相位为 10° 的正弦波，从 CH2 通道输出一个频率为 20kHz，幅值为 $2.5V_{pp}$，偏移量为 500mVDC，初始相位为 10° 的方波，并显示在函数信号发生器 LCD 上。

项目 7　使用频率计测量电路电信号参量

知识目标

1）了解频率计的结构和功能。

2）理解频率计的基本工作原理和各按钮功能。

3）掌握频率计的使用方法。

能力目标

1）会正确使用 VC3165 型频率计测量电信号的频率和周期。

2）会正确处理测试数据。

安全须知

1. 人身操作安全

1）在变压器初级端接入 220V 交流电源时，先断电，连接好线路后，再通电。

2）在电路通电情况下，禁止用手随意触摸电路中金属导电部位。

2. 仪表操作安全

1）使用前，先检查频率计外观是否完好，其信号线 BNC 接头是否连接牢固。

2）请勿将频率计置于高温、潮湿、多尘的环境，并应防止剧烈振动。

3）请勿将频率计放在强干扰源环境中工作，以免其灵敏度降低。

项目描述

本项目依据图 0-1 所示的综合电路板，用 VC3165 型频率计在一定条件下，按照图 0-2（c）所示报警电路原理图，测试关键点的频率和周期，并对测试数据进行简单处理。

项目准备

完成本项目需要按照表 7-1 所示的工具、仪表及材料清单进行准备。

表 7-1　工具、仪表及材料清单

序号	名称	规格 / 型号	状况	序号	名称	规格 / 型号	状况
1	频率计	VC3165		4	低压交流电源	220V/12V 交流变压器	
2	函数信号发生器	DG1022U		5	螺丝刀	一字螺丝刀	
3	测量电路板	综合电路板		6	防静电环	防静电手环	

注：“状况”栏填写“正常”或“不正常”。

任务 7.1　认识频率计

测量信号的频率和周期，最方便快捷的仪器是频率计。由于频率计具有操作简便、直接显示被测结果、测量精确度高等特点，广泛应用于各种电力电子设备的频率测量。在各类电参数的测量中，频率测量的精确度是最高的（10^{-14}）。

7.1.1　频率计的基本知识

1. 频率和周期的基本概念

频率定义为相同的变化在单位时间内重复出现的次数，可用数学式表达为 $f=N/T_s$。式中，f 表示频率；T_s 表示时间；N 表示 T_s 时间内相同的变化重复出现的次数。频率的国际单位是赫兹（Hz），还有千赫兹（kHz）、兆赫兹（MHz）等，它们的换算关系是 $1kHz=10^3Hz$，$1MHz=10^6Hz$。

周期（T）是指出现相同变化的最小时间间隔。周期性现象是指经过一段相等的时间间隔又出现相同状态的现象。周期的国际单位是秒（s），也常用毫秒（ms）或微秒（μs）为单位。

周期 T 和频率 f 之间的关系为 $T=1/f$，即在数值上周期和频率互为倒数。

2. 频率计的结构

频率计又称为频率计数器，是一种专门对被测信号频率进行测量的电子测量仪器。频率计主要用于测量正弦波、矩形波、三角波和尖脉冲等周期信号的频率值。其扩展功能可以测量信号的周期、频率比等。

频率计的种类众多，本任务以 VC3165 型频率计为例进行介绍。

VC3165 型频率计主要由 A 通道（50MHz 通道）、B 通道（2400MHz 通道）、系统选择控制门、同步双稳电路，以及 E 计数器、T 计数器、MPU 微处理器单元、电源组成。

VC3165 型频率计是一种以微处理器为基础设计的高分辨率、多功能数字式智能化仪器。其全部功能是用一个单片微控制器（CPU）来完成的。采用 8 位高亮度 LED 数码管显示，具有频率测量、周期测量及等精度测量等功能，并有 3 挡功能选择、工作状态显示、单位显示。其频率测量范围为 0.01Hz ～ 2.4GHz，闸门调节范围为 100ms ～ 10s 连续可调。

VC3165 型频率计具有体积小、性能稳定、灵敏度高、全频段等精度测量、等位数显示的特点。高稳定性的石英晶体振荡器，保证了测量精度和全输入信号的测量。

VC3165 型频率计的性能指标如表 7-2 所示。

表 7-2　VC3165 型频率计的性能指标

基本功能	性能指标
频率测量	A 通道测量范围：0.01Hz ～ 50MHz
	B 通道测量范围：50MHz ～ 2.4GHz
周期测量	A 通道测量范围：0.02μs ～ 10s 灵敏度 "AC"：小于等于 80mVrms；灵敏度 "DC"：0.01Hz ～ 1Hz 时小于等于 500mVrms，1Hz ～ 100Hz 时小于等于 80mVrms
	B 通道测量范围：0.5ns ～ 0.02μs 灵敏度：50MHz ～ 1.2GHz 时小于等于 80mVrms，1.2GHz ～ 2.4GHz 时大于 80mVrms
周期测量范围	0.5ns ～ 10s
闸门调节范围	100ms ～ 10s 连续可调
衰减器衰减量	20dB
输入特性	A 通道：输入阻抗 1MΩ，最大安全电压 30V
	B 通道：输入阻抗约 50Ω，最大安全电压 3V
电源适用范围	AC 220V/110V±10%，50Hz/60Hz

3.　频率计的基本工作原理

频率计是一种用数字显示的频率测量仪表，它不仅可以测量正弦信号、方波信号和尖脉冲信号的频率，还能对其他多种物理量的变化频率进行测量。例如，机械振动次数、物体转动速度、明暗变化的闪光次数、单位时间里经过传送带的产品数量等。这些物理量的变化情况可以用传感器先转变成周期变化的信号，然后用数字频率计测量后由数码管显示出来。

频率计系统原理框图如图 7-1 所示，被测量信号经过放大与整形电路传入十进制计数器，变成其所要求的信号，此时频率计与被测信号的频率相同。时基电路提供标准时间基准信号，此时利用所获得的基准信号来触发控制电路，进而得到一定宽度的闸门信号。当 1s 信号传入时，闸门开通，被测量的脉冲信号通过闸门，其计数器开始计数。当 1s 信号结束时闸门关闭，停止计数。被测信号的频率 $f = N$，N 表示计数值，单位是 Hz。

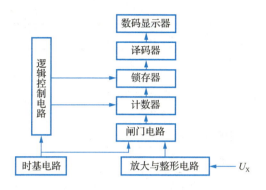

图 7-1 频率计系统原理框图

逻辑控制电路的一个重要作用是在每次采样后还要封锁闸门和时基信号输入，使计数器显示的数字停留一段时间，以便观测和读取数据。简而言之，逻辑控制电路的任务就是打开主控门计数，关上主控门显示，然后清零，这个过程不断重复进行。

4．频率计的设置

（1）频率计的面板结构及按钮功能

VC3165 型频率计的面板结构如图 7-2 所示，其面板插口、按键、旋钮功能说明如表 7-3 所示。

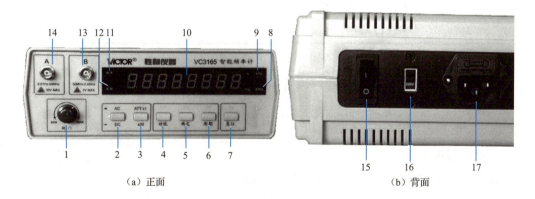

（a）正面　　　　　　　（b）背面

图 7-2 VC3165 型频率计的面板结构

表 7-3 VC3165 型频率计面板插口、按键、旋钮功能说明

序号	名称	功能说明
1	闸门旋钮	控制频率分辨率。闸门时间从100ms到10s连续可调。闸门时间短,测频速度快,但分辨率低;闸门时间长,测频速度慢,但分辨率高
2	AC/DC 键	按下此键时为直流测量,弹起时为交流测量。被测信号频率小于100Hz时,要按下此键
3	ATT 键	按下此键时,A 通道输入信号幅度被衰减 20dB,信号小于 1Vpp 时不用此键

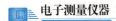

序号	名称	功能说明
4	"功能"键	此键共设 3 个挡位： 挡位 1：50MHz ～ 2.4GHz 量程，B 通道，测量单位显示"MHz/ms" 挡位 2：2MHz ～ 50MHz 量程，A 通道，测量单位显示"MHz/ms" 挡位 3：0.01Hz ～ 2MHz 量程，A 通道，测量单位显示"kHz/s"
5	"确定"键	当按下此键时，仪器将按设定状态开始工作
6	"周期"键	当按下此键时，仪器进入周期测量状态
7	"复位"键	当仪器出现异常状态时，按一下，则仪器可恢复到正常初始状态并继续工作
8	MHz/ms 指示灯	测量单位为 MHz 或 ms
9	kHz/s 指示灯	测量单位为 kHz 或 s
10	LED	显示测试的数据
11	频率指示灯	若此灯亮，则表示显示屏显示的内容为所测信号的频率
12	周期指示灯	若此灯亮，则表示显示屏显示的内容为所测信号的周期
13	B 端口	50MHz ～ 2.4GHz 输入端口
14	A 端口	0.01Hz ～ 50MHz 输入端口
15	电源开关	控制仪表的电源是断开还是接通
16	电源转换开关	AC 220V/110V 转换开关，根据电源电压将此开关拨到对应挡位
17	电源插座	连接电源线

（2）频率计的设置

1）首先确认 VC3165 型频率计电源转换开关是否拨到 AC 220V 位置，插好电源线，打开电源开关，预热 20min 后再开始测量。

2）根据被测信号频率的范围选择 A 通道或 B 通道输入，并将被测信号源通过探头线与所选通道连接。

3）若被测信号频率小于 100Hz，则按下 AC/DC 键。

4）若 A 通道输入信号幅度过大，则应先按下 ATT 键，使仪器测量衰减后的信号。

5）设置挡位：当按"功能"键时，挡位为 1 → 2 → 3 → 1……循环显示。显示窗口的最后一位显示值即为当前选择的挡位，如 2 为第 2 挡。

6）以上操作完成后，按"确定"键，仪器开始根据设置进行测量，同时将测量结果显示在 8 位 LED 上（A 通道无信号输入时一般全显示 0，同时还显示单位及测量状态，如图 7-3 所示）。

7）根据需要调节闸门旋钮，从而调节闸门时间。在测量低于 100Hz 的信号时，仪器将自动进入等精度测量状态，此时闸门时间不可调。

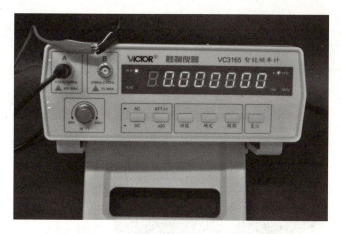

图7-3　VC3165型频率计设置结果

7.1.2　测量正弦交流电的频率和周期

1. 测量电源电路的频率和周期

我国市电采用频率为50Hz（周期20ms）的正弦交流电，本任务使用VC3165型频率计，验证交流电源的频率和周期。

变压器降压后的交流12V电压，其电压幅度较大，且波形频率在100Hz以下，故在测试时需要分别按下VC3165型频率计的ATT键和AC/DC键。

按照表7-4所示的操作流程，完成报警电路板交流电源输入端频率和周期的测量。

表7-4　测量交流电源输入端的频率和周期

序号	操作步骤	操作图示	操作要点	操作（或测量）结果
1	连接设备		先将220V/12V变压器的输出端连接到电路板的AC12V输入端，再将频率计的探头线一端接其A通道接口，另一端接电源电路板1TP1、1TP2端	探头线鳄鱼夹连接电源电路板1TP1、1TP2端
2	设置衰减和耦合		打开频率计电源，按下ATT键和AC/DC键，并将"闸门"旋钮顺时针调到最大	

序号	操作步骤	操作图示	操作要点	操作（或测量）结果
3	设置挡位	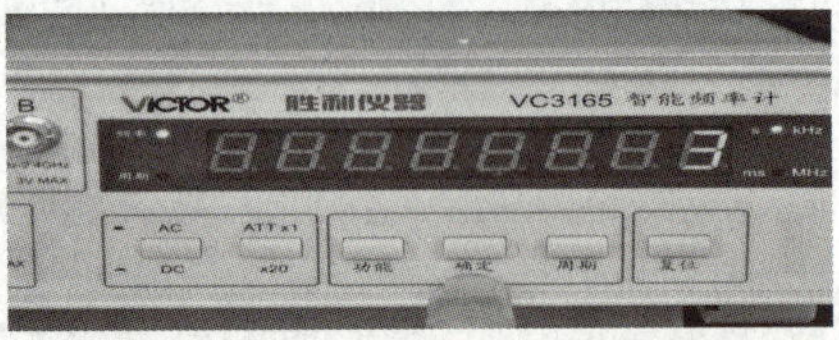	反复按"功能"键，直到挡位为3挡，再按下"确定"键	功能键设置为3挡
4	接通电源	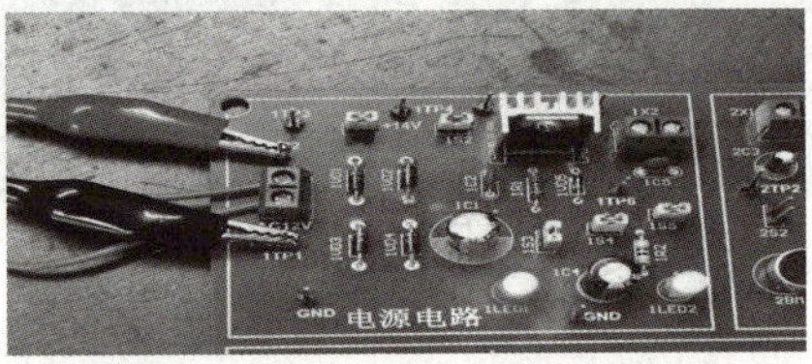	待频率计预热20min后，接通220V/12V变压器的供电电源	电源电路的1LED1、1LED2常亮
5	读取频率		读取此时屏幕上的读数，显示频率为0.049974kHz	频率为49.974Hz
6	读取周期		按下"周期"键，显示周期为0.019978s	周期值为19.978ms
7	关机复位	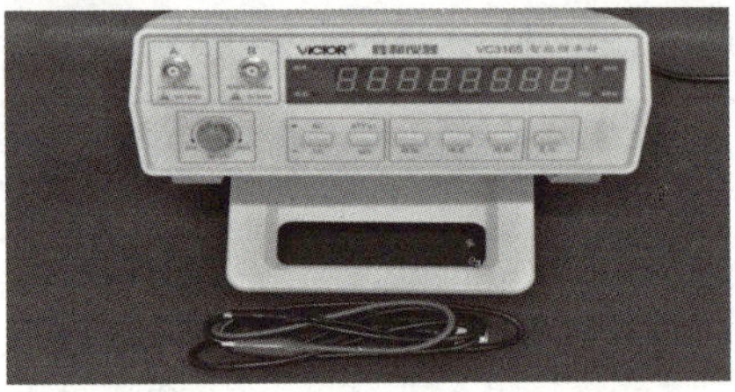	关闭频率计和变压器的电源，取下探头线，复位频率计的ATT键和AC/DC键	设备复位

导师说

1）测试前，务必先连线（信号），再通电（测试）。测试完毕后，先断电，后拆线。

2）输入信号幅度过大时，一定要按ATT键进行衰减，以保护频率计。

3）由于220V/12V变压器的初级电压较高，有触电危险，建议在做好绝缘措施的前提下，单手操作测试。

2. 测量桥式整流后信号的频率和周期

将图0-1所示的综合电路板中报警电路的1S1开关断开，从1TP1、1TP2处接通交流 12V 电源，并参照表 7-4 的操作流程，分别测量 1TP3 处（桥式整流后）的频率和周期，将测量数据记入表 7-5，并初步判断桥式整流电路是否有开路或短路故障。

表 7-5 测量整流后信号的频率和周期

测量具体对象	参考值	实测值（闸门调至最大）	保留小数点后 2 位数字	绝对误差	电路是否有开路或短路故障
1TP3 频率值	100Hz				
1TP3 周期值	10ms				

任务 7.2 使用频率计测量电路输出信号的频率和周期

7.2.1 测量功放电路输出信号的频率和周期

由图 0-1 所示的综合电路板中的功放电路及图 0-2（b）所示的功放电路原理图可知，输入信号经过 2VT1、TDA2822 放大后，送到扬声器还原出声音。本任务在不接扬声器的情况下，用函数信号发生器从输入端 2TP2 分别输入两种不同的信号，然后用频率计在输出端监测信号的频率和周期，并判断这两个参数是否有变化。

按照表 7-6 所示操作流程，测量功放电路输出信号的频率和周期。

表 7-6 测量功放电路输出信号的频率和周期

序号	操作步骤	操作图示	操作要点	操作（或测量）结果
1	设置功放电路		检查功放电路各元件应完好无损，从 2X1 处接入正负极电源线，保证 2S2 处不安装跳线帽，且 2X2 处无扬声器；再用螺丝刀（顺时针）调节 2RP1，使其可调端居于中间位置	2S2 处短路帽不接，扬声器不接

续表

序号	操作步骤	操作图示	操作要点	操作（或测量）结果
2	通电试机	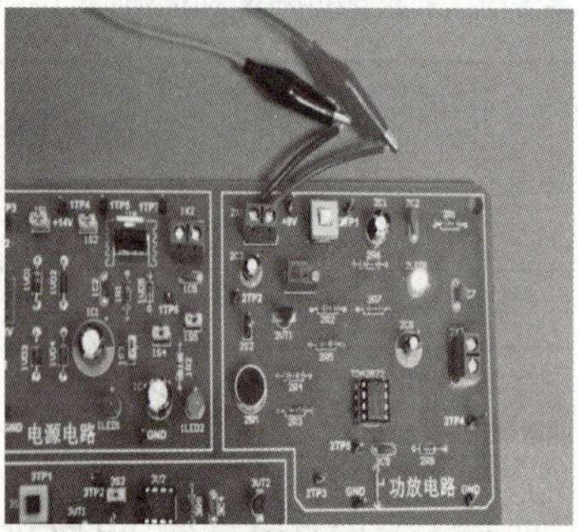	给功放电路接入直流9V电压，观察2LED1应发光，用手摸TDA2822、2VT1应无发热现象。只有通电后无异常，才能进行后续操作	2LED1发光，且TDA2822、2VT1无发热现象
3	设置函数信号发生器	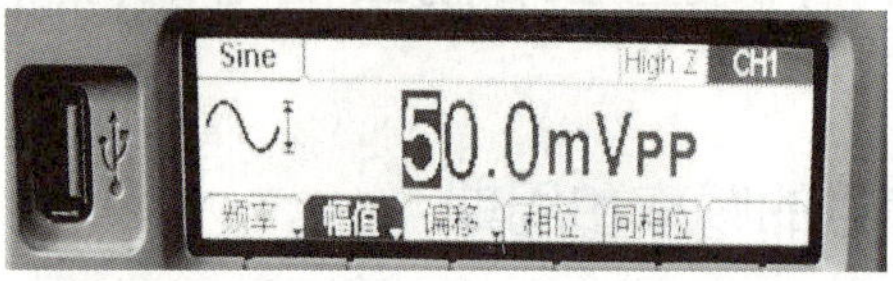 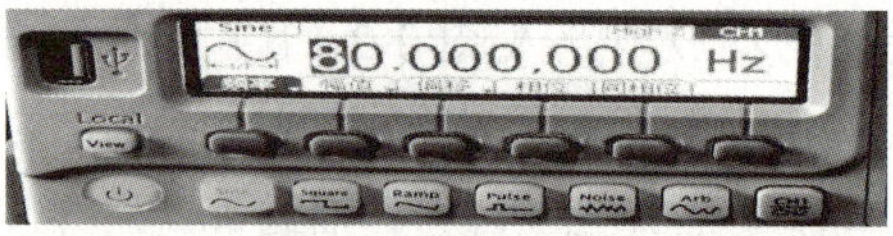	在DG1022U型函数信号发生器上，设置输出信号频率为80Hz、幅值为50mV$_{PP}$的正弦波	频率80Hz、幅值50mV$_{PP}$正弦波
4	连接电路板	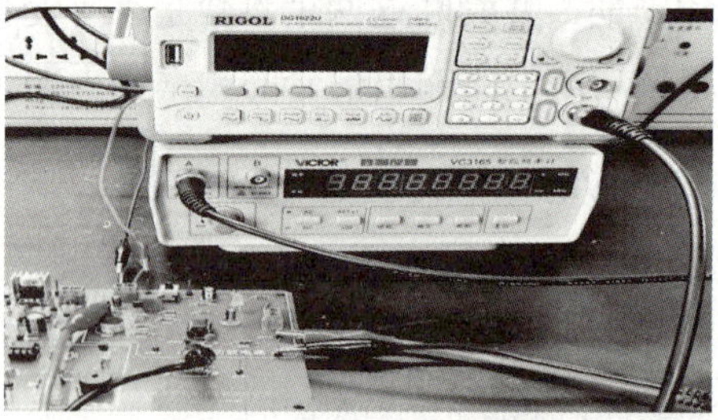	将直流电源接入功放电路的电源输入端；将函数信号发生器的探头线，接功放电路的2TP2端和地端；将频率计的探头线，一端接A通道，另一端接功放电路的2TP4端和地端	电路板与直流稳压电源、函数信号发生器、频率计正确连接
5	设置频率计	 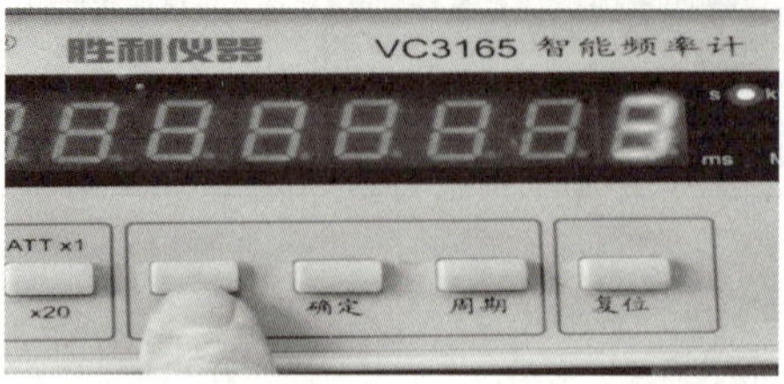	将"闸门"旋钮顺时针调到底；按下AC/DC键；按"功能""确定"键，选第3挡测试	闸门时间最长、DC耦合、3挡测试

续表

序号	操作步骤	操作图示	操作要点	操作（或测量）结果
6	读频率和周期	 	频率计预热 20min 后，读取此时屏幕上显示的频率为 0.080010kHz；再按下"周期"键，屏幕上显示周期为 0.012480s	频率为 80.01Hz，周期为 12.48ms
7	重新设置频率	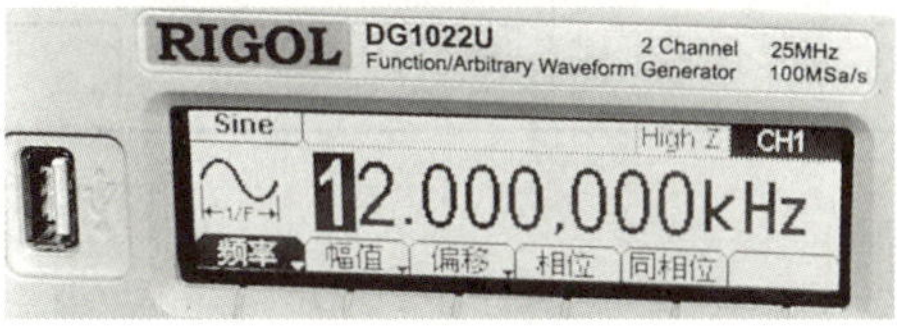	关闭函数信号发生器的输出，重新设置其输出频率为 12kHz，其他设置不改变。设置好后打开输出，输出该信号	频率 12kHz、幅值 50mV$_{pp}$ 正弦波
8	重新设置闸门时间		调节频率计的"闸门"旋钮，使其居于中间位置	闸门时间居中
9	读取新的频率和周期	 	在频率计显示屏上读取此时的周期为 0.083333ms；按下"复位"键，再选 3 挡测试频率，此时频率显示为 12.000kHz	周期为 83.333μs，频率为 12kHz
10	关机复位拆线	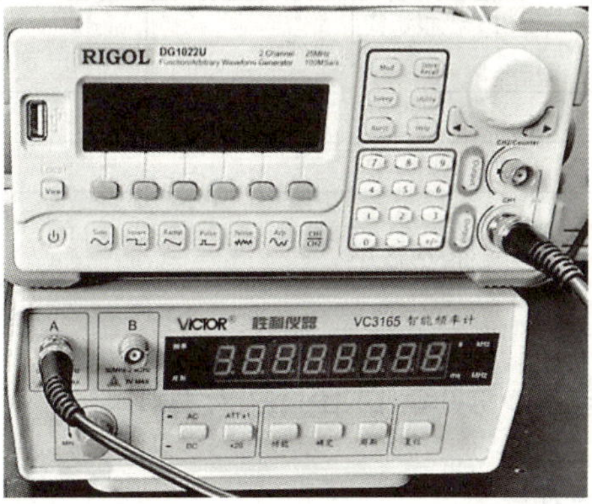	依次关闭直流稳压电源、函数信号发生器、频率计的电源；拆除各设备之间的连接线；最后将各个设备的按钮复位，将功放电路 2S2 处跳线帽恢复，将扬声器连接到 2X2 处	各设备复位

7.2.2 测量报警电路输出信号的频率和周期

为了判断报警电路输出信号的频率是否在设计范围内，使用频率计测量图 0-1 所示综合电路板中报警电路部分的输出频率和周期，测量方法参照表 7-4 所示操作流程，并将测量数据记入表 7-7 中。

表 7-7 测量报警电路输出信号的频率和周期

测量对象		频率参考值	实际频率测量值	实际周期测量值	3LED1 状态（闪烁 / 常亮）
3TP3	3S3 断开	565Hz			
	3S3 闭合	25Hz			

项目评价

本项目评价由三部分组成，即自我评价、小组评价和教师评价，请将各评价结果及最终得分填入项目评价表 7-8。

表 7-8 使用频率计测量电路电信号参量评价表

评价内容		自我评价	小组评价	教师评价
		优☆　良△　中√　差×		
7S 管理职业素养	（1）整理、整顿			
	（2）清扫、清洁			
	（3）节约、素养			
	（4）安全			
知识与技能	（1）能正确完成表 7-5 内容填写			
	（2）能正确完成表 7-7 内容填写			
	（3）能认识 VC3165 型频率计的面板结构和按键功能			
汇报展示	（1）作品展示（可以为实物作品展示、PPT 汇报、简报、作业等形式）			
	（2）语言流畅，思路清晰			
评价等级				
完成任务最终评价等级 （评价参考：自我评价 20%、小组评价 30%、教师评价 50%）				

拓展提高　频率计的相关知识

1. 报警电路的理论频率和周期

使用频率计测量图 0-1 所示综合电路板中报警电路的频率和周期时，应先分析该电路产生信号的频率（周期）范围，以便选择频率计的信号输入通道。根据相关理论知识可知，由 NE555 组成的多谐振荡器工作频率可用公式进行计算：当 3S3 断开时，$f \approx 1.443/$[（$3R4+2 \times 3R5$）$3C3$]，该电路的周期计算公式为 $T \approx 0.693$[（$3R4+2 \times 3R5$）$3C3$]，当 3S3 闭合时，其定时电容容量为 $3C3$、$3C4$ 的并联值。

根据电路具体参数，本电路的理论工作频率分别是 565Hz 和 25Hz，但由于元件参数有一定误差，故实际频率会有一定变化。

2. VC3165 型频率计使用要点

1）VC3165 型频率计使用的交流电源电压有 110V 和 220V 两种，使用前必须保证在断电的情况下，将频率计的电源转换开关置于 220V。

2）测试幅值小于 $1V_{pp}$ 的信号时，要保持 ATT 键处于弹起状态。若此时误将 ATT 键按下，则可能导致信号衰减后无法被仪器识别，造成测试频率为 0 的假象。按下 ATT 键的状态如图 7-4 所示。

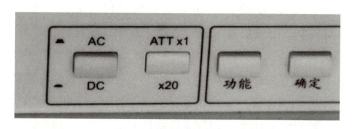

图 7-4 ATT 键按下时状态

检测与反思

A 类 试 题

一、填空题

1. VC3165 型频率计选择 B 端口输入信号时，"功能"键应选择的挡位是 _____。

2. VC3165 型频率计测试时先按下 _____ 选择测量挡位，然后按 _____ 键确认。

3. 若输入信号频率为 75MHz 时，则 VC3165 型频率计输入端口应选择 _____。

4. 使用 VC3165 型频率计时，闸门时间选择是为了设定频率分辨率，闸门时间短，测试速度 _____。

5. 打开 VC3165 型频率计电源开关后，应预热 _____min 以后再测试。

二、判断题

1. 频率计既可以测量频率，也可以测量周期。 （　　　）
2. 同一被测信号的周期与频率互为倒数。 （　　　）
3. VC3165 型频率计 A 端口允许的最大输入电压是 3V。 （　　　）
4. VC3165 型频率计 B 端口允许输入的信号频率为 50MHz ～ 2.4GHz。 （　　　）
5. VC3165 型频率计按下 ATT 键时，输入信号幅度将衰减 20 倍。 （　　　）

B 类 试 题

一、填空题

1. VC3165 型频率计测量信号的周期时，面板上的 _____ 指示灯一定会点亮。

2. VC3165 型频率计测量信号时，需要根据被测信号选择信号通道，判断是否需要按下 _____ 键和 _____ 键，设置挡位，调节闸门时间等。

3. 频率计不能正常显示结果时应按下 _____ 键让设备恢复到初始状态。

4. 使用 VC3165 型频率计测量幅值小于 _____ 信号时，要保持 ATT 键处于弹起状态。若此时误将 ATT 键按下，则可能导致信号衰减后无法被仪器识别，造成测试频率为 _____ 的假象。

5. 频率计使用完毕后，应先 _____，并复位设备上的按钮，再拆除设备之间的连线。

二、判断题

1. 用 VC3165 型频率计测量频率小于 50MHz 的信号时，"kHz/s" 指示灯一定点亮。
（　　　）

2. 频率计的闸门时间越大，测试精度越高，测试速度就越慢。 （　　　）

3. 在保证散热良好的情况下，可将频率计和信号发生器堆叠摆放使用。 （　　　）

4. 只要是波形规范的正弦信号、方波信号和尖脉冲信号，其频率、周期都可以用频率计测量。
（　　　）

5. 用 VC3165 型频率计测量调频收音机中频信号（10.7MHz）的实际频率值，需要将信号从频率计 A 通道输入，测试挡位选 3 挡。 （　　　）

C 类 试 题

1. 用 VC3165 型频率计测量示波器的校准信号频率，具体步骤有哪些？

2. 用 DG1022U 型函数信号发生器分别输出多种信号，然后用 VC3165 型频率计进行测量，并将测量数据填入表 7-9。

表 7-9　用频率计测量函数信号发生器输出信号记录表

输出信号参数	输入通道	是否按下 ATT 键	是否按下 AC/DC 键	测量挡位	实际测量频率值	实际测量周期值
5kHz，5V$_{PP}$ 正弦波						
12MHz，0.5V$_{PP}$ 方波						
40Hz，3V$_{PP}$ 三角波						

项目 8　使用频率特性测试仪测试电路性能

知识目标

1）掌握频率特性测试仪的用途。
2）理解频率特性测试仪面板操作键的功能。
3）了解频率特性测试仪的基本参数及性能特点。

能力目标

1）会正确对频率特性测试仪进行电气性能检查。
2）会正确使用频率特性测试仪测试电路幅频特性曲线。

安全须知

1. 人身操作安全

1）使用前检查仪器电气性能应良好，确保仪器及工作台无漏电。
2）电源接通后，请勿接触外露的接头和元件。

2. 仪表操作安全

1）为避免起火和过大电流的冲击，电源电压必须在仪器工作电压范围内。
2）保持良好的通风，勿在潮湿和危险的环境中操作。
3）为避免电击，必须保证仪器良好的接地。
4）为避免本机检波器的损坏，在检波器输入端的高频信号应小于等于3V。

项目描述

　　本项目依据图 0-1 所示的综合电路板，用 BT-3D 频率特性测试仪按照图 0-2（c）所示的功放电路原理图，测试电路幅频特性。

项目准备

　　完成本项目需要按照表 8-1 所示的工具、仪表及材料清单进行准备。

表 8-1　工具、仪表及材料清单

序号	名称	规格 / 型号	状况	序号	名称	规格 / 型号	状况
1	频率特性测试仪	BT-3D		4	螺丝刀	十字螺丝刀	
2	测量电路板	综合电路板		5	绝缘手套	220V 带电操作橡胶手套	
3	直流稳压电源	UTP3705S		6	防静电环	防静电手环	

注：“状况”栏填写“正常”或“不正常”。

→ 任务 8.1　自校扫频曲线并识读频标

8.1.1　频率特性测试仪的特点和结构

频率特性测试仪又称为扫频图示仪或扫频仪，可快速定性、定量或动态地测量全部有源、无源网络（二端或四端）的传输特性（增量或衰减）、反射特性（电压驻波比或阻抗），还可测量信号电平、通频带、频率、等效介电常数等各种电气参数。待测电路包括各种放大器、滤波器、混频器、调谐器、检波器、双工器、阻抗变换器、频率变换器、短路器、射频电缆、天线、负载等，以及有频率输入响应的各种整机仪器。

频率特性测试仪在无线通信、广播电视、有线电视（CATV）系统、雷达导航、卫星地球站和航空航天等领域得到了广泛的应用，为有关电路的频率特性测试、研究、分析或改善电路性能提供了便利的条件。在电子电路的科研和生产中，使用广泛。本任务以 BT-3D 型频率特性测试仪为例进行介绍。

1. BT-3D 型频率特性测试仪的主要性能特点

BT-3D 型频率特性测试仪为卧式通用大屏幕宽带扫频仪，可快速测量或调整甚（超）高频段的各种有源、无源网络的幅频特性和驻波特性。它由扫频信号源和显示系统组合而成，采用电调谐衰减器，直接显示被测设备的幅频特性曲线，可进行全景扫频，特别适用宽带测试要求，也可进行窄带扫频，可点频输出作为信号源之用。仪器输出幅度高，动态范围大，频谱纯，可在 $50\mu V \sim 0.5V$ 范围内任取电压。谐波小，典型为 $-35dB$，同时具有多种精确标志可选择。

2. BT-3D 型频率特性测试仪主要技术参数

在使用 BT-3D 型频率特性测试仪前应首先了解其主要技术参数，以便准确测量相关数据。BT-3D 型频率特性测试仪的主要技术参数如表 8-2 所示。

表 8-2　BT-3D 型频率特性测试仪的主要技术参数

项目		300MHz 频率特性测试仪技术参数	450MHz 频率特性测试仪技术参数	650MHz 频率特性测试仪技术参数
扫频范围		1～300MHz	1～450MHz	1～650MHz
扫频频偏	全扫	1～300MHz，中心频率为150MHz	1～450MHz，中心频率为225MHz	1～650MHz，中心频率为325MHz
	窄扫	中心频率 1～300MHz，扫频宽度 1～40MHz，连续可调	中心频率 1～450MHz，扫频宽度 1～40MHz，连续可调	中心频率 1～650MHz，扫频宽度 1～40MHz，连续可调
	点频（CW）	1～300MHz 范围内连续可调，输出正弦波	1～450MHz 范围内连续可调，输出正弦波	1～650MHz 范围内连续可调，输出正弦波
扫频线性		不大于 1∶1.2		
输出电压		1～300MHz 范围内 0.5V±10%	1～450MHz 范围内 0.5V±10%	1～650MHz 范围内 0.5V±10%
输出平坦度		1～300MHz 范围内 0dB 衰减时全频段优于 ±0.25dB	1～450MHz 范围内 0dB 衰减时全频段优于 ±0.25dB	1～650MHz 范围内 0dB 衰减时全频段优于 ±0.25dB
输出衰减器		粗衰减器 10dB×7 步进，电控、数字显示 细衰减器 1dB×9 步进，电控、数字显示		
输出阻抗		75Ω		
频率标记		50MHz、10MHz、1MHz 复合及外接 3 种，外接频标灵敏度小于 300mV		
显示部分垂直灵敏度		优于 2mV$_{pp}$/div		
工作电压		AC220V±22V　　50Hz±2Hz		
使用环境		按 GB6587-2012 中 Ⅱ 仪器规定使用，极限温度为 -10℃～+50℃，相对湿度为 80%RH		

3. BT-3D 型频率特性测试仪的结构

BT-3D 型频率特性测试仪为卧式通用大屏幕宽带扫频仪，它由扫频信号源和显示系统组合而成，功能分区明显。频率特性测试仪前、后面板结构如图 8-1 所示，频率特性测试仪探头（线缆）如图 8-2 所示。

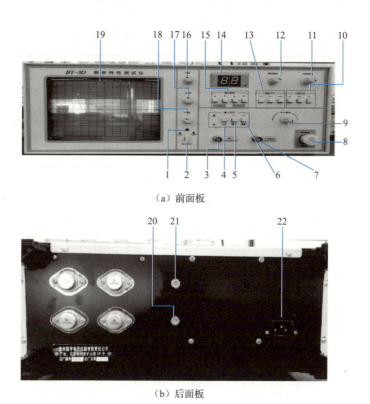

（a）前面板

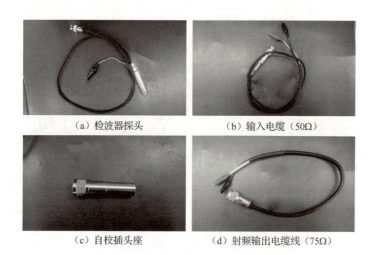

（b）后面板

图8-1　BT-3D型频率特性测试仪前、后面板结构

（a）检波器探头　　　（b）输入电缆（50Ω）

（c）自校插头座　　　（d）射频输出电缆线（75Ω）

图8-2　频率特性测试仪探头（线缆）

BT-3D 型频率特性测试仪面板各部分的名称、作用如表 8-3 所示。

表 8-3　BT-3D 型频率特性测试仪面板各部分名称及作用

序号	名称	作用
1	电源指示	按下电源开关，电源接通，电源指示灯亮
2	电源开关（POWER）	按下为接通电源（ON），指示灯亮；弹出为关闭电源（OFF），指示灯灭
3	Y 输入	通常接检波探头的输出端，对含有内检波器的四端网络，该网络的输出可直接加到 Y 输入端
4	+/- 影像极性键	弹出为"－"负极性，按下为"+"正极性
5	Y 轴衰减键	弹出为"×1"挡，Y 轴输入不衰减，按下为"×10"挡，Y 轴输入衰减 10dB
6	AC/DC 键	弹出为 AC 测量，按下为 DC 测量
7	外接频标输入接口	该插座应与"频标方式"中的"外接"键配合使用
8	RF 射频输出接口（75Ω）	扫频信号的输出端，通常接四端网络的输入端
9	中心频率旋钮	调节该旋钮，可使需要的中心频率置于显示器的中心位置
10	扫频方式选择键	为全扫、窄扫、CW（点频）3 挡转换键，按下为有效，弹出为无效
11	扫频宽度	调节该旋钮可以得到适合的扫频宽带
12	频标幅度外接	顺时针调节该旋钮，可使频标幅度增大，反之则减少
13	频标方式选择	50 挡为 50MHz 频标，按下为有效
		10/1 挡为 10MHz 和 1MHz 组合频标，按下为有效
		外接：当按下此键时，显示器上的频标会全部消失，可以通过外接频标插座输入一个选定的频率信号，该频率信号会以菱形标记的形式出现在显示器上
14	衰减指示	显示两位输出 dB 值
15	粗细衰减器	采用电控粗细衰减组合形式
		"×10"为粗衰减器，10dB×7 步进，衰减范围为 0 ～ 70dB ；"×1"为细衰减器，1dB×9 步进，衰减范围为 0 ～ 9dB
		按▲键增加 dB 值，按▼键减小 dB 值，粗细衰减 dB 值均数字显示
16	亮度调节	用来调节扫描线的亮度，顺时针调节亮度增大，反之亮度减小
17	Y 位移调节	调节该旋钮左右旋转，可使扫描线上下移动
18	Y 增益调节	用于调节 Y 轴输入信号幅度的大小，使待测信号能直观地显示在显示器上
19	显示器	采用大屏幕显示器，显示待测网络的幅频特性曲线
20	X 位移调节	调节该旋钮左右旋转，可使扫描线左右移动
21	X 幅度	调节该旋钮，可改变扫描线在水平方向的幅度
22	电源插口	连接电源输入插头，插口下方内置熔丝，取出可更换

8.1.2 检查频率特性测试仪的电气性能

准备好频率特性测试仪及附件，检查频率特性测试仪的性能。

1. 调节自校曲线，调节 50 挡频标

按照表 8-4 所示操作流程，完成 50 挡频标调节，并将测量数据记入表 8-6。

表 8-4 调节 50 挡频标操作流程

序号	操作步骤	操作图示	操作要点	操作（或测量）结果
1	仪器通电开机预热 5min		先将电源线与仪器端连接，然后接入交流电源，仪器接入电压（220V±10%，50Hz±5%），按 POWER 键开机	电源线与仪器连接良好，电源电压正常接入 仪器电源指示 LED 灯点亮，衰减指示显示 0dB
2	调节旋钮，屏幕显示扫描线		调节亮度、Y 位移、Y 增益旋钮使扫描线处于最佳状态	屏幕显示亮度合适的扫描线
3	选择输入方式		按下"+/−"键，极性置"+"，按下 AC/DC 键将测量方式置"DC"，Y 衰减键弹出置"×1"挡	
4	连接扫频仪		用检波探头连接扫频仪 RF 输出端与 Y 输入端	RF 输出端与 Y 输入端连接正确、接触良好
5	调节自校扫频曲线		扫频方式键置"全扫"位置，频标选择键置 50 挡，适当调节 Y 位移、Y 增益、频标幅度旋钮	显示器上出现零拍及 6 个菱形频标的自校扫频曲线
6	整理		整个实训结束后，按照 7S 要求，清洁整理工作台	工作台干净、整洁，设备关机断电

显示器上出现不同于菱形频标的特殊标识,称作零拍。频标选择 MHz 键置 50 挡时,在零拍右边的第一个频标为 50MHz,第二个频标为 100MHz,依次类推。

2. 调节自校曲线,调节 10/1 挡频标

按照表 8-4 中 1～4 操作步骤连接好频率特性测试仪,然后参照表 8-5 中的操作流程调节 10/1 挡频标,并记入表 8-6 中。

表 8-5 调节 10/1 挡频标操作流程

操作步骤	操作图示	操作要点	操作(或测量)结果
调节自校扫频曲线		扫频方式键置"窄扫"位置 频标选择键置"10/1"挡 适当调节 Y 位移、Y 增益旋钮 扫频宽度旋钮右旋到底,适当调节频标幅度旋钮 "中心频率"旋钮置于起始处(顺时针旋转)	显示器上出现零拍及 6 个菱形频标的自校扫频曲线

频标选择 MHz 键置"10/1"挡时,零拍右边的频标,幅度大的为 10MHz 频标,幅度小的为 1MHz 频标。

表 8-6 自校曲线(频标)调节记录

频标项	标记数(个)	调节中心频率,频标移动情况	自校曲线是否正常
50MHz 频标			
10/1MHz 频标			

任务 8.2 测量功放电路的幅频特性

8.2.1 测量功放整机电路的幅频特性

准备好图 0-1 所示的综合电路板、频率特性测试仪、直流稳压电源及其他测量仪器,按照表 8-7 所示操作流程,完成电路板中功放电路频率特性曲线的测量,并记入表 8-8。

表 8-7 测量功放电路频率特性曲线操作流程

序号	操作步骤	操作图示	操作要点	操作(或测量)结果
1	仪器通电开机预热		仪器预热 5min,调节亮度、Y 位移、Y 增益旋钮使扫描线处于最佳状态	屏幕显示亮度合适的扫描线

序号	操作步骤		操作图示	操作要点	操作（或测量）结果
2	调节自校曲线		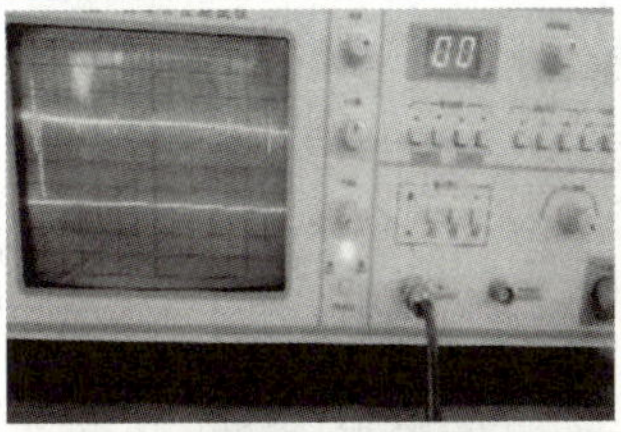	按表8-5中的操作流程调节自校曲线	自校正常
3	预置扫频仪旋钮按键功能	频标选择键		置"10/1"挡	函数信号发生器进入测频状态
		扫频方式键		置"窄扫"挡	
		Y输入方式	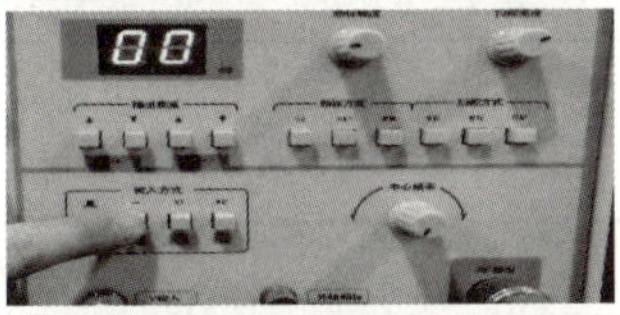	+/－键：置"+"挡；×1/×10键：置"×1"挡；AC/DC键：置"DC"挡	
		输出衰减键	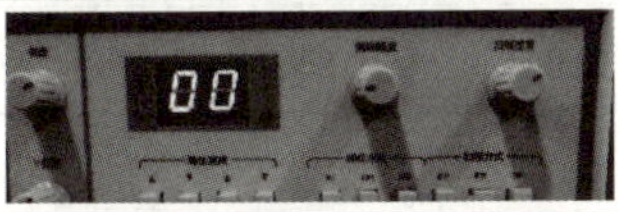	置"0dB"挡	
		调节"Y增益"旋钮	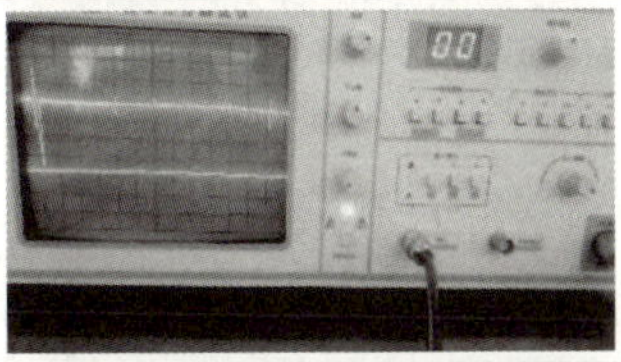	使自校扫频曲线在垂直方向上为6大格	
		调节"扫频宽度"旋钮	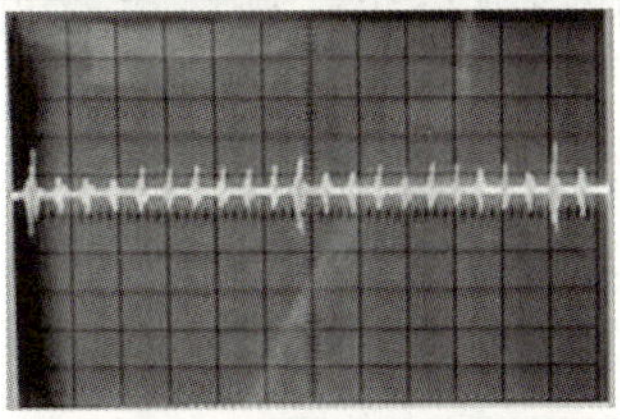	使频率在20kHz左右	显示器显示一条幅度为6大格的扫频曲线
		调节"中心频率"旋钮	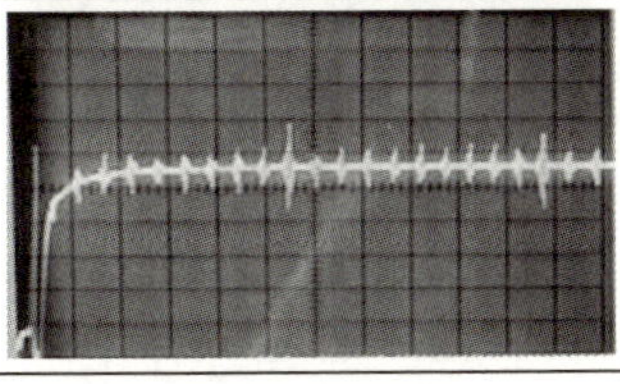	置"中心频率"在10.7MHz左右	

续表

序号	操作步骤	操作图示	操作要点	操作（或测量）结果
4	连接电路		扫频输出端连接功放电路的输入端 2TP2，扫频电路的输入端接功放电路的输出端 2TP4	连线正确且无短路
5	通电测量	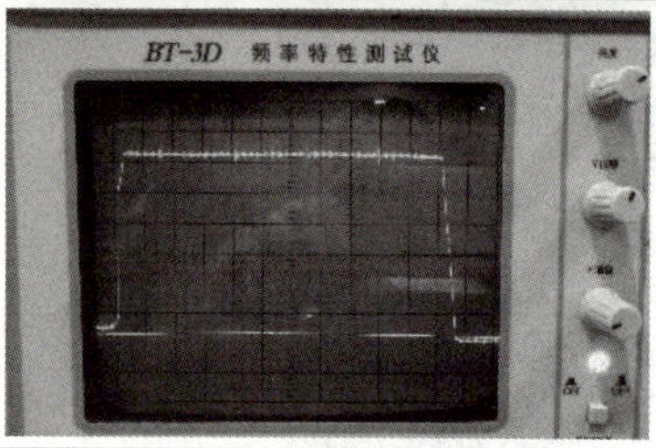	按下功放电源开关	扫频仪显示功放电路频率特性曲线
6	整理		整个实训结束后，按照 7S 要求，清洁整理工作台	工作台干净、整洁，设备关机断电

表 8-8　测量功放电路的频率特性曲线

频率特性测试仪预热时间	扫描线状态	频率特性曲线是否正常

导师说

1）仪器必须预热至少 5min。

2）扫频仪扫描线亮度调节适中，不可过亮。

3）检波头与 RF 输出端连接时应插入到位，Y 输入连接端旋转到位。

4）若待测四端网络自身带有检波输出，则可直接用电缆线接入垂直输入或显示系统。

5）若被测设备的输出带有直流电位，则显示输入端应选择 AC 输入显示方式。

导师说

预热仪器状态佳，自校曲线频标察。

仪器接地是必需，检波探头有限压。

合理匹配选线缆，高频测试直粗短。

8.2.2 测量前置放大电路的幅频特性

参照表 8-7 中的操作流程测量前置放大电路的幅频特性，将曲线数据记入表 8-9，并相互检查测量数据。

表 8-9 前置放大电路幅频特性

测量对象	参数	幅频特性曲线				
频标选择						
中心频率						
扫频输出所接电路点						
扫频输入所接电路点						

项目评价

本项目评价由三部分组成，即自我评价、小组评价和教师评价，请将各评价结果及最终得分填入项目评价表 8-10。

表 8-10 使用频率特性测试仪测试电路性能测试评价表

评价内容		自我评价	小组评价	教师评价
		优☆ 良△ 中√ 差×		
7S 管理职业素养	（1）整理、整顿			
	（2）清扫、清洁			
	（3）节约、素养			
	（4）安全			
知识与技能	（1）能正确完成表 8-6 内容填写			
	（2）能正确完成表 8-8、表 8-9 内容填写			
	（3）能熟练使用各旋钮功能			
汇报展示	（1）作品展示（可以为实物作品展示、PPT 汇报、简报、作业等形式）			
	（2）语言流畅，思路清晰			
评价等级				
完成任务最终评价等级 （评价参考：自我评价 20%、小组评价 30%、教师评价 50%）				

拓展提高　频率特性测试仪的相关知识

1. 频率特性测试仪的工作原理

频率特性测试仪的工作原理如图 8-3 所示。

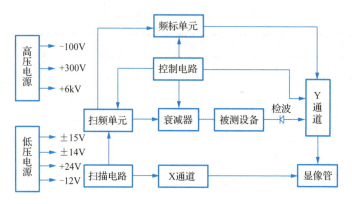

图 8-3　频率特性测试仪的工作原理图

（1）电源部分

由电源变压器的次级取出各路电压，分别加到稳压单元，产生 ±14V、±15V、+24V、-12V 六组直流电压，其中 ±14V 两组直流电压由交流电压经桥堆全波整流、滤波产生，±15V、+24V 三组直流电压分别由交流电压经桥堆整流，滤波后再经 7824、7815、7915 三端稳压器产生，-12V 直流电压再经 7912 稳压产生 -12V 直流电压。

高压单元、高频高压发生器产生高频高压，由自激式振荡器产生方波，经高压包升压再经整流电路整流得到 -100V、+300V、+6kV 三组电压。+300V、+6kV 电压直接供显像管使用，+300V 电压经电位器调节显像管聚焦，-100V 电压经亮度电位器调节显像管亮度。

（2）控制电路

控制电路由按键开关及其外围电路组成，分别控制如下单元。

1）扫频单元的全扫、窄扫和点频。

2）频标单元的 50MHz、10/1 MHz 和外接频标。

3）粗细衰减器及衰减 dB 显示。

4）Y 输入方式的 AC/DC、+/- 和 ×1/×10。

（3）扫描电路

扫描电路产生与外电网同频的锯齿波及同步方波，锯齿波分别送至 X 通道和扫频单元，方波送至扫频单元。

（4）扫频单元与衰减器

以 300MHz 扫频仪为例，扫频单元由扫频振荡器、定频振荡器、混频器和稳幅放大器组成。

由扫描电路来的锯齿波信号加到扫频振荡器的压控器件（变容二极管）上，产生的扫频信号与定频振荡器产生的固定频率信号经过混频器进行混频，得到 1 ～ 300MHz 的扫频信号，然后该信号通过稳幅放大器分为两路，一路到频标单元，另一路经程控衰减器输出，输出阻抗为 75Ω。

由扫描电路来的与锯齿波信号同步的方波信号加到稳幅放大器后，使稳幅放大器在扫描正程时（扫频期间）放大，逆程时（回扫期间）不放大。

（5）频标单元

频标单元由晶体振荡电路、十分频电路、谐波发生电路、混频与低通滤波电路和放大电路组成。

频标电路由晶体振荡器产生的频标信号，经谐波发生电路产生的丰富谐波信号与扫频单元来的扫频信号同时加到混频低通滤波电路后，通过放大得到与扫频信号同步的频标信号，加至 Y 通道。

（6）X、Y 通道

X 通道是由扫描电路来的锯齿波经 X 通道放大电路加到显像管电路的 X 偏转线圈。

Y 通道是将检波后的被测信号和由频标单元来的频标信号同时经 Y 通道放大电路加到显像管电路的 Y 偏转线圈。

2. 频标识别及中心频率的读取

频标识别及中心频率的读取如图 8-4 所示。

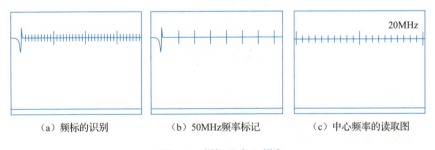

（a）频标的识别　　　　（b）50MHz频率标记　　　　（c）中心频率的读取图

图 8-4　频标及中心频率

1）将频标选择 MHz 键置 "10/1" 挡位，"中心频率" 旋钮置于起始处，此时显示器上出现不同于菱形频标的特殊标识，称作零拍。

2）顺时针调节 "中心频率" 旋钮，会发现零拍及右面的大小频标逐渐左移，其中幅度大的为 10MHz 频标，幅度小的为 1MHz 频标。

3）频标选择 MHz 键置 "50" 挡位，扫频曲线如图 8-4（b）所示，在零拍右边的第一个频标为 50MHz，第二个频标为 100MHz，其余依次类推。

4）扫频宽度。不同的四端网络有着不同的频带，预置扫频宽度太窄，待测曲线在水平方向会很小；预置扫频宽度太宽，待测曲线在水平方向会很大。因此调节扫频宽度旋钮会得到合适的扫频宽度。

5）中心频率读取。不同的四端网络除了有不同的频带之外，还有不同的中心频率，预置中心频率过高，被测曲线会在右面；预置中心频率过低，被测曲线会在左面。

调节中心频率旋钮，使中心频率在显示器中央，可对称地观察待测曲线，图8-4（c）显示出中心频率为 20MHz、扫频宽度为 24MHz 的校准曲线。需要说明的是，中心频率 20MHz 是在零拍右面的第二个大频标。

3．仪器使用及保养

1）仪器使用前应首先检查仪器的电气性能，进行自校。

2）测试时，操作面板上的按键和旋钮，应着力均匀，不得过猛、过快。各连接电缆尽可能短些、粗些，若有条件，最好使用各种高频转换接头，并保证良好的接地，各输入、输出插座应清洁，无污垢。

3）若被测设备自身带有检波输出，则可直接用电缆线馈入显示系统和垂直输入。

4）为避免本机检波器的损坏，在检波器输入端的高频信号应小于等于 3V。

5）若被测设备的输出带有直流电位，则显示输入端应选择 AC 输入显示方式。

6）本仪器应在通风良好、干燥无腐蚀气体的条件下工作或储存，应避免在高温、高湿和有振动、有冲击的环境下使用或储存，还应避免在强磁场中使用，以免影响仪器正常工作。

检测与反思

A 类 试 题

一、填空题

1．频率特性测试仪又称为 _____ 或 _____。

2．BT-3D 型频率特性测试仪采用 _____ 衰减器。

3．BT-3D 型频率特性测试仪输出衰减器可 _____ 步进粗调。

4．BT-3D 型频率特性测试仪为卧式通用大屏幕宽带扫频仪，它由 _____ 组合而成。

5．BT-3D 型频率特性仪面板上的 AC/DC 键弹出为 _____ 测量。

二、判断题

1．频率特性测试仪具有外接频标功能。 （　　）

2. 频率特性测试仪用于测量波形的频率，与示波器作用是相同的。　　　（　　）

3. BT-3D 型频率特性测试仪只能进行窄扫，要实现全扫必须使用更高级别的仪器。

（　　）

4. BT-3D 型频率特性测试仪输出阻抗为 75Ω。　　　　　　　　　　（　　）

5. BT-3D 型频率特性测试仪可以显示 3 位分贝值。　　　　　　　　（　　）

B 类 试 题

一、填空题

1. 使用 BT-3D 型频率特性测试仪，调节中心频率旋钮，可使需要的中心频率置于显示器的 _____ 位置。

2. 使用 BT-3D 型频率特性测试仪，粗衰减器的衰减范围为 _____dB，细衰减器的衰减范围为 _____dB。

3. 使用 BT-3D 型频率特性测试仪，Y 增益调节用于调节 _____。

4. 使用 BT-3D 型频率特性测试仪，为避免本机检波器的损坏，在检波器输入端的高频信号应不大于 _____V。

5. 使用 BT-3D 型频率特性测试仪，为避免电击，必须保证仪器良好的 _____。

二、判断题

1. 使用 BT-3D 型频率特性测试仪，频标幅度用于调节波形在显示器上所占的垂直格数。　　　　　　　　　　　　　　　　　　　　　　　　　　　（　　）

2. 使用 BT-3D 型频率特性测试仪，仪器面板上的 CW 键按下表示扫频方式为点频。　　　　　　　　　　　　　　　　　　　　　　　　　　　　　（　　）

3. BT-3D 型频率特性测试仪采用电控衰减方式，此方式最大的缺点是不能进行细调。　　　　　　　　　　　　　　　　　　　　　　　　　　　　　（　　）

4. 为了节约时间，频率特性测试仪可以不预热，开机即可进入测量。　（　　）

5. 频率特性测试仪在测试结束后，最好直接拔掉电源插头关机，不仅可以节省时间，还可以减少面板电源按键使用次数，延长按键使用寿命。　　　　　（　　）

C 类 试 题

为图 0-1 所示综合电路板中的功放电路输入端加入 9V 直流电压，使用 BT-3D 型频率特性测试仪测试功放前置放大电路输出端的幅频特性，将曲线记入表 8-11。

表 8-11　功放前置放大电路输出端波形参数记录

测试项	画出幅频特性曲线
功放前置放大电 路幅频特性	

模块 3
测量波形参量，分析电路工作情况

模块概述

电信号的种类繁多，它们有相应的大小和形状。在前面的学习中，读者已经学会了使用相关的仪器测量其大小，在本模块的学习中，将用示波器、晶体管特性图示仪、频谱分析仪测量报警电路中波形的状态及其参数。

项目 9　使用模拟示波器测量电路波形参量

知识目标

1）了解模拟示波器的特点。
2）理解模拟示波器的基本组成及工作原理。
3）掌握模拟示波器的使用方法。

能力目标

1）会识记模拟示波器面板功能键。
2）会使用模拟示波器测量报警电路输入、输出信号的波形。
3）会测量并识读各波形参数。

安全须知

1）示波器是一种较为精密的仪器，在使用过程中要避免强烈振动和磁场干扰。
2）电源电压要满足要求，模拟示波器要求使用频率为 50Hz、电压为 220V 的交流电源。
3）使用前要检查模拟示波器和测试线，如果发现示波器机壳破损、连接线破损、开机后有异常电流声、显示屏异常等现象，须检测仪器并消除危险后再使用。
4）测量电压时，不要接触裸露的电线、连接器、没有使用的输入端或者正在测量的电路。
5）不要随意调节面板上的开关和旋钮。
6）示波器要有良好的接地，防止触电。
7）在观察过程中，应避免经常开关示波器电源，示波器暂时不用时不必断开电源，只须调节辉度旋钮使光点消失，下一次使用调出即可。
8）测量完毕应及时关断电源，取下连接线。

项目描述

为了检测电路能否正常工作，或者方便后期维护，需要观测电路输入、输出波形是否正常，检测其电路波形的电压及周期、频率等参数是否符合电路工作要求。本项目依据图 0-1 所示的综合电路板，使用模拟示波器，按照图 0-2 所示的电路原理图，测量电路的输入、输出波形。

项目准备

完成本项目需要按照表 9-1 所示的工具、仪表及材料清单进行准备。

表 9-1　工具、仪表及材料清单

序号	名称	规格 / 型号	状况	序号	名称	规格 / 型号	状况
1	模拟示波器及附件	GOS620 型		5	螺丝刀	一字螺丝刀	
2	测量电路板	综合电路板		6	绝缘手套	220V 带电操作橡胶手套	
3	直流稳压电源	UNI-T UTP3705S		7	防静电环	防静电手环	
4	万用表	MF-47 型 UT39A 型		8	交流变压器	输入：AC220V 输出：AC12V	

注："状况"栏填写"正常"或"不正常"。

任务 9.1　调试模拟示波器

在实际测量中，大多数被测量的电信号都是随时间变化的函数，可以用时间的函数来描述。示波器是一种能将随时间变化、抽象的电信号用图像来显示的综合测量仪器。其核心器件为示波管，示波管由电子枪、偏转系统、显示屏组成，主要测量内容包括电信号的电压幅度、频率、周期、相位等电量，与传感器配合还能完成对温度、速度、压力、振动等非电量的检测。示波器已成为一种直观、通用、精密的测量工具，广泛地应用于科学研究、工程实验、电工电子、仪器仪表等领域，对电量及非电量进行测试、分析、监视。

示波器按对信号的处理方式分为模拟示波器和数字示波器，如图 9-1 所示。

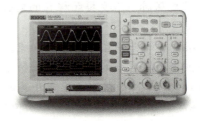

（a）模拟示波器　　　　　　　　　　　　（b）数字示波器

图 9-1　示波器

示波器按用途可分为简易示波器、双踪示波器、采样示波器、存储示波器等。本任务用 GOS620 型双踪模拟示波器测量图 0-1 所示综合电路板中报警电路的相关参数。

9.1.1　模拟示波器的基本结构及作用

1．内部结构

模拟示波器主要由 Y 轴放大及衰减电路、显示电路、X 轴放大及衰减电路、扫描与同步电路及电源电路组成，如图 9-2 所示。

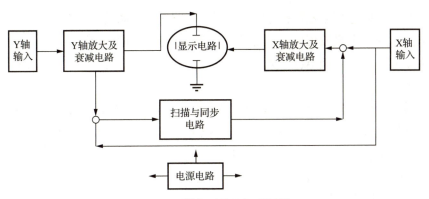

图 9-2　模拟示波器组成框图

2．模拟示波器各部分的作用

（1）X 轴 /Y 轴放大器及衰减器

该通道用来传输被测信号，主要由输入放大器和衰减器组成。当输入波形信号电压较小时，荧光屏上的光点位移太小而无法观测，要用放大器来提高示波器观测微弱信号的能力；当输入信号电压过高时，就会引起屏幕显示的波形产生畸变，因此要在放大器的前级设置衰减器，防止波形失真，即输入信号过小时进行放大，输入信号过大时进行衰减。

（2）显示电路

示波器显示电路的主要作用是最终显示被测信号波形，其核心部件为示波管，如图 9-3 所示。示波管主要由电子枪、偏转系统和荧光屏三部分组成。

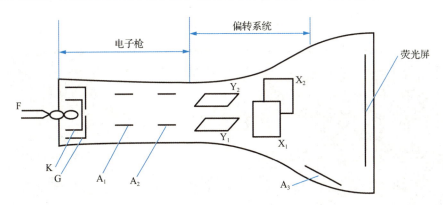

图 9-3　示波管结构图

1）电子枪。电子枪的主要作用是形成高速汇聚的电子束，用它轰击荧光屏使之发光。电子枪包括以下几个部分。

灯丝 F：用于加热阴极。

阴极 K：受热后发出电子。

栅极 G：控制电子到达屏幕的数量，用以调节光点的明暗。

加速极 A_1：将阴极发射的电子加速，使其快速移动到荧光屏。

聚焦极 A_2、高压阳极 A_3：与光学中的透镜一样，使电子汇聚在一起，形成电子束，同时可以辅助调节聚焦。

2）偏转系统。偏转系统的主要作用是使电子束在水平和垂直方向上产生运动。它由一对垂直偏转板 Y_1、Y_2 和一对水平偏转板 X_1、X_2 组成。垂直偏转板上所加的电压使电子束在垂直方向上运动，水平偏转板上所加的电压使电子束在水平方向上运动。

3）荧光屏。荧光屏的主要作用是在高速电子的轰击下发光，显示被测信号波形。

（3）扫描与同步电路

1）扫描电路。扫描电路的主要作用是产生锯齿波信号，形成时间基线。

2）同步电路。同步电路的作用是让波形稳定地显示，即要求锯齿波信号的频率和被测信号的频率呈整数倍。

（4）电源电路

电源电路的作用是为设备供电。

9.1.2 GOS620 型双踪模拟示波器面板说明

1. 面板结构及探头

（1）模拟示波器面板

GOS620 型双踪模拟示波器面板主要由光显示控制、垂直（幅度）控制、水平（时间）控制、触发控制四部分组成，如图 9-4 所示，各部分功能键名称及作用如表 9-2 所示。

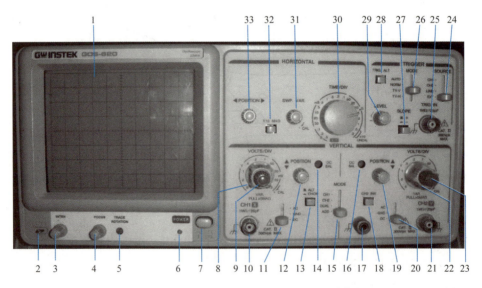

图 9-4　GOS620 型双踪模拟示波器面板结构

表 9-2 GOS620 型双踪模拟示波器面板功能键名称及作用

功能区	编号	名称	作用
光显示控制区	1	显示屏	显示被测信号波形
	2	校正信号输出端	由示波器本身输出幅度为 $2V_{pp}$、频率为 1kHz 的方波信号，以供探头校正
	3	INTEN 亮度旋钮	调整轨迹及光点亮度
	4	FOCUS 聚焦旋钮	调整轨迹及光点清晰度
	5	TRACE ROTATION 光迹旋钮	调节它使水平基线与 X 轴平行
	6	电源指示灯	当开机后，指示灯发光
	7	POWER 电源开关	按下电源开关，示波器开机
VERTICAL 垂直（幅度）控制区	8、22	垂直衰减选择旋钮	分别控制 CH1/CH2 的输入信号衰减幅度，范围为 5mV/DIV ～ 5V/DIV，共 10 挡
	9、23	垂直衰减灵敏度旋钮	当在 CAL 位置时，灵敏度为挡位显示值；当旋钮拉出时，垂直灵敏度放大增加 5 倍
	10、21	CH1/CH2 信号输入端	在 X-Y 模式中，CH1 为 X 轴的信号输入端，CH2 为 Y 轴的信号输入端
	11、20	输入信号耦合选择键	AC：输入信号电容耦合，让交流信号输入 GND：将信号输入端接地，产生一个零电压参考信号 DC：输入信号直流耦合，让直流信号输入
	12、19	垂直位置调整旋钮	调整轨迹及光点的上下位置
	13	ALT/CHOP 双输入信号选择键	放开此键，CH1/CH2 以交替方式显示（用于快速扫描情况）；按下此键，CH1/CH2 以切割方式显示（用于慢速扫描情况）
	14、16	DC BAL 直流平衡点调整键	调整此键可分别调整 CH1/CH2 的垂直直流平衡点
	15	MODE 输入信号选择键	CH1：当选择键在此位置时，CH1 通道输入信号 CH2：当选择键在此位置时，CH2 通道输入信号 DUAL：当选择键在此位置时，双通道同时输入信号 ADD：当选择键在此位置时，双通道输入信号相加，当 CH2 INV 键也按下，双通道输入信号相减
	17	GND 接地端	示波器接地端
	18	CH2 INV 信号反向键	此键按下，CH2 的信号被反向

功能区	编号	名称	作用
TRIGGER 触发控制区	24	SOURCE 内外部输入信号选择键	CH1：当 14 键在 DUAL 或 ADD 位置时，以 CH1 输入端信号作为内部触发源 CH2：当 14 键在 DUAL 或 ADD 位置时，以 CH2 输入端信号作为内部触发源 LINE：将 AC 电源线频率作为触发信号 EXT：将 TRIG.IN 端子输入的信号作为外部触发信号源
	25	TRIG.IN 输入端	当 33 键置于 EXT 位置时，可将此端的输入信号作为触发信号
	26	MODE 触发模式选择开关	AUTO：当触发信号无或大于 25 Hz 时，扫描自动产生 NORM：当无触发信号时，扫描处于预备状态，屏幕上不会显示任何轨迹，主要用于观察小于等于25Hz的信号 TV-V：用于观测电视垂直画面信号 TV-H：用于观测电视水平画面信号
	27	SLOPE 触发斜率选择键	＋：凸起时为正斜率触发，当信号正向通过触发准位时进行触发 －：压下时为负斜率触发，当信号负向通过触发准位时进行触发
	28	TRIG ALT 触发源交替设定键	当 14 键在 DUAL 或 ADD 位置，且 23 键在 CH1 或 CH2 位置时，按下此键，自动设定 CH1 与 CH2 的输入信号以交替方式轮流作为内部触发信号源
	29	LEVEL 触发准位调整旋钮	旋转此旋钮以同步波形，并设定该波形的起始点，向"＋"方向旋转，触发准位会向上移；向"－"方向旋转，触发准位会向下移
HORIZONTAL 水平（时间）控制区	30	TIME/DIV 扫描时间选择旋钮	水平扫描范围从 0.2μs/DIV 到 0.5s/DIV 共 20 个挡位
	31	SWP VAR 扫描时间的可变控制旋钮	旋转此旋钮，扫描时间可延长至少为指示数值的 2.5 倍
	32	×10MAG 水平放大键	按下此键可将扫描信号水平放大 10 倍
	33	POSITION 水平位置调整旋钮	调整轨迹及光点的左右位置

（2）模拟示波器探头

模拟示波器探头是电信号与示波器连接的桥梁，它是一根屏蔽线，如图 9-5 所示。探头一端接信号源，由接信号源的正极端、负极端及探头衰减开关组成；探头的另一端接示波器，由接示波器的端口和探头补偿微调组成。

当衰减开关拨到 ×1 时，垂直方向上每格的电压值为指示值；当拨到 ×10 时，垂直方向上每格的电压值为指示值 ×10。补偿微调的作用是改变波形，使失真度最小。

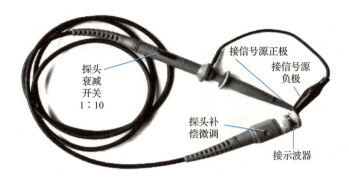

图 9-5　模拟示波器探头

2. 直流电压波形参数读取方法

直流电压的测量，是利用被测电压在屏幕上呈现的直线偏离时间基线的高度与被测电压的大小成正比的关系进行的，即 $U = h \times D_y \times k_y$，其中，$h$ 为被测波形在示波器屏幕垂直方向上所占格数；D_y 为示波器垂直衰减灵敏度；k_y 为探头衰减系数。

9.1.3　校准、调试模拟示波器

1. 获取扫描基线（以 CH1 通道为例）

按照表 9-3 所示的操作流程，获取 CH1 通道扫描基线。

表 9-3　获取扫描基线操作流程

序号	操作步骤	操作图示	操作要点	操作（或测量）结果
1	开机		按下 POWER 电源开关	示波器开机，电源指示灯点亮
2	选择垂直工作模式		将 MODE 输入信号通道选择为 CH1	与信号接入通道保持一致
3	设置输入信号耦合方式		将输入信号耦合方式设置为 GND	CH1 通道输入信号耦合方式为接地
4	选择触发方式		将 MODE 触发模式设为 AUTO	此时应出现扫描基线

续表

序号	操作步骤	操作图示	操作要点	操作（或测量）结果
5	调节辉度	 INTEN	顺时针调节 INTEN 亮度旋钮	屏幕上能看见合适亮度的扫描基线
6	调节垂直位移	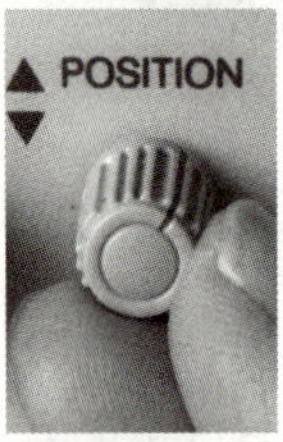 ▲ POSITION ▼	调节 POSITION 垂直位移旋钮	使扫描基线与水平轴垂直
7	调节光迹	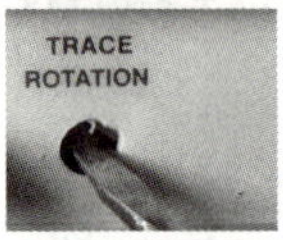 TRACE ROTATION	使用一字螺丝刀调节 TRACE ROTATION 光迹旋钮	使扫描基线与 X 轴平行
8	调节聚焦	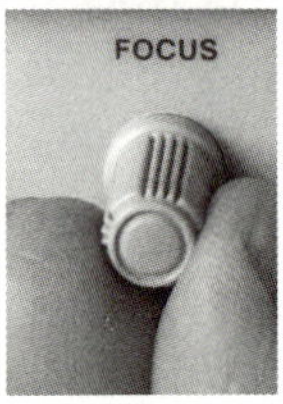 FOCUS	调节 FOCUS 聚焦旋钮	使屏幕上的水平扫描基线最清晰（最细）

经过以上操作就能在屏幕上得到一条清晰的水平扫描基线，示波器使用的第一步完成。

2. 校准模拟示波器（以 CH1 通道为例）

为了真实反映被测信号的波形，应该在测量前对模拟示波器进行校准，具体操作流程如表 9-4 所示。

表 9-4　校准模拟示波器操作流程

序号	操作步骤	操作图示	操作要点	操作（或测量）结果
1	探头的一端接示波器	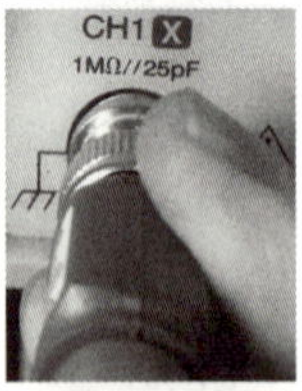 CH1 X 1MΩ//25pF	将探头的一端插入示波器 CH1（X）（输入端口）且顺时针旋转连接好	使示波器与探头连接
2	选择输入耦合方式	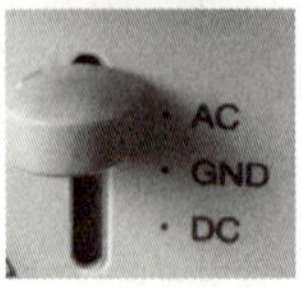 AC GND DC	选择输入耦合方式为 AC	与校准信号类型保持一致

续表

序号	操作步骤	操作图示	操作要点	操作（或测量）结果
3	接校准信号		将探头的探针与示波器校正信号输出端连接好	将校准信号接入示波器
4	关闭CH1电压微调		将CH1电压微调旋钮顺时针调到底	关闭电压微调
5	调节信号电压幅度		将VOLTS/DIV（电压/格）垂直电压幅度旋钮调到适当的位置（建议在1V上）	使示波器屏幕上显示合适高度的波形
6	调节扫描时间	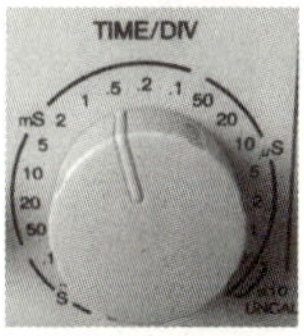	将TIME/DIV（时间/格）水平扫描时间旋钮调到适当的位置（建议在0.5ms上）	使示波器屏幕上显示完整周期的波形
7	调节探头的补偿	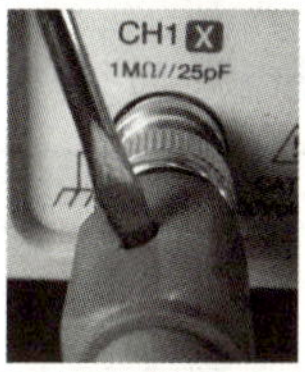	用螺丝刀调节探头上的补偿调节插槽，使其补偿适中（若波形失真才做此操作）	使波形不失真

任务 9.2 使用模拟示波器测量报警电路的波形参量

9.2.1 使用模拟示波器测量报警电路电源的波形参量

1. 模拟示波器波形显示过程

由示波器的组成及各部分作用可知，电子束在荧光屏上产生的亮点在屏幕上移动的轨迹，就是加到偏转板上的电压信号波形。下面分析几种情况。

1）X、Y偏转板上均无电压信号。电子束在垂直和水平方向上都不偏转，此时在屏幕上出现一个亮点，如图9-6（a）所示。

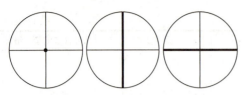

（a）亮点显示　　（b）垂直亮线　　（c）水平亮线

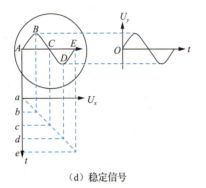

（d）稳定信号

图 9-6　模拟示波器波形显示原理

2）X 偏转板上不加信号，Y 偏转板上加被测电压信号。由于 X 偏转板上无信号，因此电子束在水平方向不移动，只在垂直方向上来回移动，屏幕上出现一条垂直亮线，如图 9-6（b）所示。

3）X 偏转板上加入理想扫描电压，Y 偏转板不加电压。此时由于 Y 偏转板上无电压信号，电子束在垂直方向上不移动，而只在水平方向上来回移动，屏幕上出现一条水平亮线，如图 9-6（c）所示。

4）X 偏转板上加入理想锯齿波电压信号，Y 偏转板上加被测电压。此时电子束在水平和垂直方向上移动，荧光屏上显示的是被测信号随时间变化的稳定信号，如图 9-6（d）所示。

2．使用模拟示波器测量报警电路电源的波形参量

图 0-1 所示综合电路板中的报警电路采用 9V 直流电压供电，可用模拟示波器测量直流电压得到该电路的电源波形。按照表 9-5 所示的操作流程，完成测量。

表 9-5　测量报警电路电源波形操作流程

序号	操作步骤	操作图示	操作要点	操作（或测量）结果
1	开机并进行调试	方法见表 9-3 及表 9-4	对示波器进行调试	出现扫描基线并使波形补偿正常
2	调节直流稳压电源	UNI-T　UTP3705S　0-32V　0-5A　090.0	调节直流稳压电源电压旋钮	使输出电压为 9V
3	闭合 3S3	3C3　3R5　3R7　3R3	将 3S3 用导线连接	3S3 闭合，电容器 3C2 与电容器 3C3 并联

序号	操作步骤	操作图示	操作要点	操作（或测量）结果
4	给报警电路供电	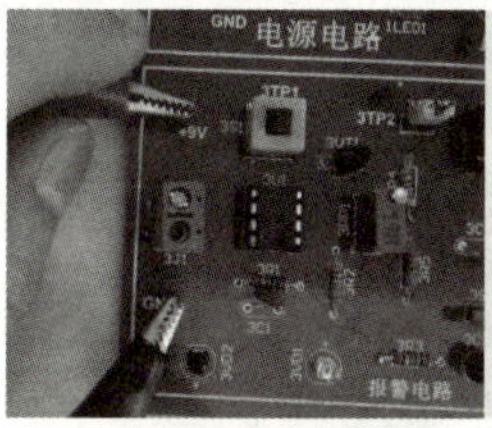	先将电源输出负极接至电路板 GND，再将电源输出正极接至"+9V"处	将电源加载到报警电路
5	调节探头衰减	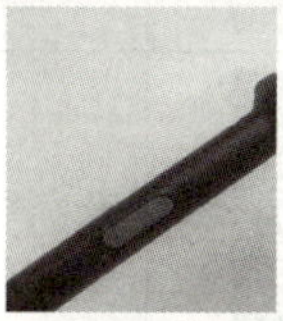	调节探头衰减开关	将探头衰减设置为"×1"
6	连接示波器探头与被测点		将示波器探头接地端接至报警电路 GND，信号端接至报警电路测试点 3TP1	将输入测试点接入示波器
7	设置示波器输入耦合	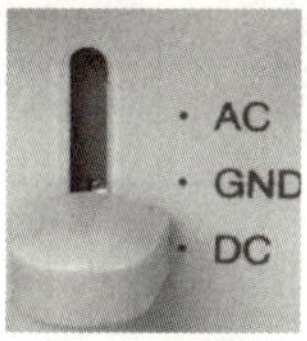	将输入耦合方式设置为 DC	此时允许所有交流、直流分量通过
8	关闭垂直微调		将垂直微调（位于垂直衰减的顶端）顺时针方向旋到底	使电压微调关闭
9	调节垂直衰减	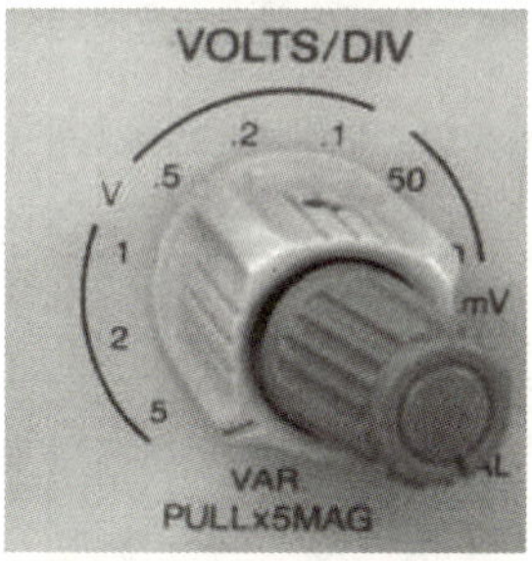	根据被测电压的幅值大小，将垂直衰减旋钮调至 5V	使波形在荧光屏上的显示适中
10	读取测量结果	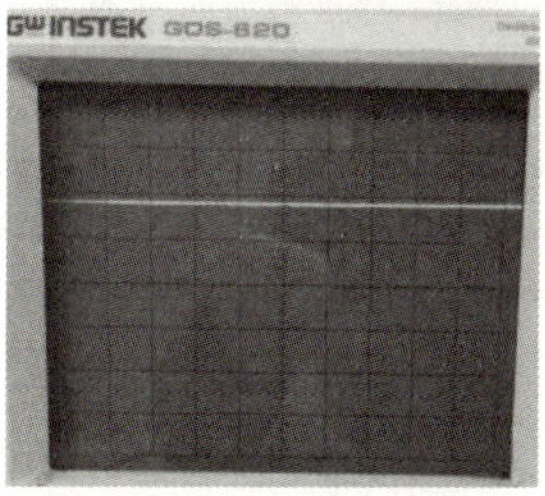	读出峰值所占垂直方向的高度 h	根据 $U = h \times D_y \times k_y$ 计算出测量结果（9V）波形参数 $U=1.8DIV \times 5V/DIV = 9V$

续表

序号	操作步骤	操作图示	操作要点	操作（或测量）结果
11	断开示波器探头与被测点	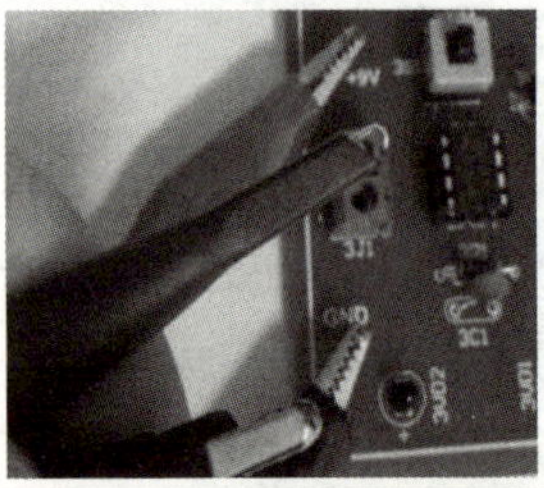	先取下接地端，再取下信号端	使示波器与被测点断开
12	断开报警电路电源	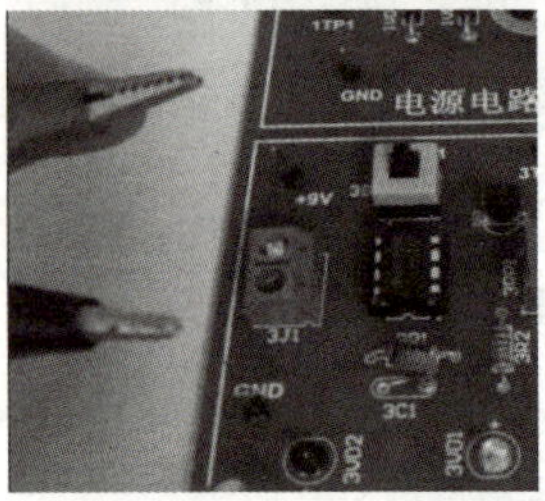	先断开负极与接地端，再断开正极与输入电压端	使报警电路断电
13	仪器复位及整理实训台		关闭直流稳压电源和示波器，并整理实训台面和实训室	使仪器、实训台面和实训室整洁有序

　　根据上述测量过程，再次测量后将直流电压参量（即电源波形参量）的测量结果填入表 9-6。

表 9-6　报警电路电源波形参量

波形	参量
	垂直衰减： 电压值：

导师说

> 示波器测直流电，扫描基线要调好。
> 输入耦合选择 DC，垂直微调逆到底。
> 垂直衰减调合适，波形平行水平线。

9.2.2　使用模拟示波器测量报警电路输出端的波形参量

1. 波形参数的读取

当使用示波器测量交流电压波形时，需要读取的主要参数有电压峰峰值 U_{pp}、峰值（幅值）U_p、有效值 U、周期 T、频率 f 等。以正弦交流电压信号波形参数读取方法为例，具体介绍如下。

峰峰值：$U_{pp}=h \times D_y \times k_y$，其中，$h$ 为被测波形在示波器屏幕垂直方向上所占格数；D_y 为示波器垂直衰减灵敏度；k_y 为探头衰减系数。

峰值：$U_p= U_{pp} \div 2$。

有效值：$U=U_p \div \sqrt{2}$ 或 $U=U_p \times 0.707$。

周期：$T=X \times D_x \times k_x$，其中，$X$ 为被测波形的一个周期在示波器水平方向上所占的格数；D_x 为示波器的时间扫描系数；k_x 为 X 轴扩展倍率。

2. 使用模拟示波器测量变压器次级交流电压信号的波形参量

以下操作以外接变压器作为载体，用模拟示波器测量其次级输出端交流电压参数得到输出波形。按照表 9-7 所示的操作流程，完成测量，并将测量结果填入表 9-8。

表 9-7　变压器次级输出端交流电压信号测量操作流程

序号	操作步骤	操作图示	操作要点	操作（或测量）结果
1	获得扫描基线并校准示波器	方法见表 9-3 及表 9-4	对示波器进行调试	出现扫描基线并使波形补偿正常
2	连接电源		将变压器初级端插头接入电源	给变压器初级输入端提供 220V 交流电源
3	选择输入耦合方式	AC GND DC	将输入耦合方式调节为 AC	此时允许所有交流分量通过

序号	操作步骤	操作图示	操作要点	操作（或测量）结果
4	选择触发源		将触发源调节到与输入通道一致	此时与探头接入信号通道一致
5	连接探头	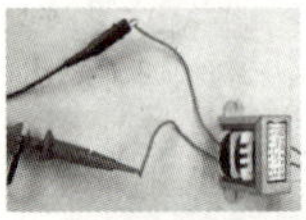	将示波器探头与变压器次级端相连	使变压器次级输出端信号接入示波器
6	关闭垂直微调		将垂直微调（位于垂直衰减的顶端）顺时针方向旋到底	关闭电压微调
7	调节垂直衰减		将 VOLTS/DIV（电压/格）垂直电压幅度旋钮调到 5V 的位置	使示波器屏幕上显示合适高度的波形
8	调节扫描时间	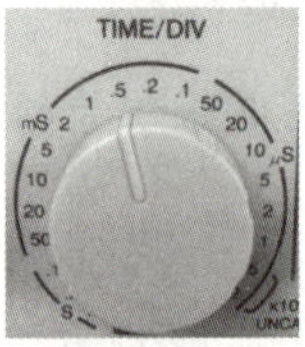	将 TIME/DIV（时间/格）水平扫描时间旋钮调到 0.5ms 位置	使示波器屏幕上显示完整周期的波形
9	调节同步电平	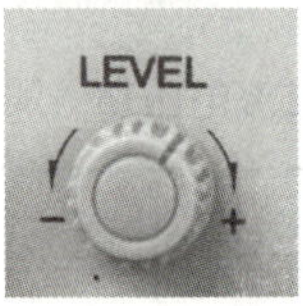	若波形出现了不同步的现象，则应调节同步电平	使波形稳定显示
10	波形显示	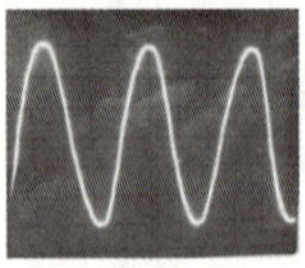	读取垂直方向波峰到波谷之间的高度 h，以及水平方向一个周期所占的格数 X	根据下列计算式得到测量结果 峰峰值：$U_{pp}=h \times D_y \times k_y$ 峰值：$U_p = U_{pp} \div 2$ 有效值：$U = U_p \times 0.707$ 或 $U = U_p \div \sqrt{2}$ 周期：$T = X \times D_x \div k_x$ 频率：$f = 1/T$

表9-8 变压器次级输出端波形、参量

波形	参量
	水平时间 扫描系数： 周期： 频率： 垂直衰减系数： 峰峰值： 峰值： 有效值：

3．测量报警电路输出波形参量（断开 3S3）

图 0-1 所示综合电路板中的报警电路的输出波形为方波，需要测量波形电压的最大值、最小值、峰峰值、周期、频率、占空比等参数。将 3S3 断开，按照表 9-9 所示的操作流程，完成测量，并将测量结果填入表 9-10。

表 9-9 报警电路输出波形测量操作流程（断开 3S3）

序号	操作步骤	操作图示	操作要点	操作（或测量）结果
1	获得扫描基线并校准示波器	方法见表 9-3 及表 9-4	对示波器进行调试	出现扫描基线并使波形补偿正常
2	调节直流稳压电源	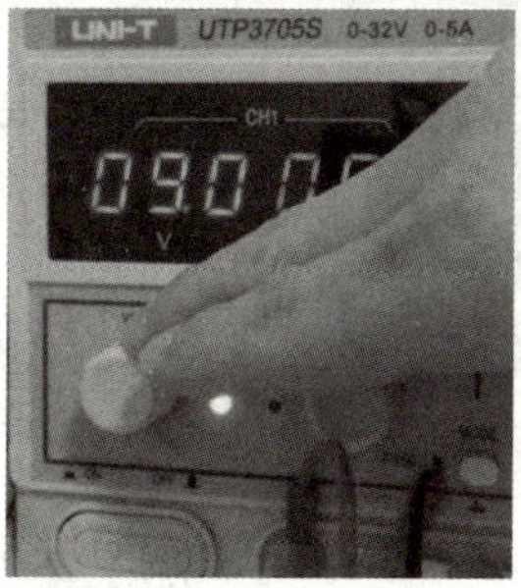	调节稳压电源电压旋钮	使输出电压为 9V

序号	操作步骤	操作图示	操作要点	操作（或测量）结果
3	断开 3S3	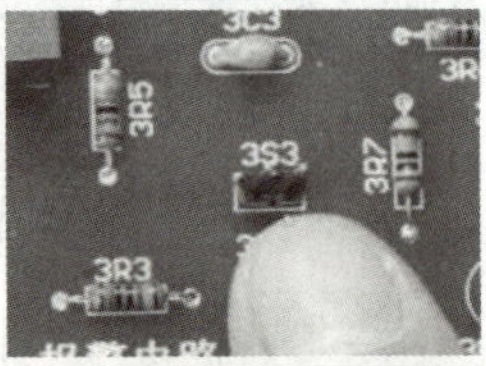	将 3S3 连接导线断开	3S3 断开，电容器 3C2 从电路中断开
4	给报警电路供电	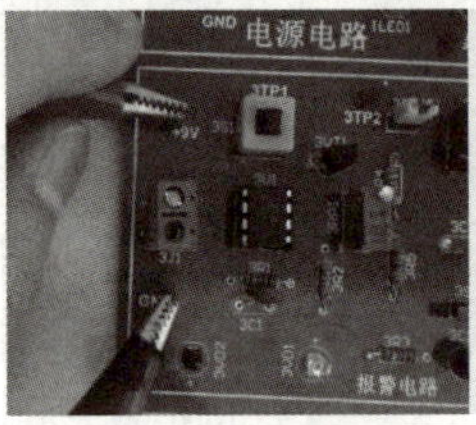	先将电源输出负极接电路板 GND，再将电源输出正极接"+9V"处	将电源加载到报警电路
5	调节探头衰减	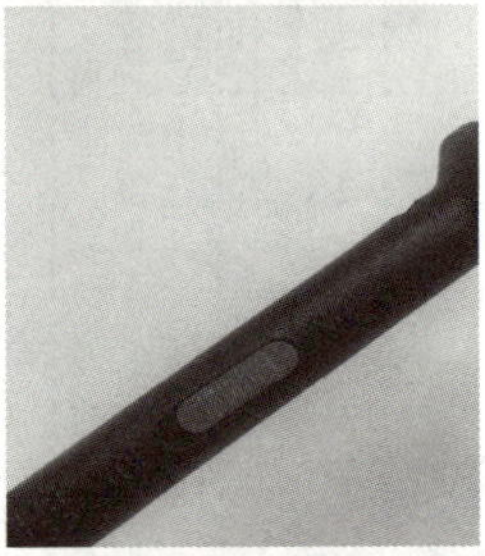	调节探头衰减开关	将探头衰减设置为"×1"
6	连接示波器探头与报警电路		先将示波器探头接地端接报警电路 GND，再将探头信号端接报警电路测试点 3PT3	使输出信号接入示波器
7	打开报警电路电源开关		按下电源开关	使报警电路得电
8	隔离 3VD1 和 3VD2		在 3VD1 和 3VD2 之间用一厚纸片将其隔离	隔离红外线的发射与接收

序号	操作步骤	操作图示	操作要点	操作（或测量）结果
9	选择输入耦合方式	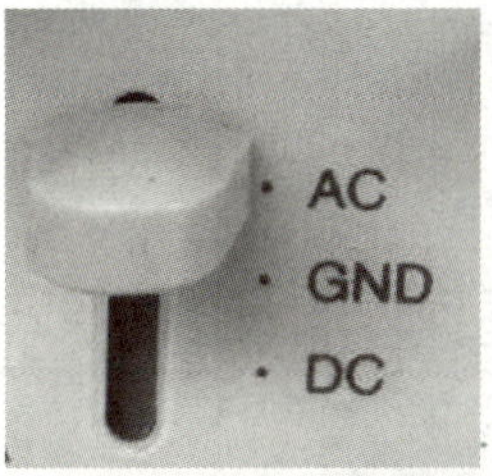	将输入耦合方式调节为 AC	此时允许所有交流分量通过
10	选择触发源		将触发源调节到与输入通道一致	此时与探头接入信号通道一致
11	关闭垂直微调		将垂直微调（位于垂直衰减的顶端）顺时针方向旋到底	关闭电压微调
12	调节垂直衰减旋钮		将 VOLTS/DIV（电压/格）垂直电压幅度旋钮调到2V 的位置	使波形在示波器上显示的高度合适
13	调节扫描时间旋钮	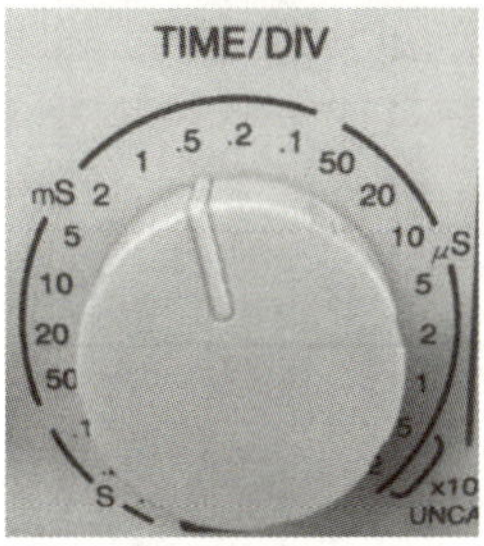	将 TIME/DIV（时间/格）水平扫描时间旋钮调到 0.5ms 位置	使波形在示波器上显示的宽度合适
14	调节同步电平		若波形出现了不同步的现象，则应调节同步电平	使波形稳定显示

序号	操作步骤	操作图示	操作要点	操作（或测量）结果
15	波形显示	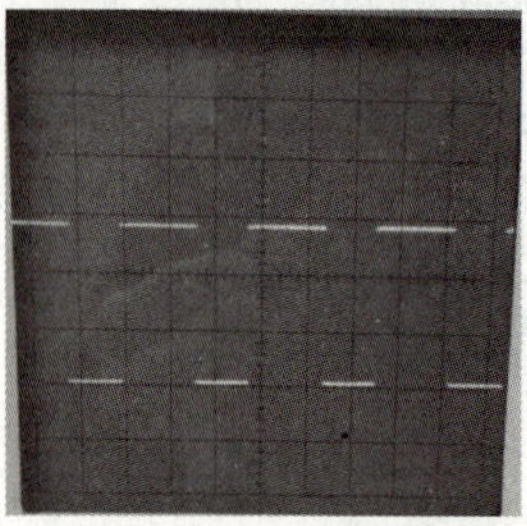	读取垂直方向波峰到波谷之间的高度 h，以及水平方向一个周期所占的格数 X	根据下列计算公式得到测量结果 峰峰值：$U_{pp} = h \times D_y \times k_y$ 峰值：$U_p = U_{pp} \div 2$ 有效值 = 峰值，即 $U = U_p$ 周期：$T = X \times D_x \div k_x$ 频率：$f = 1/T$

注：方波信号是交流电压信号中的一种，它的有效电压与峰值电压大小相等。

表 9-10　报警电路输出波形参量（断开 3S3）

波形	参量
	水平时间 扫描系数： 周期： 频率： 垂直衰减系数： 峰峰值： 峰值： 有效值：

项目评价

本项目评价由三部分组成，即自我评价、小组评价和教师评价，请将各评价结果及最终得分填入项目评价表 9-11。

表 9-11 使用模拟示波器测量电路波形参量测试评价表

评价内容		自我评价	小组评价	教师评价
		优☆　良△　中√　差×		
7S 管理职业素养	（1）整理、整顿			
	（2）清扫、清洁			
	（3）节约、素养			
	（4）安全			
知识与技能	（1）能画出模拟示波器组成简图，并简述各部分作用			
	（2）能正确识别模拟示波器面板			
	（3）能调试出示波器的扫描基线			
	（4）会对示波器进行校准			
	（5）能完成表 9-6 的内容填写			
	（6）能完成表 9-8 的内容填写			
	（7）能完成表 9-10 的内容填写			
汇报展示	（1）作品展示（可以为实物作品展示、PPT 汇报、简报、作业等形式）			
	（2）语言流畅，思路清晰			
评价等级				
完成任务最终评价等级（评价参考：自我评价 20%、小组评价 30%、教师评价 50%）				

拓展提高　波形及相位差的相关知识

1. 波形不同步的原因及解决方法

1）如图 9-7 所示的波形不同步，造成波形不同的原因有：①触发源选择不对；②触发电平调得不合适；③对复杂信号没有调节释抑。

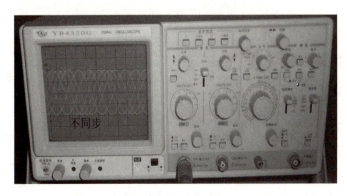

图 9-7　波形不同步

2）波形不同步的处理方法：首先检查触发源是否与输入通道一致（CH1 或 CH2），其次调节 LEVEL 触发调整旋钮。

2. 求相位差的方法

图 9-8 所示为显示在同一示波器显示屏上的两个波形，此时可以求两个信号波形的相位差，一个周期在 X 轴上的格数为 4.6 格，每格代表的相位为 78.2°（一个周期 $2\pi=360°$，每格代表的相位为 360° 除以一个周期的水平总格数），则相位差 $\Delta\phi=0.6\times78.2°=46.92°$。

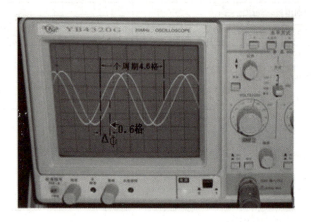

图 9-8　求相位差

检测与反思

A 类 试 题

一、填空题

1. 示波器按信号的处理方式可分为 _____ 和 _____ 两类。

2. 示波器中电子枪的作用是 _____。

3. 若要增大示波器波形显示亮度，则应调节 _____ 旋钮，若要屏幕上波形线条变细，则应调节 _____ 旋钮。

4. 模拟示波器面板主要由 _____ 、_____ 、_____ 和 _____ 组成。

5. 模拟示波器自带 _____ 波信号，其输出幅度为 _____ ，频率为 _____ ，以供探头校正。

6. 模拟示波器通过 _____ 键可选择输入耦合方式为 _____ 、_____ 和 _____ 3 种。

二、判断题

1. 示波器是一种能将人眼无法直接观测的交变电信号转换成图像显示在荧光屏上的电子测量仪器。　　　　　　　　　　　　　　　　　　　　　　　（　　）

2. 示波器按照用途可分为模拟示波器和数字示波器。　　　　　　　　（　　）

3. 示波器的示波管由电子枪、偏转系统和荧光屏 3 部分组成。　　　　（　　）

4. 若要屏幕上的波形线条变细且边缘清晰，应调节辉度旋钮。　　　　（　　）

5. 按下示波器的极性键，触发信号为正极性触发。　　　　　　　　　（　　）

B 类 试 题

一、填空题

1. 直流电压波形参数的计算公式为 _____。

2. 若模拟示波器探头衰减开关在 ×1 位置，则读取信号电压峰峰值为 _____ 与 _____ 的乘积；若探头衰减开关在 ×10 位置，则读取信号电压峰峰值在此基础上还要 _____；信号周期为 _____ 与 _____ 的乘积。

3. 交流信号电压峰峰值为峰值的 _____ 倍，峰值又为有效值的 _____ 倍。

4. 某正弦交流信号显示在示波器上，一个周期在水平方向上占 4 格，在垂直方向上占 5 格。若此时示波器的设置为 2ms/DIV 和 0.2V/DIV，则该信号正半周周期为 _____，频率为 _____，峰峰值电压为 _____，有效值为 _____。

二、判断题

1. 示波器在进行水平扫描时间校准时，应将扫描时间校准旋钮逆时针旋到底。
　　　　　　　　　　　　　　　　　　　　　　　　　　　　　　　　（　　）

2. 若需要对两个低频信号进行比较，需要选用双踪示波器，且采用双踪显示方式。　　　　　　　　　　　　　　　　　　　　　　　　　　　　　　（　　）

3. 在没有信号输入时，仍有水平扫描亮线，这时示波器工作在触发扫描状态。
　　　　　　　　　　　　　　　　　　　　　　　　　　　　　　　　（　　）

4. DC 直流耦合适用于低频信号的测量。　　　　　　　　　　　　　（　　）

5. 测量脉冲电压的峰值（尖峰波）应该使用示波器。　　　　　　　　（　　）

三、计算题

1. 已知某模拟示波器的垂直偏转灵敏度（偏转因数）为 1V/DIV，扫描时间因数（时基因数）为 10μs/DIV。荧光屏上显示波形为两个周期的正弦波，波形总高度为 8DIV，在水平方向上占 10 格。用 10 ∶ 1 探头接入信号。

1）画出波形图。

2）试求被测信号的周期和频率。

3）试求被测信号的峰峰值、峰值和有效值。

2. 某示波器显示波形如图 9-9 所示。已知该示波器设置为水平偏转因数 2ms/DIV、垂直偏转因数 0.2V/DIV，且扫描扩展 ×5、探头衰减 ×10。

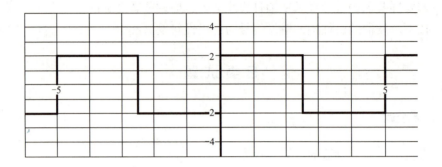

图 9-9　示波器显示波形

1）试求该波形的周期和频率。

2）试求该波形的峰峰值、峰值和有效值。

C 类 试 题

1. 请使用模拟示波器测量 9V 电池信号参量。

2. 请使用模拟示波器测量 220V/18V 变压器输出端信号参量。

3. 请使用模拟示波器测量分压式偏置放大电路输入、输出信号参量。

项目 10 使用数字示波器测量电路波形参量

📂 知识目标

1) 了解数字示波器的特点。

2) 理解数字示波器的基本组成及工作原理。

3) 掌握数字示波器的使用方法。

📂 能力目标

1) 会识别数字示波器面板功能键。

2) 会使用数字示波器测量振荡报警电路输入、输出信号的波形。

3) 会调取并识读波形参数。

📂 安全须知

1) 开机前检测电源电压是否符合要求。

2) 使用适当的电源线,正确插拔电源插头。

3) 需要将仪器有效接地。

4) 正确连接探头,特别是在测量高压交流电时不能用手触碰探头金属部分。

5) 请勿开盖操作,发现故障应报告老师。

6) 保持适当通风,勿在潮湿环境下操作,勿在易燃易爆环境中操作,保持产品表面清洁和干燥。

📘 项目描述

本项目依据图 0-1 所示综合电路板,使用 DS1072E 型数字示波器;按照图 0-2(c)所示报警电路原理图测量该电路的电源波形及电压参数、输出电路波形及电压、频率等参数。

⏱ 项目准备

完成本项目需要按照表 10-1 所示的工具、仪表及材料清单进行准备。

表 10-1　工具、仪表及材料清单

序号	名称	规格 / 型号	状况	序号	名称	规格 / 型号	状况
1	数字示波器及附件	DS1072E		5	螺丝刀	一字螺丝刀	
2	测量电路板	综合电路板		6	绝缘手套	220V 带电操作橡胶手套	
3	直流稳压电源	UNI-T UTP3705S		7	防静电环	防静电手环	
4	万用表	MF-47 或者 UT39A 型					

注 : "状况" 栏填写 "正常" 或 "不正常"。

➡ 任务 10.1　调试数字示波器

数字示波器是具有数据采集、A/D 转换、软件编程等一系列新型技术的高性能波形测量仪器。它一般支持多级菜单，能给用户提供多种选择、多种分析功能。还有一些数字示波器具有存储功能，实现对波形的保存和处理。本任务以 DS1072E 型数字示波器为例进行介绍。

10.1.1　DS1072E 型数字示波器面板及显示界面

数字示波器的面板主要由显示屏、菜单操作键、多功能键、功能按钮、控制按钮、触发控制、水平控制、垂直控制、输入通道、校准信号等部分组成。

1. 面板功能键

DS1072E 数字示波器面板如图 10-1 所示，面板功能键名称及其作用如表 10-2 所示。

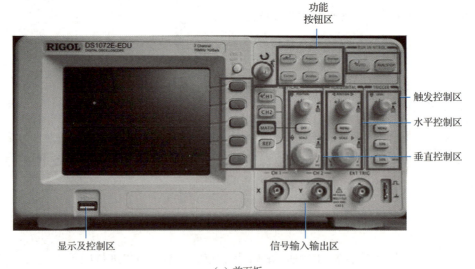

（a）前面板

图 10-1　数字示波器面板

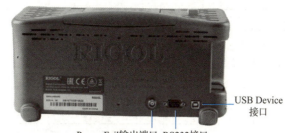

AC220V电源输入端   Pass、Fail输出端口 RS232接口   USB Device 接口

（b）后面板

图 10-1（续）

表 10-2 DS1072E 数字示波器面板功能键名称及作用

功能区	名称	说明
显示及控制区	USB 接口	连接外部设备接口
	显示屏	显示被测信号波形
	菜单操作键	按下相对应键可以控制显示屏上的各个菜单选项
信号输入输出区	输入通道	CH1：从通道 1 中输入被测信号 CH2：从通道 2 中输入被测信号 在 X-Y 模式中：CH1 为 X 轴的信号输入端，CH2 为 Y 轴的信号输入端
	外部触发	输入外部触发信号
	校准信号	由本机输出电压峰峰值为 3V、频率为 1kHz 的方波信号，用于校准示波器探头补偿
垂直控制区	POSITION	①旋转该旋钮控制波形的垂直显示位置 ②按下该旋钮为设置通道垂直显示位置恢复到零点
	SCALE	①旋转该旋钮改变波形的幅度 ②按下该旋钮为设置输入通道的粗调 / 微调状态的快捷键
水平控制区	POSITION	①旋转时改变波形的水平位置 ②按下时使触发位移（或延迟扫描位移）恢复到水平零点处
	MENU	显示 TIME 菜单。在此菜单下，可以开启 / 关闭延迟扫描或切换 Y-T、X-Y 和 ROLL 模式，还可以设置水平触发位移复位。（触发位移：指实际触发点相对于存储器中点的位置）
	SCALE	①旋转该旋钮可改变波形水平参数 ②按下为延迟扫描快捷键
触发控制区	LEVEL	①改变触发电平的设置。转动该旋钮可以发现屏幕上出现一条桔红色的触发线及触发标志，随旋钮转动而上下移动。停止转动旋钮，此触发线和触发标志会在约 5s 后消失。在移动触发线的同时，可以观察到在屏幕上触发电平的数值发生了变化 ②按下该旋钮使触发电平恢复到零点
	MENU	调出触发操作菜单
	50%	设定触发电平在触发信号幅值的垂直中点
	FORCE	强制产生一个触发信号，主要应用于触发方式中的"普通"和"单次"模式

续表

功能区	名称	说明
功能按钮区	RUN/STOP	运行 / 停止，运行和停止波形采样。在停止的状态下，还可以对波形垂直幅度和水平时基进行调整
	AUTO	自动设置，自动设置仪器各项控制值，以产生适宜观测的波形
	MEASURE	自动测量功能键，具有 20 种自动测量功能，包括峰峰值、最大值、最小值、峰值、平均值、均方根值、频率、周期、正占空比等 10 种电压测量和 10 种时间测量
	ACQUIRE	采样控制功能键，通过菜单控制按钮调整采样方式（实时采样、等效采样）
	STORAGE	存储功能键，存储和调出图像数据
	CURSOR	光标测量，通过此设定，在自动测量模式下，系统会显示对应的电压或时间光标，以揭示测量的物理意义
	DISPLAY	显示系统的功能按键
	UTILITY	辅助功能设置，自校正、波形录制、语言选择、出厂设置、界面风格、网格亮度、系统信息、频率计等
	多功能旋钮	旋转选定测量项目，按下"确定"键并查看测量数据
后面板区	Pass/Fail 输出端口	通过 / 失败测试的检测结果可通过光电隔离的 Pass/Fail 端口输出
	RS232 接口	为示波器与外部设备的连接提供串行接口
	USB Device 接口	当示波器作为"从设备"与外部 USB 设备连接时，需要通过该接口传输数据

2. 显示界面

数字示波器显示界面在模拟通道和数字通道中会有不同的显示内容，具体如图 10-2 和图 10-3 所示。

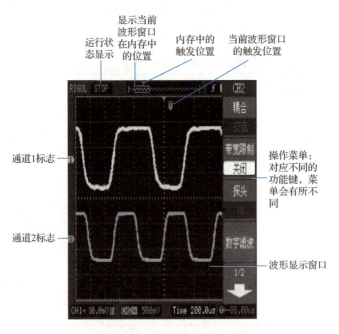

图 10-2　仅模拟通道打开

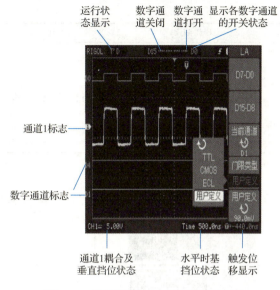

运行状态显示　数字通道关闭　数字通道打开　显示各数字通道的开关状态

通道1标志

数字通道标志

通道1耦合及垂直挡位状态　　水平时基挡位状态　触发位移显示

图 10-3　模拟通道和数字通道同时打开

10.1.2　校准、调试数字示波器

1. 校准数字示波器

未经补偿调节或补偿偏差的探头会导致测量误差，为了真实反映被测信号的波形且防止波形出现过补偿或欠补偿，在进行波形测量前，要对示波器进行校准。按照表 10-3 所示的操作流程对数字示波器进行校准。

表 10-3　校准数字示波器操作流程

序号	操作步骤	操作图示	操作要点	操作（或测量）结果
1	打开电源		按下示波器顶端电源开关	示波器开机，电源指示灯亮
2	连接探头与示波器		将示波器探头的一端接入示波器 CH1（X）（输入端口）且顺时针旋转连接好	使示波器与探头连接

序号	操作步骤	操作图示	操作要点	操作（或测量）结果
3	设置输入衰减	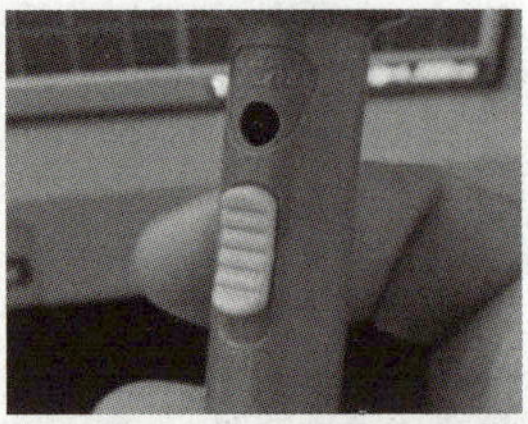	调节探头衰减开关	将探头衰减设置为"×1"
4	连接示波器探头与校准信号		先接接地端，再接信号端	将校准信号接入示波器
5	测量	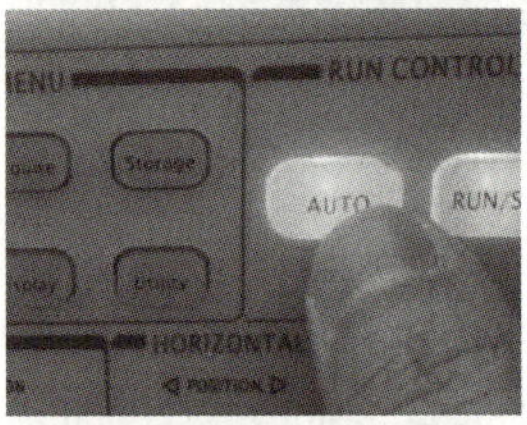	按下 AUTO 键进行自动测量	开始测量波形
6	调节位移旋钮	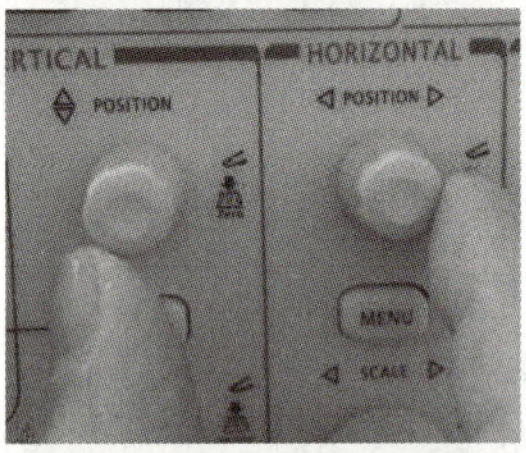	调节"水平位移"和"垂直位移"旋钮	使波形与示波器刻度线重合
7	观察波形补偿	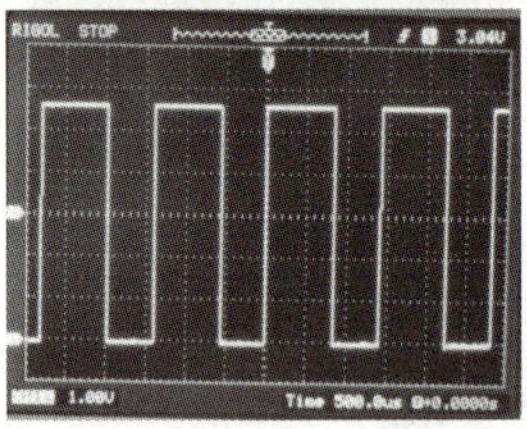	观察波形能否与刻度线重合	若波形能与示波器刻度线重合，则补偿正常
8	调节补偿	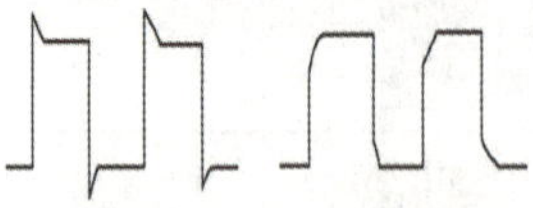 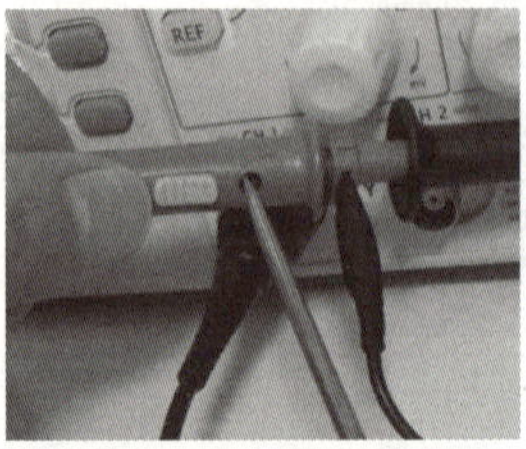	若波形出现了如左图所示的过补偿和欠补偿的现象，则需要用一字螺丝刀调节补偿旋钮	使示波器补偿正常

续表

序号	操作步骤	操作图示	操作要点	操作（或测量）结果
9	查看波形参数	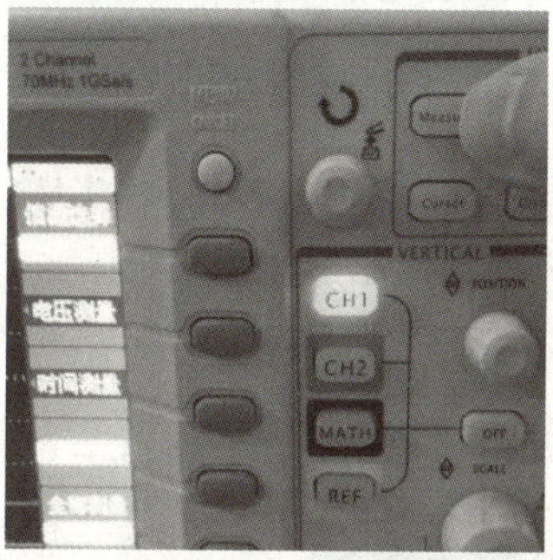	按下 Measure 按钮	出现"信源、电压、时间测量"测量参数选项
10	查看电压参数	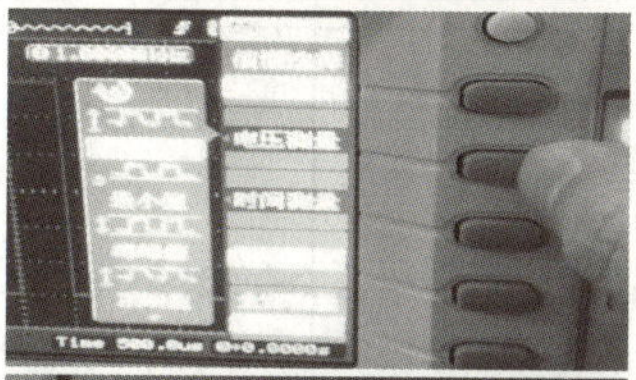 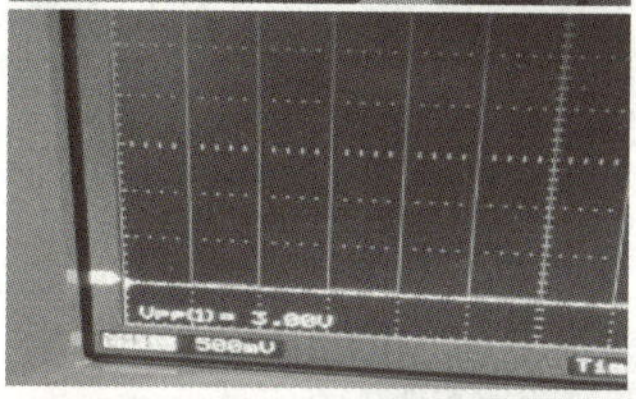	按下"电压测量"对应的菜单操作键，旋转功能旋钮至"峰峰值"，并按下功能旋钮	显示"最大值、最小值、峰峰值"等电压测量内容，此时显示电压值为 3.00V。校准信号 U_{pp}=3.0V，该信号幅度正确
11	查看校准信号频率	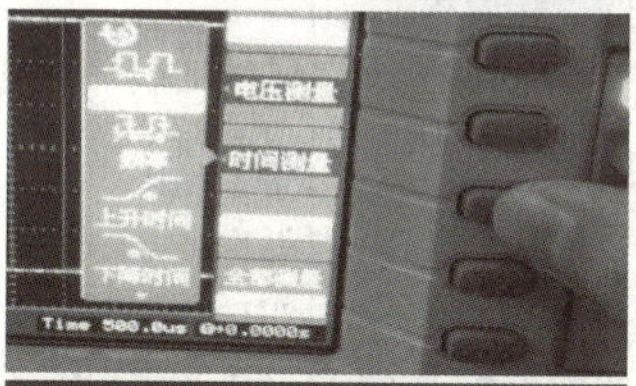 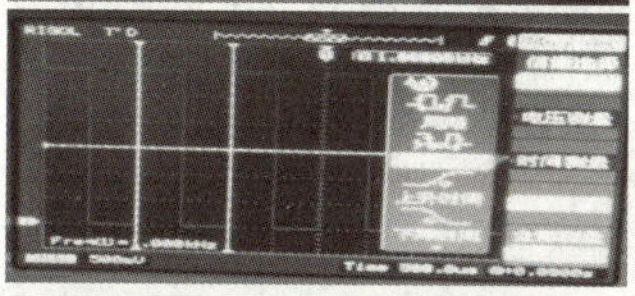	按下"时间测量"对应的菜单操作键，旋转功能旋钮至"频率"，并按下功能旋钮	显示"周期、频率"等测量内容，此时显示频率为 1.0kHz。校准信号 f=1.0kHz，该信号频率正确
12	清除测量	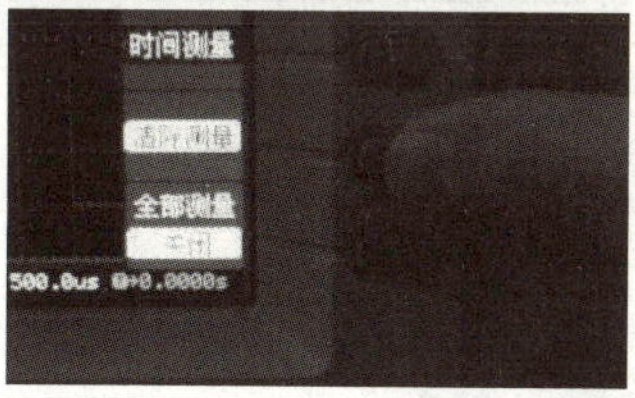	按下"清除测量"对应的菜单按钮	清除上面的所有测量，完成示波器校准

2. 调试数字示波器扫描基线

在测试直流信号之前，先需要调试示波器本身，获得较好扫描基线后，才能精确测量波形信号。按照表 10-4 所示的操作流程，调试数字示波器扫描基线。

表 10-4　调试数字示波器扫描基线操作流程

序号	操作步骤	操作图示	操作要点	操作（或测量）结果
1	开机	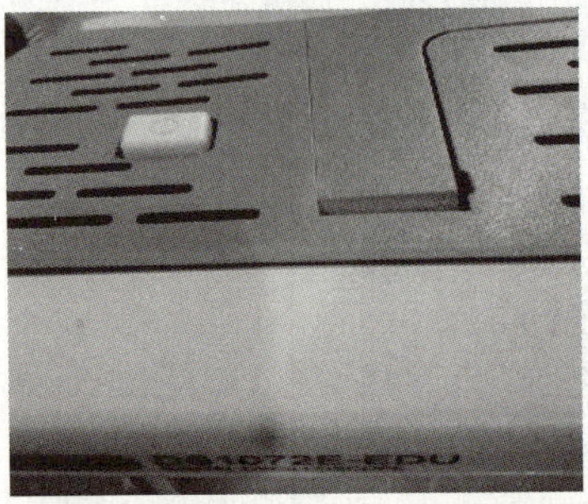	按下示波器顶端电源开关	示波器开机，电源指示灯亮
2	连接探头与示波器	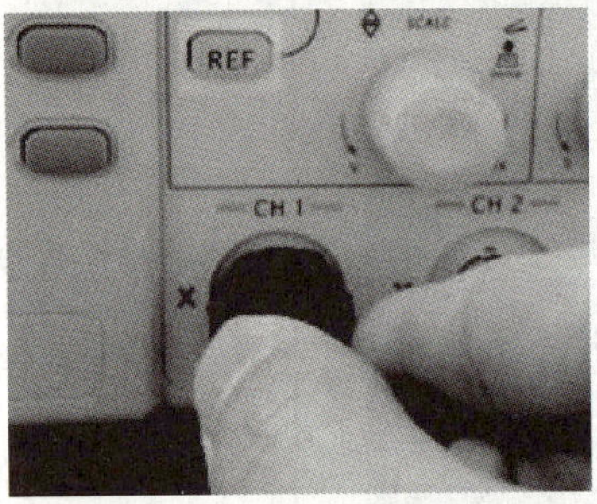	将示波器探头一端与示波器 CH1（或者 CH2）连接	将示波器与探头连接好
3	设置耦合方式	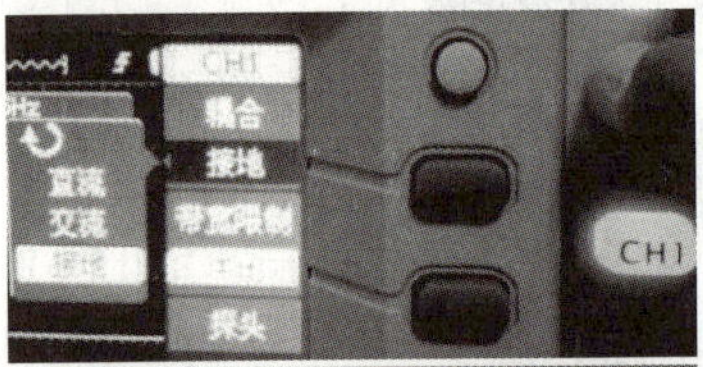 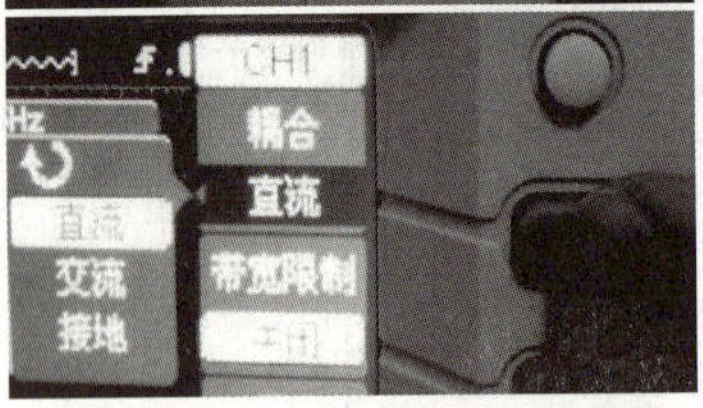	按下 CH1，按下"耦合"对应操作键，旋转功能旋钮至"接地"并按下"确认"键	将输入耦合方式设置为"接地"
4	调出水平亮线	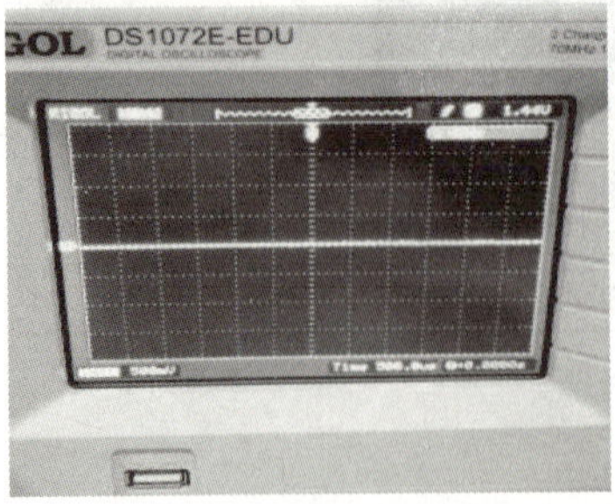	调节垂直位移	使水平亮线处于屏幕中间位置

任务 10.2 使用数字示波器测量报警电路的波形参量

10.2.1 使用数字示波器测量报警电路电源的波形参量

1. 直流电压测量原理

在测量直流电压时,利用被测电压在屏幕上呈现的直线偏离时间基线(即零电平线)的高度与被测电压的大小呈正比的关系来进行,即被测电压 = 垂直格数 × 电压/格 × 探头衰减。

2. 测量报警电路电源波形参量

按照表10-5所示的操作流程,测量图0-1所示综合电路板中报警电路电源波形参量,并将测量结果记入表10-6。

表 10-5 测量报警电路电源波形参量操作流程

序号	操作步骤	操作图示	操作要点	操作(或测量)结果
1	开机校准示波器,并调节时间基线	方法见表 10-3、表 10-4	对示波器进行校准,调出时间基线	使时间基线与水平刻度线重合,并将其调至屏幕中央
2	调节直流稳压电源	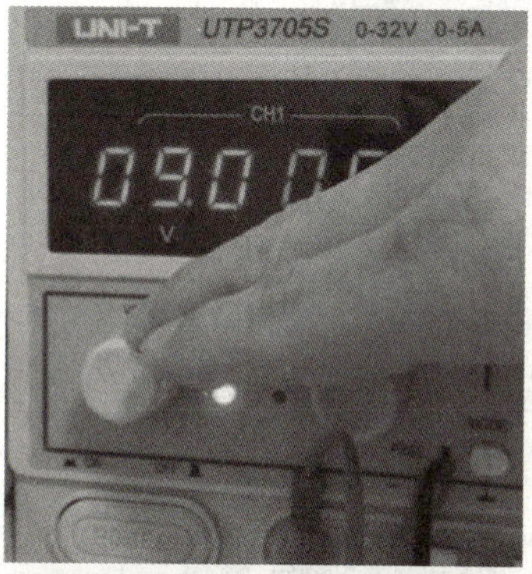	调节直流稳压电源"电压"调节旋钮	使直流稳压电源输出9V直流电源
3	为报警电路加载电源	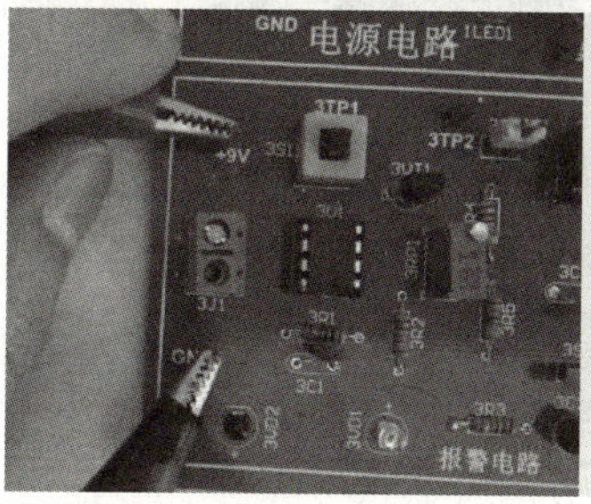	先将电源输出负极接至电路板 GND,再将电源输出正极接至"+9V"处	电路板得到9V电压

续表

序号	操作步骤	操作图示	操作要点	操作（或测量）结果
4	设置探头衰减	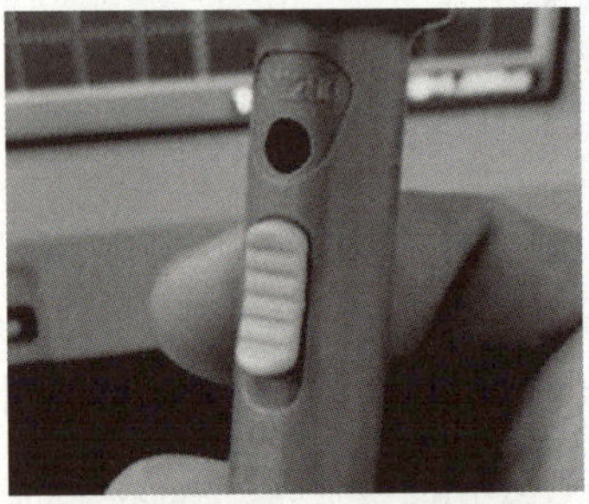	调节探头衰减开关	将探头衰减设置为"×1"
5	连接示波器探头与被测点	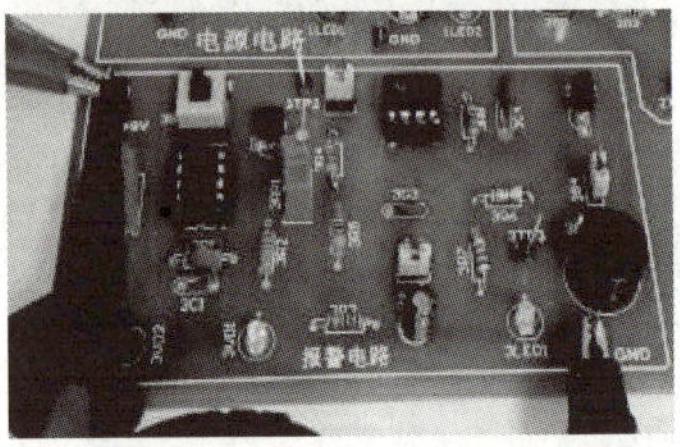	将示波器探头接地端接至报警电路 GND，信号端接至报警电路测试点 3PT1（该点与 9V 电源输入端相通）	将输入测试点接入示波器
6	设置示波器输入耦合方式	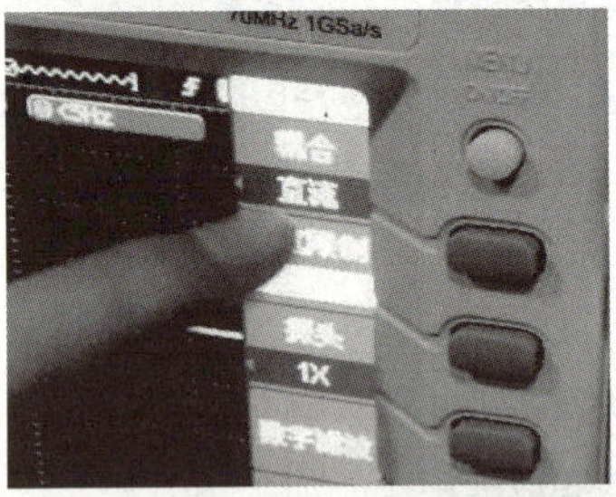	将输入耦合设置为"直流"	此时允许所有交流、直流分量通过
7	测量	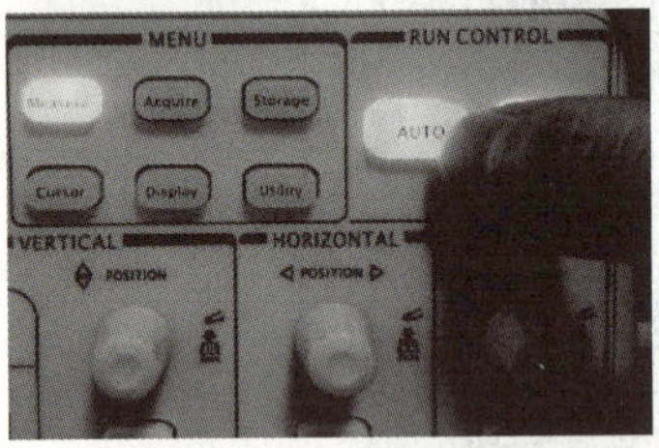	按下自动测量键 AUTO	示波器对输入信号进行测量
8	调出测量菜单	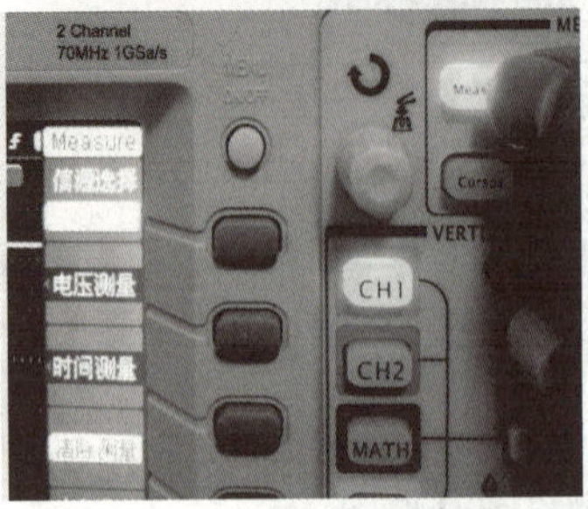	按下 Measure 按钮	出现"信源选择、电压测量、时间测量"参数选项

续表

序号	操作步骤	操作图示	操作要点	操作（或测量）结果
9	查看电压测量参数	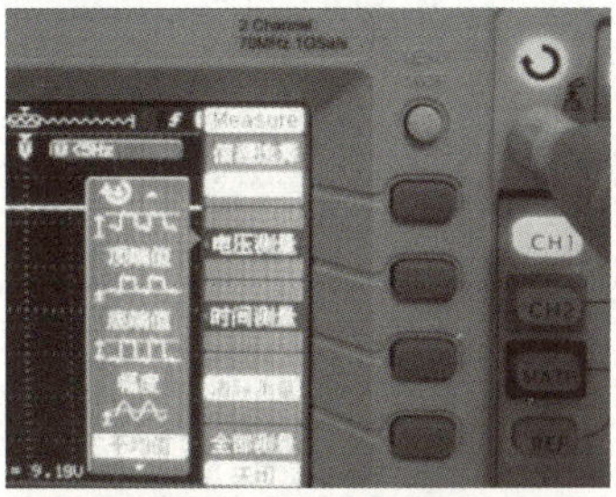	按下"电压测量"对应的菜单操作键	此时显示"最大值、最小值、峰峰值"等电压测量内容
10	读取输入电压平均值	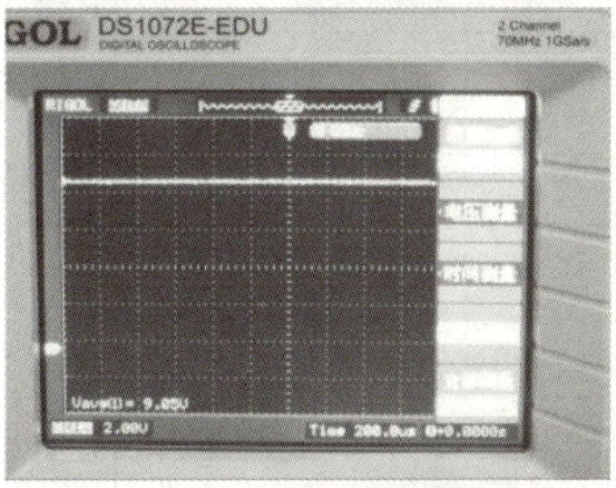	旋转功能旋钮至"平均值"，并按下功能旋钮	此时显示波形为直流，电压值为9.05V
11	断开示波器探头与被测点	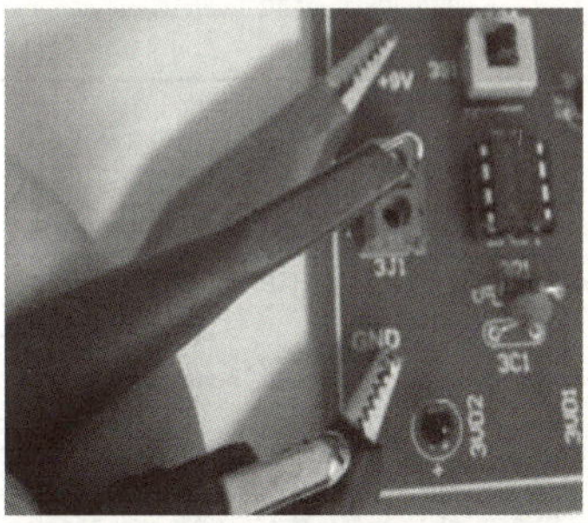	先取下接地端，再取下信号端	示波器与被测点断开
12	断开报警电路电源	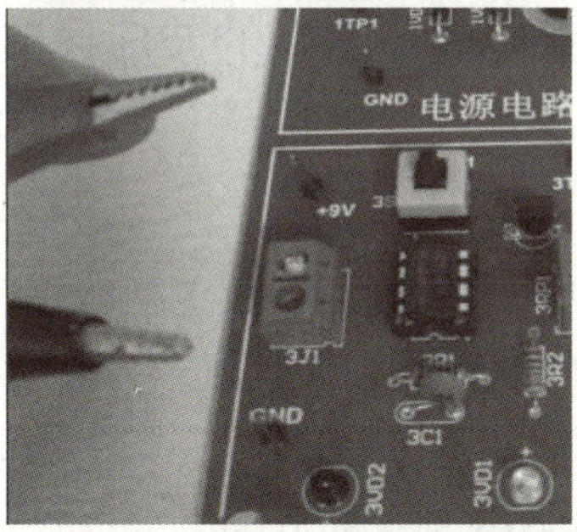	先断开负极与接地端，再断开正极与测试端	报警电路断电
13	仪器复位并整理实训工位	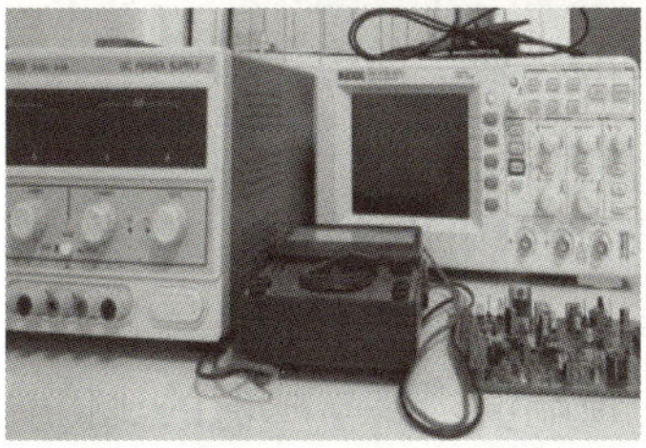	关机，整理实训台面及实训室	仪器和实训台面及实训室整洁有序

表 10-6　报警电路电源波形参量

波形	参量
	垂直衰减： 电压值：

导师说

直流电压无交流，无须测量其峰值。

测出电压平均值，周期频率亦不要。

10.2.2　使用数字示波器测量报警电路输出端的波形参量

1. 波形电压参数识读

DS1072E 型数字示波器可以自动测量的电压参数包括峰峰值、最大值、最小值、峰值、平均值、均方根值、顶端值、底端值。图 10-4 所示为电压参数示意图。

峰峰值（U_{pp}）：波形最高点至最低点的电压值。

最大值（U_{max}）：波形最高点至 GND（地）的电压值。

最小值（U_{min}）：波形最低点至 GND（地）的电压值。

峰值（U_{amp}）：波形顶端至底端的电压值。

顶端值（U_{top}）：波形平顶至 GND（地）的电压值。

底端值（U_{base}）：波形平底至 GND（地）的电压值。

过冲（overshoot）：波形最大值与顶端值之差与峰值的比值。

预冲（preshoot）：波形最小值与底端值之差与峰值的比值。

平均值（average）：单位时间内信号的平均峰值。

均方根值（U_{rms}）：即有效值。依据交流信号在单位时间内换算产生的能量，对应产生等值能量的直流电压，即均方根值。

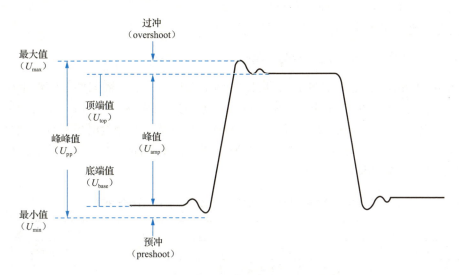

图 10-4　电压参数示意图

2．波形时间参数识读

DS1072E 型数字示波器可以自动测量信号的频率、周期、上升时间、下降时间、正脉宽、负脉宽、延迟 1→2 ⌐、延迟 1→2 ⌐、正占空比、负占空比共 10 种时间参数。图 10-5 所示为时间参数示意图。

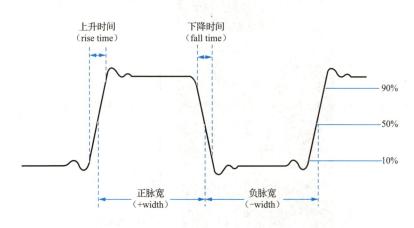

图 10-5　时间参数示意图

上升时间（rise time）：波形幅度从 10% 上升至 90% 所经历的时间。

下降时间（fall time）：波形幅度从 90% 下降至 10% 所经历的时间。

正脉宽（+width）：正脉冲在 50% 幅度时的脉冲宽度。

负脉宽（-width）：负脉冲在 50% 幅度时的脉冲宽度。

延迟 1→2 ⌐⌐（delay1→2 ⌐⌐）：通道 1、2 相对于上升沿的延时。

延迟 1→2 ⌐⌐（delay1→2 ⌐⌐）：通道 1、2 相对于下降沿的延时。

正占空比（+duty）：正脉宽与周期的比值。

负占空比（-duty）：负脉宽与周期的比值。

3. 测量报警电路输出波形参量（闭合 3S3）

图 0-1 所示综合电路板中的报警电路的输出波形为方波，需要测量波形电压的最大值、最小值、峰峰值、周期、频率、占空比等参数。将 3S3 闭合后，相当于把电容器 3C2 和 3C3 进行了并联，此时输出波形的频率会降低，在测量时应将输入耦合方式设置为"直流耦合"。按照表 10-7 所示的操作流程，测量闭合 3S3 时报警电路板的输出波形，并将测量结果记入表 10-8。

表 10-7   测量报警电路板输出波形操作流程（闭合 3S3）

序号	操作步骤	操作图示	操作要点	操作（或测量）结果
1	开机并进行校准	方法见表 10-3	对示波器进行校准	使波形补偿正常
2	调节直流稳压电源	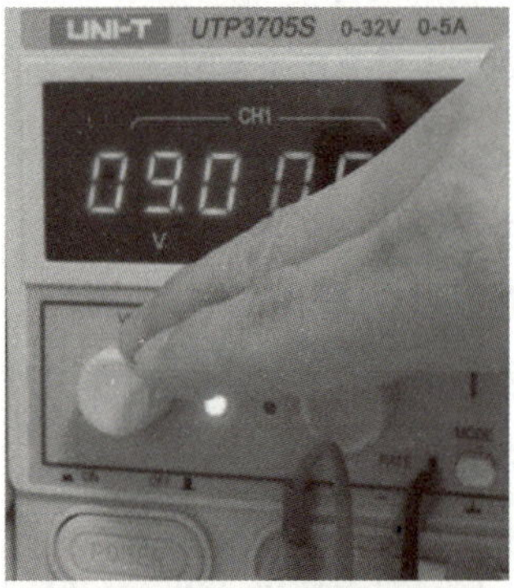	调节直流稳压电源电压旋钮	使输出电压为 9V
3	闭合 3S3	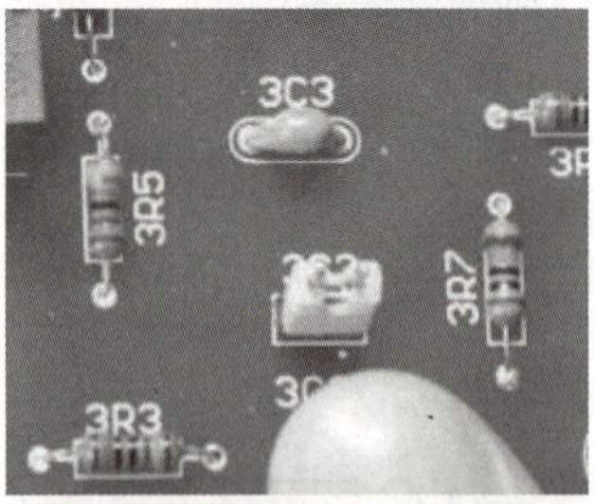	将 3S3 用导线连接	3S3 闭合，电容器 3C2 与电容器 3C3 并联
4	给报警电路供电	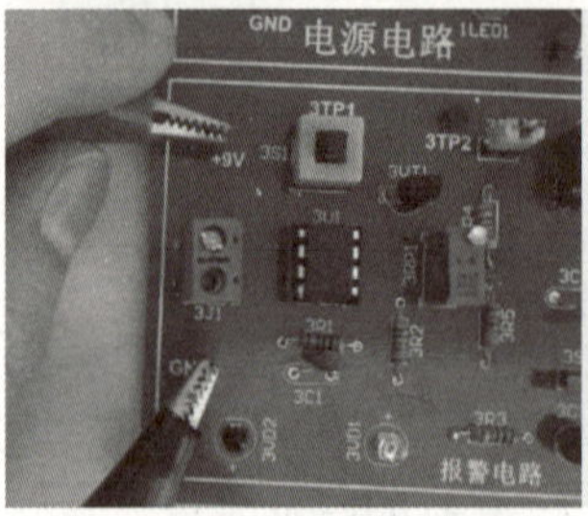	先将电源输出负极接至电路板 GND，再将电源输出正极接至"+9V"处	将电源加载到报警电路

序号	操作步骤	操作图示	操作要点	操作（或测量）结果
5	调节探头衰减	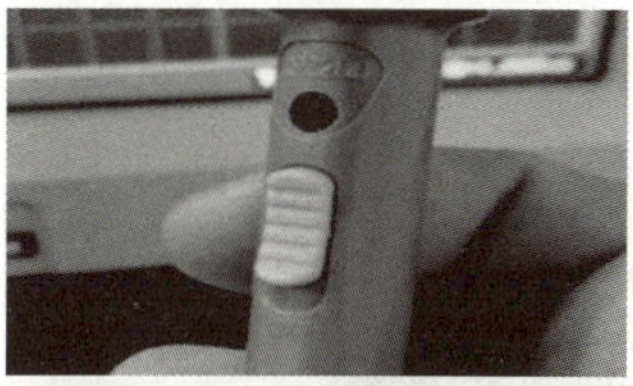	调节探头衰减开关	将探头衰减设置为"×1"
6	连接示波器探头与报警电路	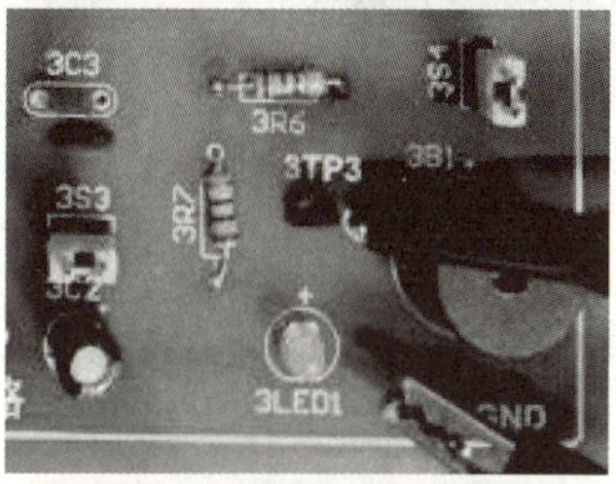	先将示波器探头接地端接至报警电路GND，再将探头信号端接至报警电路测试点3TP3（该点与报警电路板输出端相通）	输出信号接入示波器
7	打开报警电路电源开关	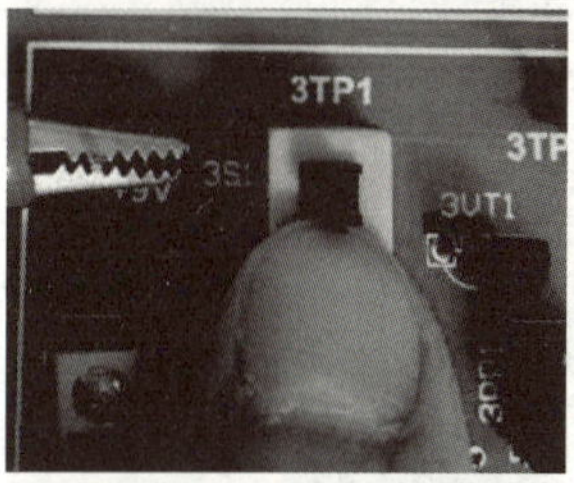	按下电源开关	报警电路得电
8	设置示波器输入耦合	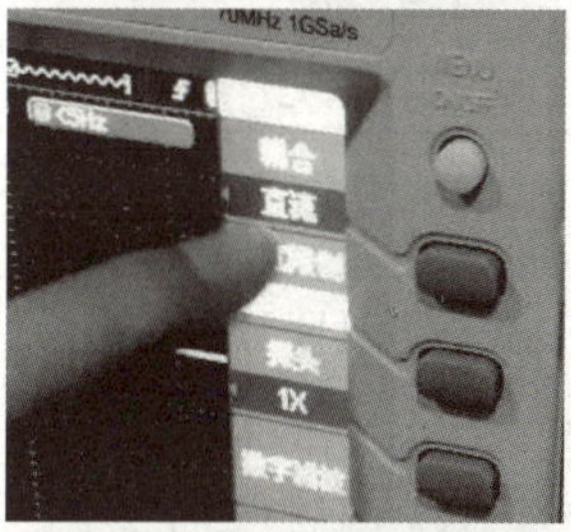	将输入耦合方式设置为"直流"	此时允许所有交流、直流分量通过
9	测量波形	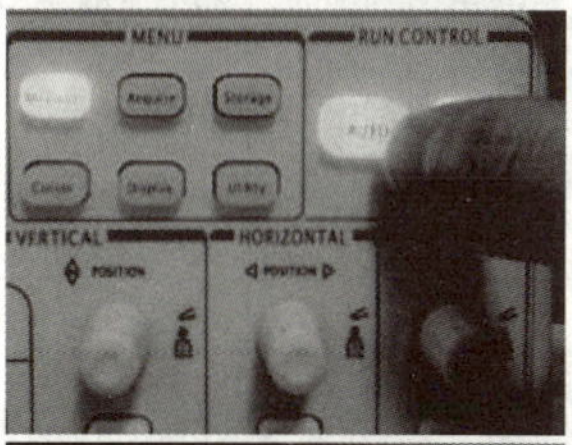 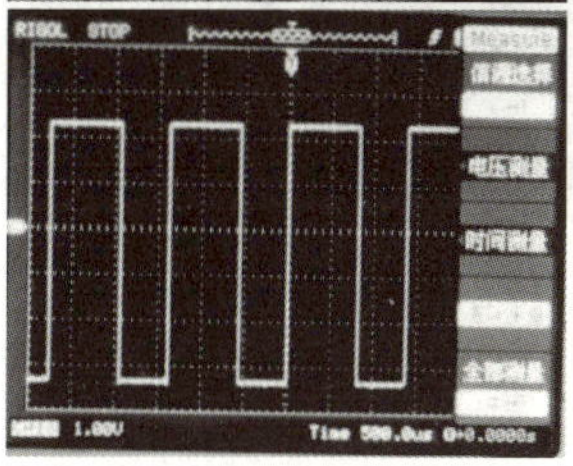	按下自动测量键AUTO	示波器对输出信号进行测量，波形见左图

序号	操作步骤	操作图示	操作要点	操作（或测量）结果
10	查看波形参数	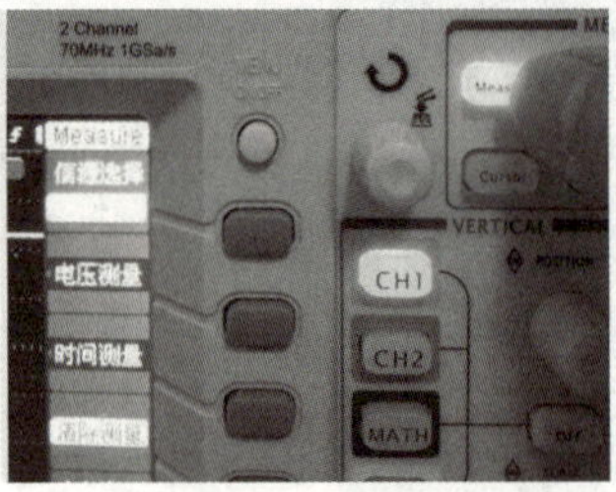	按下 Measure 旋钮	出现"信源选择""电压测量""时间测量""全部测量"选项
11	读取波形参数	如图 10-6 所示	在测量菜单中选择"全部测量"	波形参数为峰峰值 5.72V、最大值 5.68V、最小值 -40mV、周期 40.8ms、频率 24.51Hz、正占空比 59.8%
12	断开示波器探头与被测点	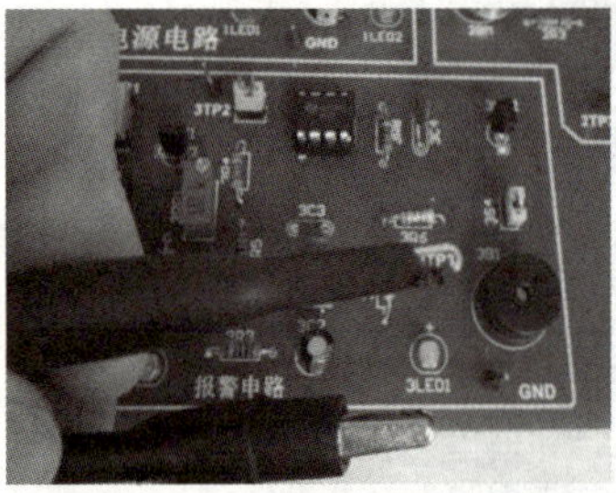	先取下接地端，再取下信号端	示波器与被测点断开
13	断开报警电路电源	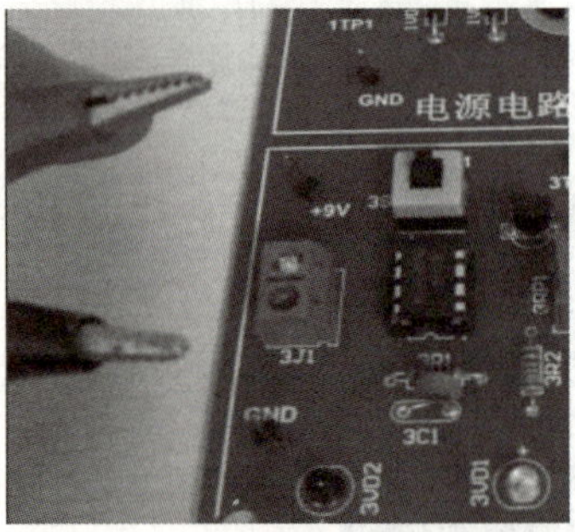	先断开负极与接地端，再断开正极与输入电压端	报警电路断电
14	仪器复位并整理实训工位		关闭直流稳压电源和示波器，整理实训台面和实训室	仪器、实训台面和实训室整洁有序

表 10-8　报警电路输出波形及参量（闭合 3S3）

波形	参量
	峰峰值： 最大值： 最小值： 周期： 频率： 正占空比：

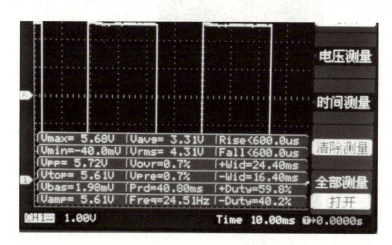

图 10-6　闭合 3S3 波形参数

4．测量报警电路输出波形参量（断开 3S3）

断开 3S3，将电容器 3C2 从电路中断开，此时输出波形的频率会增大，报警器发声频次加快，从而使报警声越来越急促，故在测量过程中应将输入耦合方式设置为"交流耦合"。根据表 10-9 所示的操作流程，测量断开 3S3 时报警电路的输出波形，将测量结果填入表 10-10。

表 10-9　测量报警电路输出波形操作流程（断开 3S3）

序号	操作步骤	操作图示	操作要点	操作（或测量）结果
1	开机并进行校准	方法见表 10-3	对示波器进行校准	使水平基线在屏幕中间显示
2～7	见表 10-7 的操作步骤 2～7			
8	设置示波器输入耦合方式	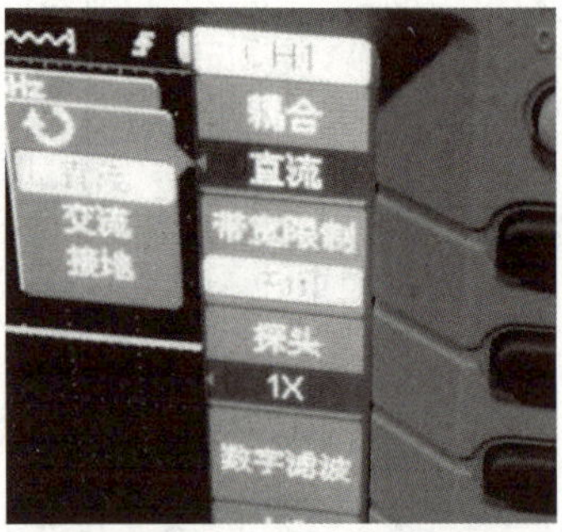	将输入耦合方式设置为"交流"	阻止直流分量通过
9	测量波形	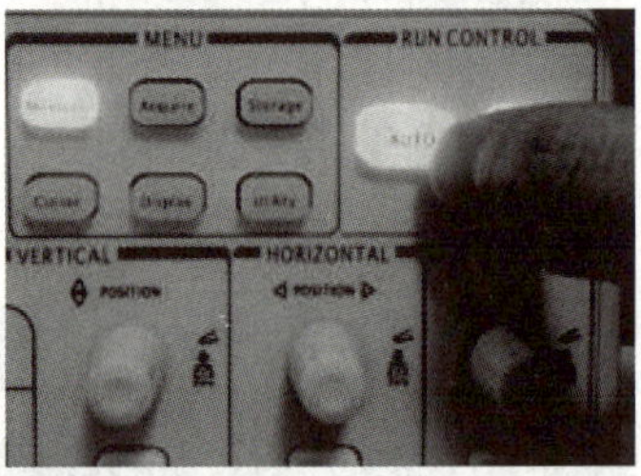	按下自动测量键 AUTO	示波器对输出信号进行测量
10	查看波形参数	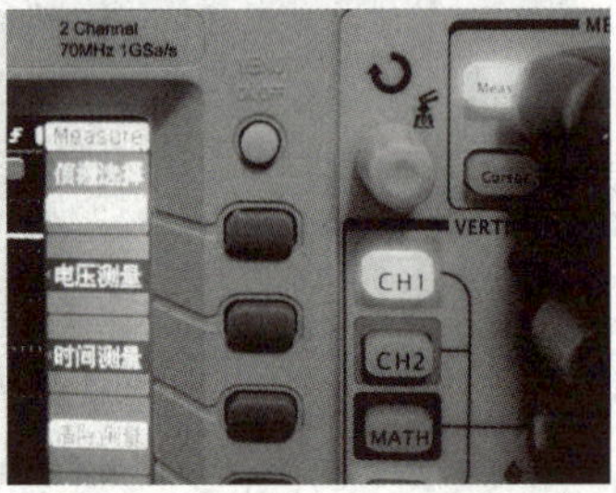	按下 Measure 按钮	出现"信源选择""电压测量""时间测量""全部测量"选项
11	读取波形参数	如图 10-7 所示	在测量菜单中选择"全部测量"	波形参数为峰峰值5.72V、最大值2.32V、最小值−3.4V、周期1.38ms、频率724.6Hz、正占空比59.4%
12～14	见表 10-7 的操作步骤 10～11			

表 10-10　报警电路输出波形及参量（断开 3S3）

波形	参量
	峰峰值： 最大值： 最小值： 周期： 频率： 正占空比：

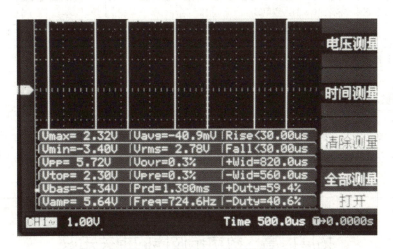

图 10-7　断开 3S3 波形参数

👥 导师说

> 探头连接被测点，先接地端再信号。
>
> 测完断开连接点，步骤则与连相反。
>
> 按下 AUTO 自动测，手动再调至最佳。
>
> 被测信号为低频，直流耦合免闪烁。

项目评价

本项目评价由三部分组成，即自我评价、小组评价和教师评价，请将各评价结果及最终得分填入项目评价表10-11。

表 10-11　使用数字示波器测量电路波形参量测试评价表

评价内容		自我评价	小组评价	教师评价
		优☆　良△　中√　差×		
7S 管理职业素养	（1）整理、整顿			
	（2）清扫、清洁			
	（3）节约、素养			
	（4）安全			
知识与技能	（1）能叙述数字示波器的组成及工作过程			
	（2）能正确识别数字示波器面板功能区			
	（3）能调节出数字示波器时间基线			
	（4）会对数字示波器进行校准			
	（5）能正确完成表 10-6 的内容填写			
	（6）能正确完成表 10-8 的内容填写			
	（7）能正确完成表 10-10 的内容填写			
汇报展示	（1）作品展示（可以为实物作品展示、PPT 汇报、简报、作业等形式）			
	（2）语言流畅，思路清晰			
评价等级				
完成任务最终评价等级（评价参考：自我评价 20%、小组评价 30%、教师评价 50%）				

拓展提高　数字示波器的相关知识

1. 数字示波器的基本组成

数字示波器由系统控制、取样存储、读出显示三部分组成。它们之间通过数据、地址、控制总线相互联系并进行信息的交换，完成各种测量任务，其基本组成框图如图10-8所示。

（1）系统控制部分

系统控制部分由键盘、只读存储器（read only memory，ROM）、CPU、时钟振荡电路等组成。在 ROM 内有厂家写入的控制程序，在控制程序的管理下，对键盘进行信号读取，以便完成操作者的各种测量要求。

（2）取样存储部分

取样存储部分主要由输入耦合电路、前置放大衰减电路、取样电路、A/D 转换器、取样时钟电路构成。取样电路在取样时钟电路的控制下对输入的被测信号进行取样，经 A/D 转换器转换成为数字信号存储于 RAM 中。其工作过程如图 10-9 所示。

（3）读出显示部分

读出显示部分由 D/A 转换器、Y 放大器、时基电路、X 放大器及显示屏构成。其工作过程如图 10-10 所示。

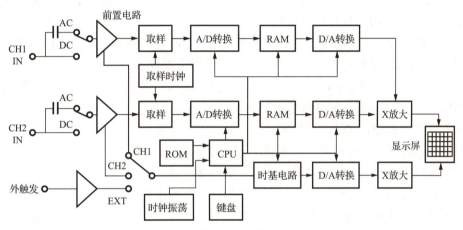

图 10-8　数字示波器的组成框图

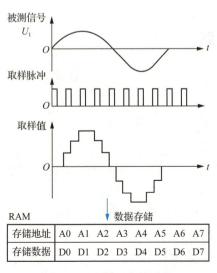

图 10-9　取样及存储过程

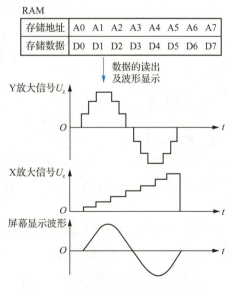

图 10-10　数据读出及波形显示过程

2. 数字示波器波形显示过程

数字示波器是利用数字电路来完成存储功能的。当被测信号通过探头输入示波器后，先用 A/D 转换器将模拟波形转换为数字信号，然后存储到 RAM 中，需要时再将 RAM 中存储的信号调出，通过相应的 D/A 转换器将数字信号变换为模拟量显示在屏幕上。在数字示波器中，信号处理功能和信号显示功能是分开的，其性能指标完全取决于进行信号处理的 A/D、D/A 转换器。在示波器屏幕上看到的波形总是所采集到的数据重建的波形，而不是输入连接端上所加信号立即的、连续的波形。

3. 数字示波器的特点

由于数字示波器的信号获取和重现均采用数字的方式，而信号的获取和重现互不影响，因此数字示波器具有以下特点。

1）能够捕捉单次、瞬变的信号。因为数据一旦被写入内部随机存取存储器 RAM，只要不被刷新，就会被一直保存，所以可以随时调用查看。

2）能够无闪烁地显示低频信号。因为数据的写入可以很慢，但数据的读取则是一个恒定的速度，所以能不闪烁地显示低频信号。

3）能够以多种方式触发，如前触发、后触发、字触发、宽度触发等。

4）可以在同一个屏幕上方便地显示多个信号，以便比较。

5）具有多种显示方式，如触发显示、滚动显示等。

6）具有较高的测量精度和自动测量功能，可以减小读数的视觉误差。

7）可以与其他设备方便地连接，如将信号送入计算机进行处理、将信号送到打印机进行打印。

检测与反思

A 类 试 题

一、填空题

1. 数字示波器由 _____、_____ 和 _____ 三部分组成。

2. 数字示波器对信号的处理是将待测信号进行 _____、_____、_____，然后从 RAM 中取出存储的 _____ 信号，通过 _____ 转换成模拟信号在屏幕上显示。

3. 数字示波器能够无闪烁地显示低频信号，是因为数据的写入可以 _____，但数据的读出则是一个恒定的速度。

4. 数字示波器处理信号的方式为 _____，而模拟示波器采用的是模拟方式。

5. 若要对某波形进行自动测量，则需按下示波器面板上的 _____ 键。

二、判断题

1. 数字示波器的系统控制部分由键盘、ROM、CPU、时钟振荡电路等组成。

　　　　　　　　　　　　　　　　　　　　　　　　　　　　　　（　　）

2. ROM 中有厂家写入的控制程序，可以随时调用和修改。　　　（　　）

3. 采样及存储和读出及显示为一个逆过程。　　　　　　　　　（　　）

4. 数字示波器能捕捉单次的信号是因为它具有存储功能。　　　（　　）

5. 当按下示波器面板上的 RUN/STOP 键，绿灯亮时表示停止，红灯亮时表示运行。

　　　　　　　　　　　　　　　　　　　　　　　　　　　　　　（　　）

三、选择题

1. 用示波器测量波形信号的周期、频率等，属于（　　　　）。

　　A. 频域测量　　　　　　　　　　B. 时域测量

　　C. 数据域测量　　　　　　　　　D. 包括以上三项测量

2. 下列不属于数字示波器特点的是（　　　　）。

　　A. 能捕捉单次、瞬变的信号

　　B. 只能以"前触发"的方式进行触发

　　C. 有较高的测量精度和自动测量功能

　　D. 能无闪烁地显示低频信号

3. 若在示波器的"Y 输入"和"地"之间加上如图 10-11 所示的电压，而扫描范围旋钮置于"外 X"挡，"X 输入"端未接入信号，则此时屏上应出现的波形是（　　　　）。

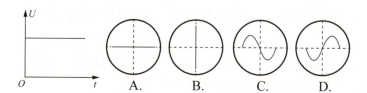

图 10-11　示波器显示电压

4. 在数字示波器中，关于"触发电平调节"和"电平锁定"两个功能键的描述正确的是（　　　　）。

　　A. "触发电平调节"和"电平锁定"都是用来调节信号的触发电平以实现波形同步的

　　B. "触发电平调节"和"电平锁定"用来保持波形的自动同步

　　C. "触发电平调节"用来保持波形自动同步

　　D. "电平锁定"用来保持波形自动同步

5. 用数字示波器测量某波形后，电压参数 U_{max}=5V，该参数为（　　　　）。

　　A．电压峰值　　　　　　　　　　B．电压均方根值

　　C．电压峰峰值　　　　　　　　　　D．电压最大值

B 类 试 题

一、填空题

1. DS1072E 型数字存储示波器通过按 _____ 键可选择输入耦合方式有 _____、_____ 和 _____ 3 种。

2. 用 DS1072E 型数字存储示波器测量某电信号特性参量，当输入信号后，先按 _____ 键，显示屏自动显示波形，再按 _____ 键，接着按 _____ 键，显示屏出现信号所有参数，可以直接读出测量信号所有参量。

3. 调节示波器面板上的 _____ 旋钮可以实现波形同步，边沿触发菜单中的 _____ 可以保持波形自动同步。

4. 在示波器组成电路中，系统控制主要包括 _____、_____、_____ 和时钟振荡电路。

5. A/D 转换电路是将电路中的 _____ 信号转换成 _____ 信号。

二、判断题

1. 用数字示波器测量时，按下 Measure 键，将自动测量波形。　　　　　（　　　）

2. 用数字示波器测量时，按下 AUTO 键，能自动根据波形调整水平系统和垂直系统，使波形稳定显示在屏幕上。　　　　　　　　　　　　　　　　（　　　）

3. 用数字示波器测量直流电压，连接探头时不需要区分正负极。　　　（　　　）

4. 数字示波器屏幕上所显示的是数字波形。　　　　　　　　　　　（　　　）

5. 在调试数字示波器时，当只在 X 轴偏转板上加入信号，将 Y 轴偏转板接地时，屏幕上将出现一条水平亮线。　　　　　　　　　　　　　　　　　（　　　）

三、简答题

1. 图 0-1 所示综合电路板上报警电路板中开关 3S3 断开后，输出波形频率会发生什么变化？

2. 简要说明为什么数字示波器可以测量瞬变信号。

3. 简述数字示波器波形显示过程。

C 类 试 题

一、填空题

1. 在示波器采样与存储电路中，RAM 的作用是 _____。

2. 峰峰值是指波形 _____ 到 _____ 的电压值，峰值则是指 _____ 到 _____ 的电压值。

3. 正占空比是指 _____ 脉宽与周期的比值。若测量的是对称信号，占空比则为 _____。

4. 用数字示波器测量频率低于 100Hz 的信号时，为了波形更好地显示，应选用 _____ 耦合方式。

5. 将表 10-16 补充完整。

表 10-16　数字示波器各功能键及作用

功能键	作用
Measure	
Acquire	
Storage	
Cursor	
Display	
Utility	

二、实操题

1. 请使用数字示波器测量 9V 电池信号特性参量。

2. 请使用数字示波器测量 220V/18V 变压器输出端电信号特性参量。

项目 11　使用晶体管特性图示仪测试晶体管特性

📑 知识目标

1) 了解晶体管特性图示仪的用途和工作原理。
2) 熟悉晶体管特性图示仪面板结构及各个按钮的功能。
3) 掌握测量晶体管特性曲线的方法、步骤。

📑 能力目标

1) 会正确设置晶体管特性图示仪的测量参数。
2) 会使用晶体管特性图示仪测量二极管的正向、反向特性曲线。
3) 会使用晶体管特性图示仪测量晶体管的输入特性、输出特性及主要参数。

📑 安全须知

1. 人身操作安全

1) 在使用晶体管特性图示仪时，外壳要先接地，即使用三线插座，再通电。
2) 在电路通电情况下，禁止用手随意触摸电路中金属导电部位。

2. 仪表操作安全

1) 电源电压要满足仪器的要求，额定工作电压为 220V±10%，工作频率为 50Hz±2Hz。
2) 使用时避免剧烈振动、高温、强磁场、倒置，工作温度范围是 0～40℃，最佳相对湿度范围是 35%～90%，保证仪器有良好的通风环境。
3) 面板的测试插孔要避免电源或有电信号输入，保证仪器有良好的接地。
4) 测试时选择合适的阶梯电流或阶梯电压，不应超过被测管的集电极最大允许功耗。

⚙ 项目描述

本项目依据图 0-1 所示综合电路板，使用晶体管特性图示仪按照图 0-2 所示电路原理图测量晶体管的输入、输出特性曲线，二极管的正向特性曲线和反向击穿电压。

◔ 项目准备

完成本项目需要按照表 11-1 所示的工具、仪表及材料清单进行准备。

表 11-1　工具、仪表及材料清单

序号	名称	规格/型号	状况	序号	名称	规格/型号	状况
1	模拟晶体管特性图示仪	YB4810		4	螺丝刀	一字螺丝刀	
2	整流二极管	IN4007（电源电路）		5	NPN 型晶体管	8050，9014	
3	数字晶体管特性图示仪	WQ4830		6	防静电环	防静电手环	

注："状况"栏填写"正常"或"不正常"。

任务 11.1　使用模拟晶体管特性图示仪测量输入/输出特性曲线

本任务使用 YB4810 型模拟晶体管特性图示仪测量 NPN 型晶管 8050、9014 的输出、输入特性曲线。

11.1.1　模拟晶体管特性图示仪的用途及工作原理

1. 用途

YB4810 型模拟晶体管特性图示仪是一种用阴极射线示波管显示半导体器件各种特性曲线的仪器，可以直接观测器件的静态特性曲线和参数。例如，测量 PNP 和 NPN 晶体管的输入特性、输出特性、电流放大特性；各种反向饱和电流、各种击穿电压、各类二极管的正反向特性；场效应晶体管的漏极特性、转移特性、夹断电压和跨导等参数。此外还可测量单结晶体管和晶闸管的特性参数，用途非常广泛。

2. 工作原理

晶体管特性图示仪主要由阶梯波信号源、集电极扫描电压发生器、工作于 X-Y 状态的示波器、测试转换开关及一些附属电路组成，实现各种测试功能。阶梯波信号源用来产生阶梯电压或阶梯电流，为被测晶体管提供偏置。集电极扫描电压发生器用以供给所需的集电极扫描电压，可根据不同的测试要求，改变扫描电压的极性和大小。示波器工作在 X-Y 状态，用于显示晶体管特性曲线；测试开关可根据不同晶体管不同特性曲线的测试要求改变测试电路。

YB4810 型晶体管特性图示仪外形如图 11-1 所示，其功能键名称和作用如表 11-2 所示。

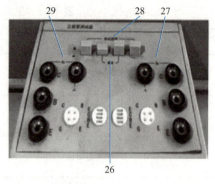

图 11-1　YB4810 型晶体管特性图示仪外形图

表 11-2　YB4810 型晶体管特性图示仪功能键及其作用

序号	名称	作用
1	峰值电压范围旋钮	在所选峰值范围内调节，如选 0～500 挡，表示集电极电压从 0～500V 连续变化。U_{ce} 值由 X 轴偏转灵敏度获得
2	容性平衡旋钮	克服误差，该功能一般不需调节
3	功耗限制电阻旋钮	主要是改变集电极回路电阻的大小，11 挡，0～500k
4	AD 挡和 DC 挡	AC 挡使集电极变成双向扫描，晶体管特性图示仪同时显示被测二极管的正反向特性 DC 挡为直流
5	串联电阻按键	改变阶梯信号与被测管输入端接电阻大小，但只有把电压－电流 / 级旋钮置电压挡时，该功能才起作用
6	重复选择开关	开：表示阶梯信号连续输出，作正常测试；关：表示阶梯信号没有输出，处于待触发状态
7	单簇按键	只有在测试选择开关双簇置于"关"状态时起作用
8	电压－电流/级旋钮	用来确定每级阶梯的电压或电流值，是一个 23 挡且具有两种作用的开关 基极电流 0.2μA/级～100mA/级，共 18 挡 基极电压源 0.1V/级～2V/级，共 5 挡
9	阶梯信号极性按键	测试 NPN 型晶体管时弹起，测试 PNP 型晶体管时按下
10	级/簇旋钮	用来调节阶梯信号的级数，能在 0～10 级内任意选择
11	X 轴移位旋钮	移动光迹在垂直方向上的位置 顺时针旋转光迹向左，反之向右
12	双簇分离旋钮	当测试选择开关置于双簇显示时，借助该电位器，可使二簇特性曲线显示在合适的水平位置上
13	反相开关按键	测试 NPN 型晶体管时弹起，测试 PNP 型晶体管时按下
14	电流 / 度开关旋钮	一种具有 22 挡 4 种偏转作用的开关 集电极电流 I_c：10μA/DIV～0.5A/DIV，分 15 挡 二极管反向漏电流 IR：0.2μA/DIV～5μA/DIV，分 5 挡 基极电流或基极源电压，外接
15	Y 轴移位旋钮	移动光迹在垂直方向上的位置 顺时针旋转，光迹向上，反之向下
16	电压 / 度开关旋钮	一种具有 17 挡 4 种偏转作用的开关 集电极电压 U_{ce}：共 10 挡，0.05～50V/DIV 基极电压 U_{be}：共 6 挡，0.1～5V/DIV 阶梯信号：X 轴代表基极电流或电压量程 外接

续表

序号	名称	作用
17	光迹旋钮	当屏幕上水平光迹与水平刻度线不平行时，可调节该电位器使之平行
18、19	聚焦、辅助聚焦旋钮	调节扫描线的清晰度，使其最细
20	峰值电压范围选择开关	有3个挡位：10V、50V、500V
21	辉度旋钮	调节扫描线亮度。该电位器顺时针旋转，逐渐变亮，使用时辉度应适中，不要把辉度调得过亮
22	显示屏	测试时可将特性曲线在屏幕上直观地显示出来
23	电源开关	控制电源的接通和断开，电源打开指示灯亮
24	集电极电源极性开关	集电极电源极性，为正时弹起，为负时按下 测试NPN型晶体管弹起，测试PNP型晶体管按下
25	调零按键	调节阶梯信号的起始电平
26	双簇按键	需要观察两只晶体管的特性曲线，并对它们进行比较时，按下该开关，晶体管特性图示仪能自动交替接通左右两只晶体管
27	右测试孔	右按钮按下时右测试插孔接通
28	测试选择开关	需要用左边插孔测试，按下左边开关；需要用右边插孔测试，按下右边开关 零电压按钮用来校正阶梯信号作电压源输出时其起始级的零电压，该按钮按下时被测晶体管的栅极接地，基极开路
29	左测试孔	左按钮按下时左测试插孔接通

11.1.2 测量晶体管输出特性曲线

晶体管输出特性曲线是指以晶体管的基极电流 I_b 维持固定值时，测量集电极、发射极之间电压 U_{ce} 与晶体管集电极电流 I_c 的关系曲线。

1. 测量 NPN 型晶体管 3VT2-8050 输出特性曲线

按照表 11-3 所示的操作流程，测量图 0-1 所示综合电路板上报警电路中的 NPN 型晶体管 3VT2-8050 的输出特性曲线。

表 11-3　测量 NPN 型晶体管 3VT2-8050 输出特性曲线操作流程

序号	操作步骤	操作图示	操作要点	操作（或测量）结果
1	打开电源开关		打开电源开关预热10min	电源指示灯亮

序号	操作步骤	操作图示	操作要点	操作（或测量）结果
2	调节辉度	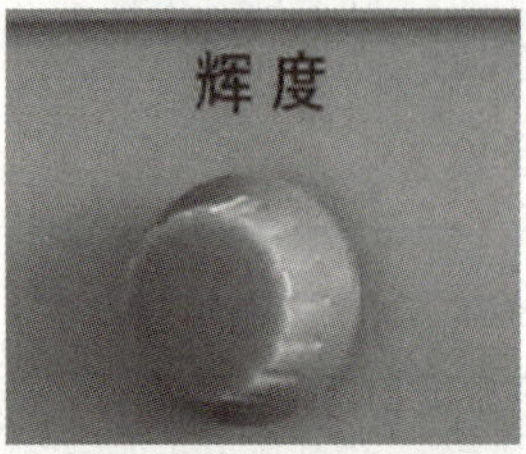	顺时针调节该电位器，使扫描线变亮	中间位置最合适
3	聚焦、辅助聚焦旋钮	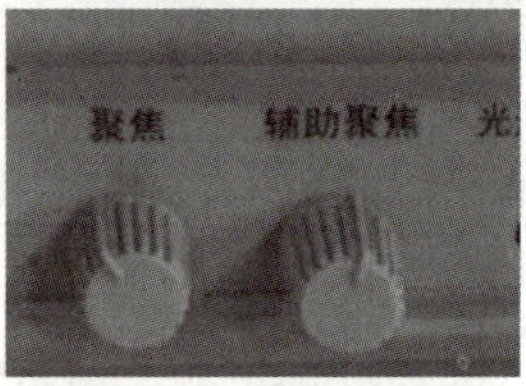	逆时针调节，使扫描线变细	中间位置最合适
4	调节 X 移位和 Y 移位	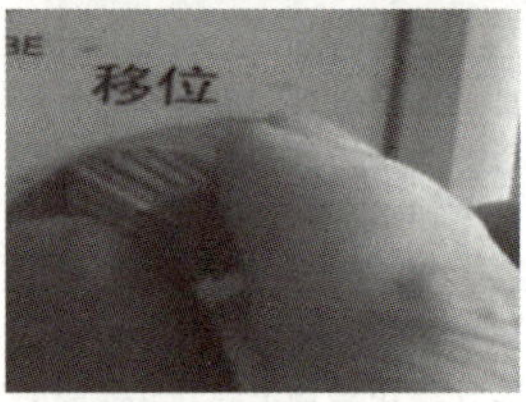 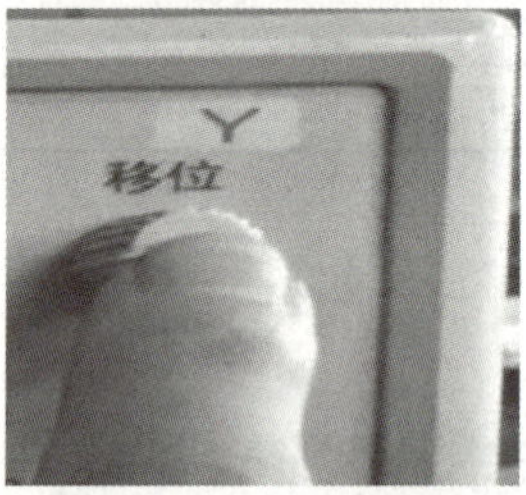 	逆时针调节水平移位和垂直移位旋钮，使屏幕的左下角出现一个亮点	逆时针调节
5	集电极电源极性	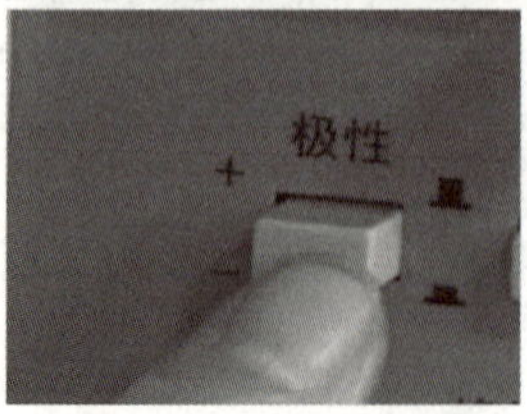	按钮弹起：正（+） 按钮按下：负（−）	正（+）按钮弹起 测试 PNP 型晶体管时按下

序号	操作步骤	操作图示	操作要点	操作（或测量）结果
6	峰值电压范围	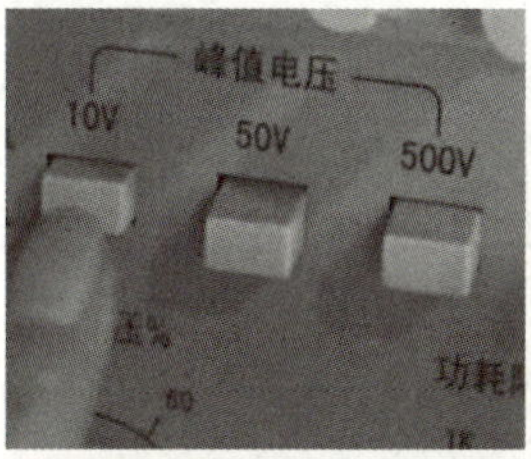	可在 0 ～ 500V 之间选择	选择 10V
7	调节功耗限制电阻	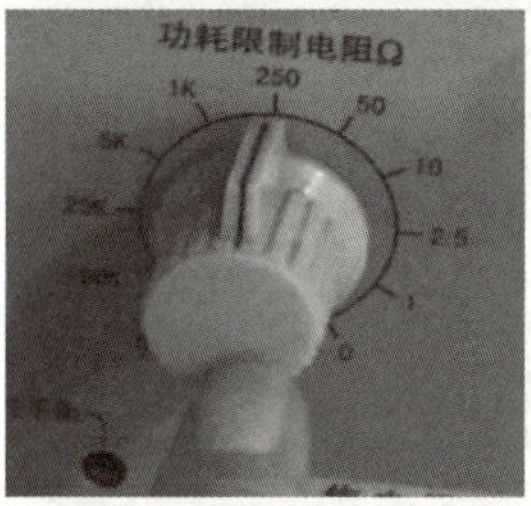	顺时针旋转至 250Ω	250Ω
8	X 轴集电极电压	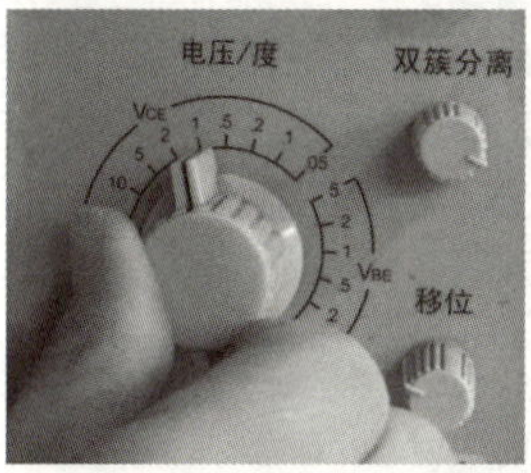	逆时针旋转至 1V/ 度	1V/ 度
9	Y 轴集电极电流	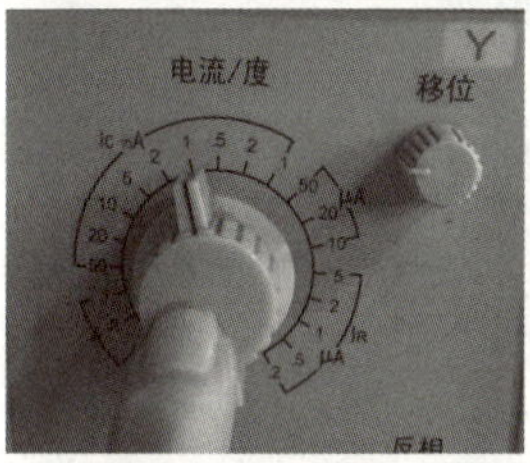	逆时针旋转至 1mA/ 度	1mA/ 度
10	阶梯信号电压 -电流 / 级	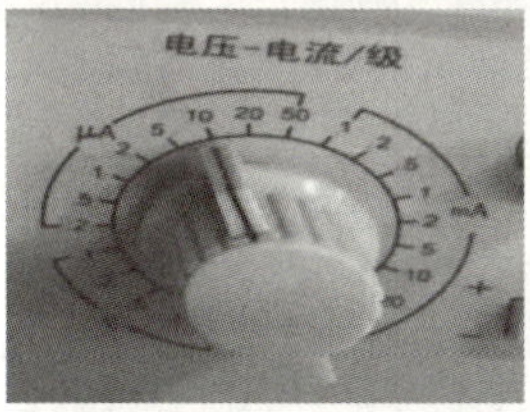	逆时针旋转至 10μA/ 级	10μA/ 级
11	阶梯信号极性	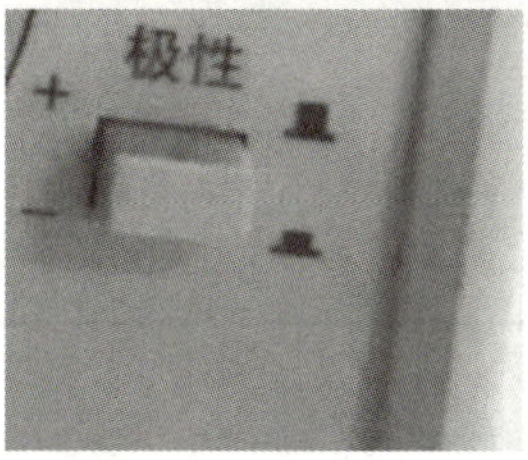	按钮弹起：正（+）按钮按下：负（-）	正（+）按钮弹起测试 PNP 型晶体管时按下

续表

序号	操作步骤	操作图示	操作要点	操作（或测量）结果
12	阶梯信号串联电阻	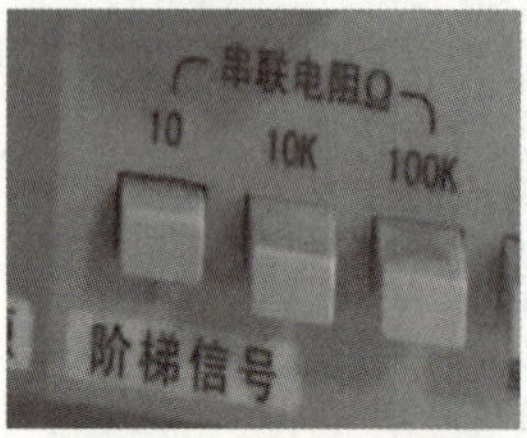	选择 10Ω，按下	10Ω 按下
13	阶梯信号级／簇	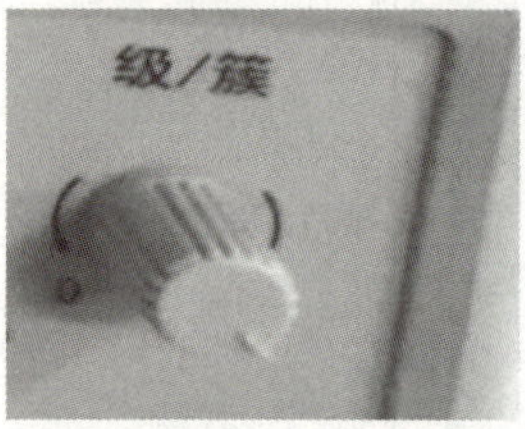	0 ～ 10	选择 10
14	选择测试插孔	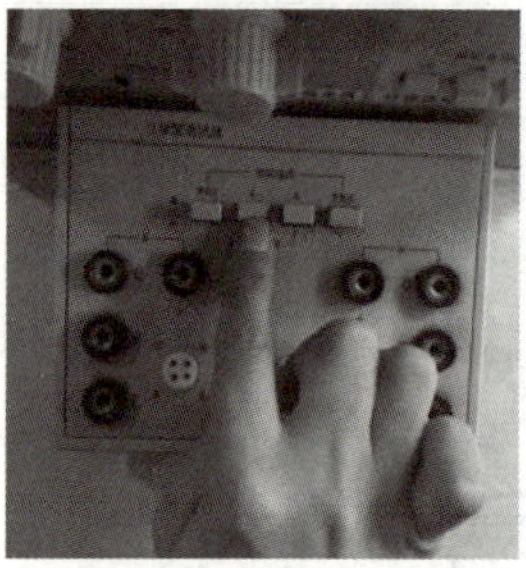	测试选择： 零电压 左 右 零电流	选择：左
15	将被测晶体管插入测试台右侧插孔	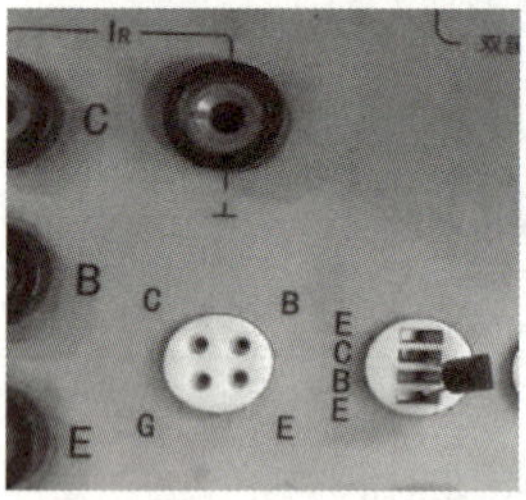	将被测晶体管引脚插入左侧测试插孔，晶体管引脚极性与测试插孔对应	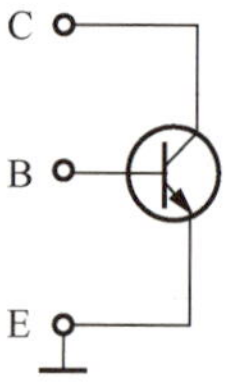
16	调节峰值电压 %	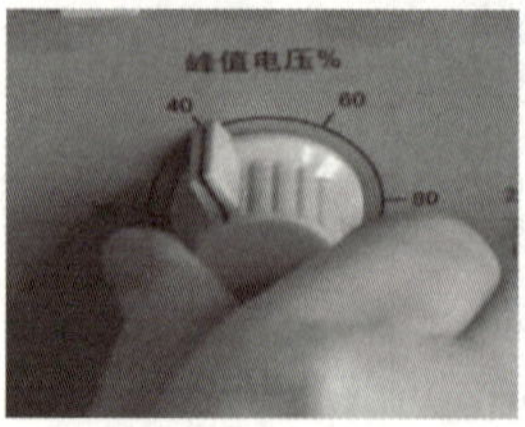	顺势旋转峰值电压旋钮，逐渐增加峰值电压，屏幕上会出现以下曲线 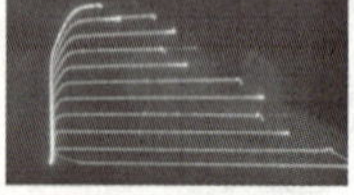	该晶体管的输入特性曲线正常，该晶体管可用

2．测量 NPN 型晶体管 2VT1-9014 的输出特性曲线

测量 NPN 型晶体管 2VT1-9014 输出特性曲线的方法与测量 3VT2-8050 输出特性

曲线的方法一致。参照表 11-3 所示的操作流程，将操作晶体管特性图示仪面板上各旋钮设置数据填入表 11-4，输出特性曲线参考图 11-2。

表 11-4　测量 NPN 型晶体管 2VT1-9014 的输出特性曲线

集电极电源	峰值电压范围		阶梯信号	极性	+
	集电极电压调节				
	极性				
	功耗电阻			阶梯调零	
X轴	电压 / 度			串联电阻	
				阶梯选择	
Y轴	电流 / 度			重复（单簇）	

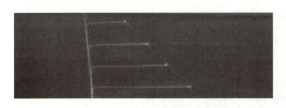

图 11-2　2VT1-9014 的输出特性曲线

11.1.3　测量晶体管输入特性曲线

在晶体管共射极连接的情况下，当集电极与发射极之间的电压 U_{ce} 维持固定值时 U_{be} 和 I_b 之间的一簇关系曲线，称为共射极输入特性曲线。

1. 测量 NPN 型晶体管 3VT2-8050 输入特性曲线

按照表 11-5 所示的操作流程，测量图 0-1 所示综合电路板上报警电路中的 NPN 型晶体管 3VT2-8050 输入特性曲线。

表 11-5　测量 NPN 型晶体管 3VT2-8050 输入特性曲线操作流程

序号	操作步骤	操作图示	操作要点	操作（或测量）结果
1～7		见表 11-3 中步骤 1～7		
8	X轴集电极电压		逆时针旋转至基极电流	

序号	操作步骤	操作图示	操作要点	操作（或测量）结果
9	Y 轴集电极电流		逆时针旋转至集电极电流 1 mA/度	1 mA/度
10～14	见表 11-3 中步骤 10～14			
15	将被测晶体管插入测试台左侧插孔		将被测晶体管引脚插入左侧测试插孔，晶体管引脚极性与测试插孔对应	
16	调节峰值电压 %		顺时针旋转峰值电压旋钮，逐渐增加峰值电压，屏幕上会出现以下曲线	该晶体管的输入特性曲线正常，该晶体管可用

2. 测量 NPN 型晶体管 2VT1-9014 的输入特性曲线

测量晶体管 2VT1-9014 输入特性曲线的方法和晶体管 3VT2-8050 输入特性曲线的方法一致，参照表 11-5 所示的操作流程，将晶体管特性图示仪面板上各开关设置数据填入表 11-6 中，输入特性曲线参考图 11-3。

表 11-6 测量 NPN 型晶体管 2VT1-9014 的输入特性曲线

集电极电源	峰值电压范围		阶梯信号	极性	
	集电极电压调节				
	极性			阶梯调零	
	功耗电阻			串联电阻	
X 轴	电压 / 度			阶梯选择	
Y 轴	电流 / 度			重复（单簇）	

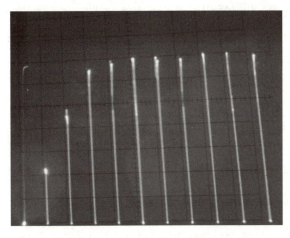

图 11-3 2VT1-9014 的输入特性曲线

导师说

测量 PNP 型晶体管曲线的方法和 NPN 型晶体管特性曲线的方法步骤大致相同，但集电极电源极性、阶梯信号极性选择负（−）按钮按下。具体操作方法见表 11-3 步骤 11。具体测量过程这里不再赘述。

任务 11.2 使用数字存储晶体管特性图示仪测量输入 / 输出特性曲线

本任务使用 WQ4830 型数字存储晶体管特性图示仪测量整流二极管 IN4007 正向特性曲线和反向击穿电压。

11.2.1 数字存储晶体管特性图示仪的特点及工作原理

1. 特点

模拟晶体管特性图示仪具有动态性好、实时跟踪、图示直观等优点，但操作不便、读数误差大，不能对测量数据进行存储与深入处理。数字存储晶体管特性图示仪具有数据直观、测试结果精确、分析功能强大等优点。

2. 工作原理

数字晶体管特性图示仪基本原理框图如图 11-4 所示，下位机将测量的数据通过 RS232 发送给计算机，计算机采用 LabVIEW 编程，通过串行口接收下位机发来的数据，并对数据进行分析处理，将数据以图形线或表格方式在计算机终端上进行显示。

图 11-4　数字晶体管特性图示仪基本原理框图

11.2.2 认识数字存储晶体管特性图示仪面板结构

1. 数字存储晶体管特性图示仪外形

WQ4830 型数字晶体管特性图示仪的面板如图 11-5 所示。

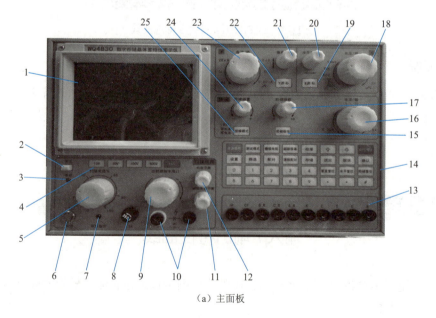

（a）主面板

图 11-5　WQ4830 型数字晶体管特性图示仪的面板

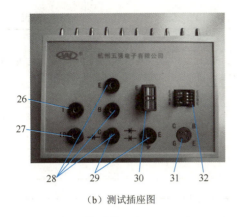

（b）测试插座图

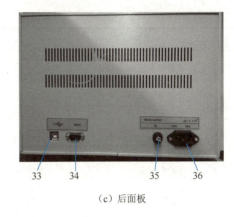

（c）后面板

图 11-5（续）

2. 数字晶体管特性图示仪的功能键

WQ4830 型数字存储晶体管特性图示仪的功能键名称及其作用如表 11-7 所示。

表 11-7　WQ4830 型数字存储晶体管特性图示仪的功能键名称

序号	名称	作用
1	显示屏	640×480 TFT 彩色液晶显示器
2	电源开关	开、关整机电源
3	电源指示灯	整机电源开，该灯亮
4	扫描电源选择键	选择扫描电压峰值范围 10V、50V、100V、500V、5kV（注：选择 5kV 时电压从高压测试孔输出）
5	扫描电源 %	连续增、减扫描电压峰值
6	高压接通	只有按住该按钮，高压测试孔才会输出高压，扫描电源选择 5kV 时该按钮才有效
7	高压指示灯	扫描电源 5kV 按下，该灯亮
8	熔丝	扫描电源熔丝 5A
9	功耗限制电阻	选择功耗限制电阻
10	高压测试座	可测试 0～5kV 高压器件
11	辅助电容平衡	与"电容平衡"旋钮配合使用，可以使容性电流影响降至最小
12	电容平衡	与"辅助电容平衡"旋钮配合使用，可以使容性电流影响降至最小
13	连接座	主机与测试台之间的连接座。只有将测试台插入主机连接座以后才可以进行测试

续表

序号	名称		作用
14	键盘	栅极电阻	在阶梯电压模式下，用该键来切换串连在被测器件栅极的电阻值。可选择的电阻有 0Ω、10kΩ、1MΩ。在阶梯电流模式下，栅极电阻不起作用
		屏幕刷新	在停止状态下按该键，刷新屏幕，运行状态下该键不起作用
		运行/停止	用该键来启动测试或停止测试。在停止状态下，仪器将切断扫描电源输出及阶梯输出。但是，原来测试到的图形曲线及参数会继续显示在屏幕上，直到各设置参数被改变
		存储	用于存储图形及参数
		读出	用于读出图形及参数
		取消	取消当前的操作
		确认	确认当前的操作
		设置	进入设置状态
		筛选	选择筛选内容：β/gm 筛选、电压筛选、电流筛选
		配对	按下该键，将当前采样到的动态图形保存到静态图形区域，以便与其他被测元器件进行比对
		清除配对	清除"配对"操作时保存静态图形
		↑，↓	上下移动，选择菜单内容
		校准	使仪器进入校准状态。该键仅限厂家使用
		垂直复位	垂直移位（移位 Y=0）快速归零
		水平复位	水平移位（移位 X=0）快速归零
		阶梯复位	阶梯偏置（偏置 Z=0）快速归零
		0123456789	数字键，在输入存储/读出单元号，或输入筛选参数上下限值时有用
15	阶梯极性		切换阶梯极性：NPN（正）/PNP（负）。注意：切换电源极性时，阶梯极性也会自动改变。某些应用需要单独切换阶梯极性，则按下该键
16	阶梯挡位："电流/级"或"电压/级"		选择阶梯电流或阶梯电压值，如 1.0mA/级，则阶梯电流范围（0～10mA）+ 阶梯偏置值；如 1.0V/级，则阶梯电压范围（0～10V）+ 阶梯偏置值
	电源极性		切换扫描电源极性：NPN（正）/PNP（负）/交流
	测试模式		切换测试模式：重复/单次。注：垂直挡位（电流/格）≥ 5.0A/格，或阶梯挡位（电流/级）≥ 0.5A/级时，会自动切换到单次测试，以保护被测元器件及仪器
17	阶梯级数		0 到 10 级阶梯。阶梯级数等于 0 时，关闭阶梯
18	电压/格		水平方向（电压）挡位
19	X 游标		X 游标显示开关
20	水平移位		X 游标显示状态下，X 游标水平方向移位；X 游标关闭状态下，图形曲线水平方向移位
21	垂直移位		Y 游标显示状态下，Y 游标垂直方向移位；Y 游标关闭状态下，图形曲线垂直方向移位
22	Y 游标		Y 游标显示开关
23	电流/格		垂直方向（电流）挡位
24	阶梯偏置		在每一级阶梯上都叠加一个固定偏置值，阶梯偏置范围 ±1 级阶梯

序号	名称	作用
25	阶梯模式	短按该键，切换阶梯电压与阶梯电流。在阶梯电压模式下，长按该键，切换"电压正常"与"零电压"；在阶梯电流模式下，长按该键，切换"电流正常"与"零电流"
26	仪器测试端	仅限仪器校准时使用
27	二极管反向电流测试座	配合工厂附件可测试二极管反向漏电流
28	中电流测试座	配合工厂附件可测试晶体管特性，测试电流范围 0 ～ 10A
29	二极管测试座	配合工厂附件可测试二极管正反向特性，测试电流范围 0 ～ 10A
30	大电流测试座	测试电流范围 0 ～ 50A
31	小电流测试座	测试电流范围 0 ～ 1A
32	中电流测试座	测试电流范围 0 ～ 10A
33	USB 接口	用 USB 连线连接计算机
34	RS232 接口	工厂测试用，不对用户开放
35	电源熔丝	熔丝型号见标牌
36	电源线插座	与 220V 市电连接

11.2.3 测量二极管

1. 测量整流二极管 1VD1-IN4007 的正向特性曲线

按照表 11-8 所示操作流程，测量图 0-1 所示综合电路板上报警电路中的整流二极管 1VD1-IN4007 的正向特性曲线。

表 11-8 测量整流二极管 1VD1-IN4007 的正向特性曲线操作流程

序号	操作步骤	操作图示	操作要点	操作（测量）结果
1	打开电源		将电源开关按下，预热 5min	电源指示灯亮
2	调节扫描电压		按下"10V"键	10 V
3	调节扫描电源 %		顺时针调至约 40%	约 40%

序号	操作步骤	操作图示	操作要点	操作（测量）结果
4	电源极性		按下"电源极性"键，选择正	正
5	测试模式		按下"测试模式"键选择重复模式	重复
6	功耗限制电阻	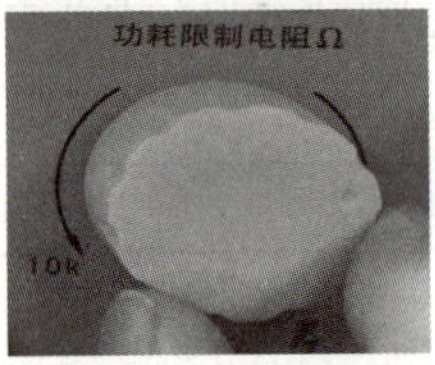	顺时针调至 5Ω	5Ω
7	垂直（电流/格）	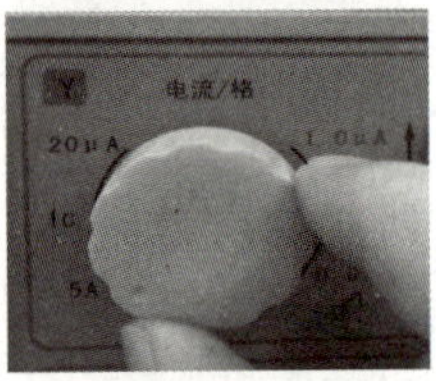	顺时针调至 0.1A/格	0.1A/格
8	垂直移位	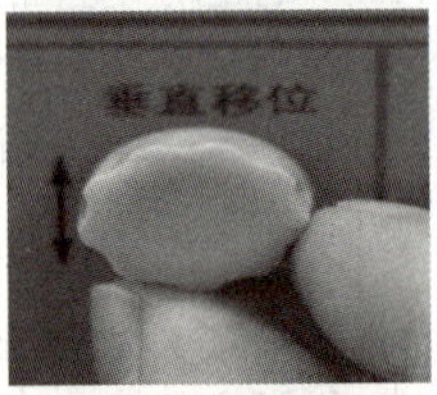	顺时针调 Y0=0	Y0=0
9	水平（电压/格）	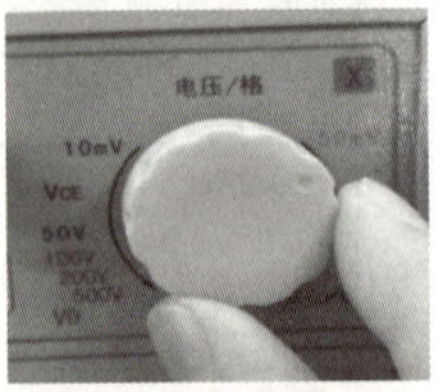	顺时针调至 0.2V/格	0.2V/格
10	水平移位	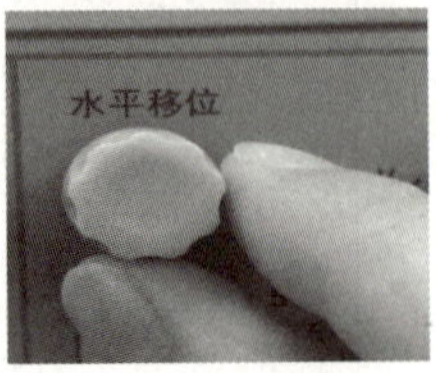	顺时针调 X0=0	X0=0

序号	操作步骤	操作图示	操作要点	操作（测量）结果
11	阶梯	测试二极管不用设置		
12	将二极管接入附件		将被测二极管按附件图示接入附件	
13	将附件接入工作台		被测二极管正极接C，负极接E	
14	将工作台接入仪器		保证二极管正极接C，负极接E	
15	按下"运行/停止"键		开始自动测试	
16	测试结果		导通时，电流为0.56A，正向导通电压为0.88V，屏幕上会出现以下曲线	导通电流值、正向导通电压值都在正常范围内，该二极管可用

2. 测量整流二极管 1VD1-IN4007 的反向击穿电压

参照表 11-9 所示操作流程，测量图 0-1 所示综合电路板上报警电路中的整流二极管 1VD1-IN4007 的反向击穿电压。

表 11-9　测量整流二极管 1VD1-IN4007 的反向击穿电压操作流程

序号	操作步骤	操作图示	操作要点	操作（测量）结果
1	打开电源	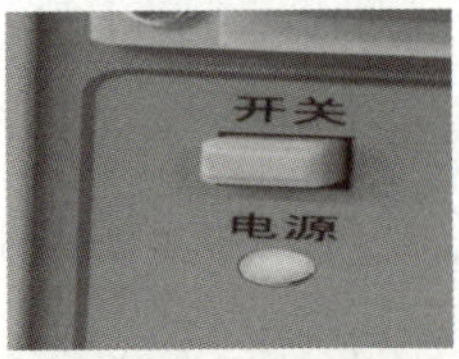	预热 5min	电源指示灯亮
2	扫描电源	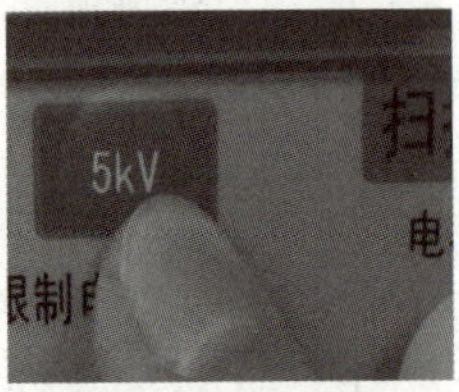	按下"5kV"键	5kV
3	扫描电源 %	 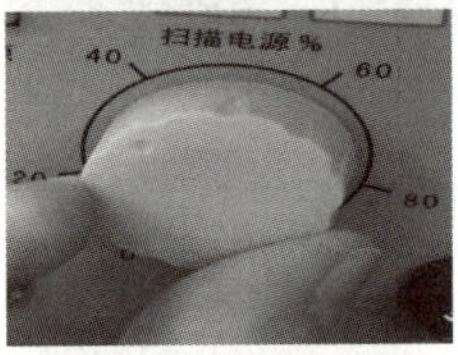	按住"按通"按钮，从 0 开始逐步增加	
4	电源极性		按下"电源极性"键，选择正	正
5	测试模式	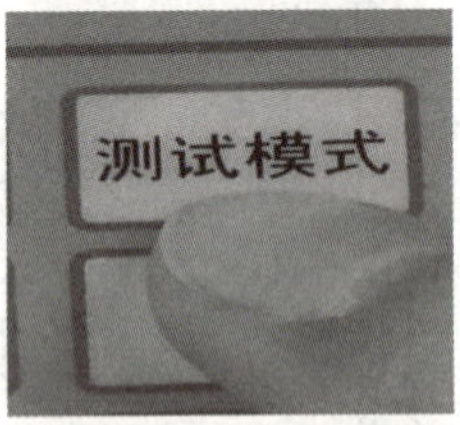	按下"测试模式"键，选择重复模式	重复
6	功耗电阻	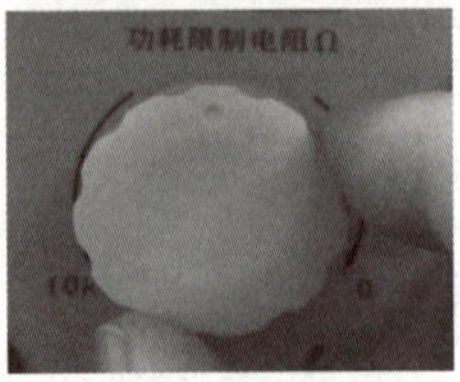	顺时针调至 1kΩ	1kΩ

序号	操作步骤	操作图示	操作要点	操作（测量）结果
7	垂直（电流／格）		调至 0.1mA/ 格	0.1mA
8	垂直移位	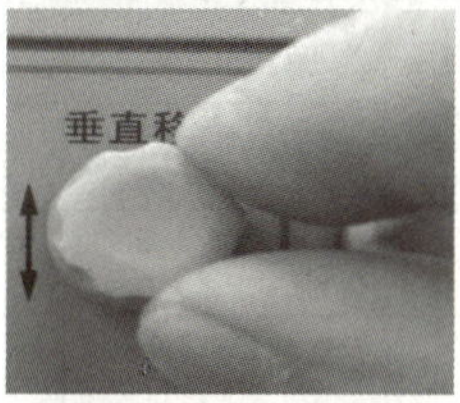	调至 Y0=0	Y0=0
9	水平（电压／格）		调至 200V/ 格	200V/ 格
10	水平移位	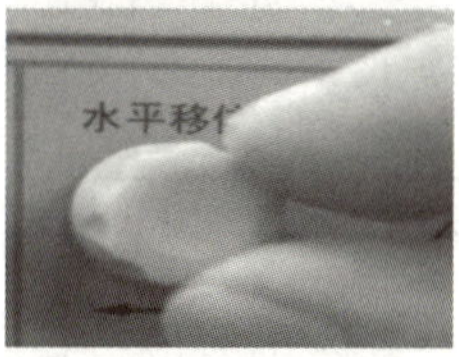	调至 X0=0	X0=0
11	阶梯	测试二极管不用设置		
12	将二极管接入附件	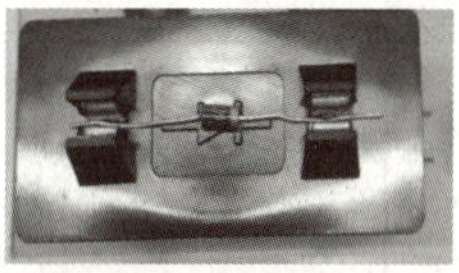	将被测二极管按照附件图示要求接入附件	
13	将附件接入仪器（按照指示方向）	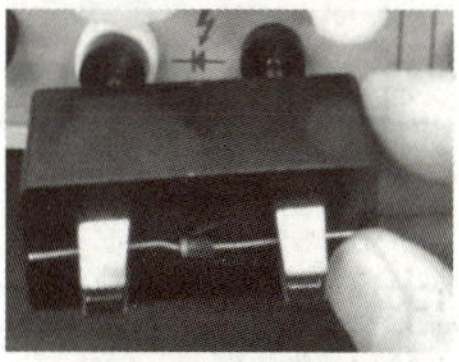	将附件按仪器测试台图示方向接入测试插座	
14	测量结果	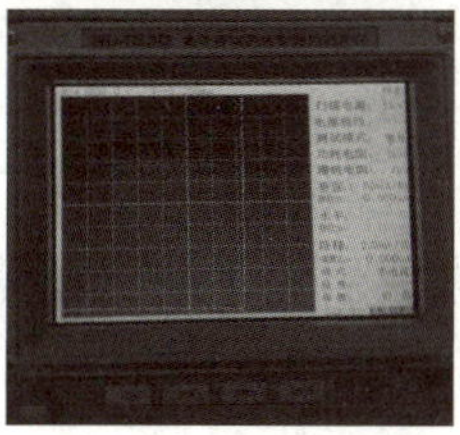	击穿电压约 1600V	反向电压值都在正常范围内，该二极管可用

项目评价

本项目评价由三部分组成，即自我评价、小组评价和教师评价，请将各评价结果及最终得分填入项目评价表 11-10。

表 11-10　使用晶体管特性图示仪测量晶体管特性测试评价表

评价内容		自我评价	小组评价	教师评价
		优☆　　良△　　中√　　差×		
7S 管理职业素养	（1）整理、整顿			
	（2）清扫、清洁			
	（3）节约、素养			
	（4）安全			
知识与技能	（1）能正确完成表 11-4 内容填写			
	（2）能正确完成表 11-6 内容填写			
	（3）能准确说出晶体管特性图示仪面板各旋钮、按钮的名称及功能			
	（4）会根据被测对象设置晶体管特性图示仪的参数			
汇报展示	（1）作品展示（可以为实物作品展示、PPT 汇报、简报、作业等形式）			
	（2）语言流畅，思路清晰			
评价等级				
完成任务最终评价等级（评价参考：自我评价 20%、小组评价 30%、教师评价 50%）				

拓展提高　晶体管特性图示仪的相关知识

1. 晶体管特性图示仪的组成

晶体管特性图示仪由集电极扫描电压发生器、基极阶梯信号发生器、同步脉冲发生器、测试功能转换开关，X 放大器和 Y 放大器、示波器及低压电源电路、高频高压电源电路等部分组成，其基本组成原理框图如图 11-6 所示。

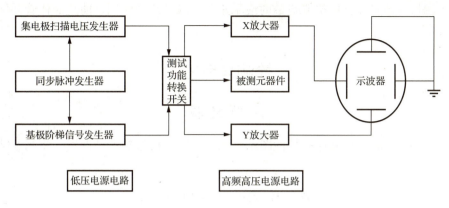

图 11-6 晶体管特性图示仪的基本组成原理框图

1）集电极扫描电压发生器：可产生如图 11-7（a）所示的集电极扫描电压，它是正弦半波，峰值可以调节，用于形成水平扫描线，为被测晶体管提供偏置。

2）基极阶梯信号发生器：可产生如图 11-7（b）所示的基极阶梯电流信号，阶梯高度可以调节，用于形成多条曲线簇，为被测晶体管提供偏置。

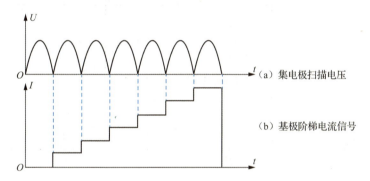

图 11-7 阶梯信号的扫描电压波形

3）同步脉冲发生器：用于产生同步脉冲，使上述两个信号达到同步。

4）X 放大器和 Y 放大器：用于把从被测元器件上取出的电压信号进行放大，然后送至示波器的相应偏转板上，以形成扫描曲线。

5）示波器及控制电路：与通用示波器的电路基本相同。

6）电源电路：为仪器提供各种工作电源，包括低压电源和示波管所需的高频高压电源。

2. 使用晶体管特性图示仪的注意事项

1）在测试中由于晶体管器件具有离散特性，晶体管的输出特性曲线可能会溢出屏幕，此时可适当减小 Y 轴作用挡位。

2）测量晶体管器件的极限参数时应采用"单簇"阶梯作用，防止晶体管器件和仪器损坏。

检测与反思

A 类 试 题

1. 使用 YB4810 型晶体管特性图示仪测量稳压二极管的特性曲线，将测量结果填入表 11-11。

表 11-11 稳压二极管的特性曲线

项目	二极管正向特性						
学生							
	峰值电压范围	扫描电压极性	功耗限制电阻	阶梯信号选择	阶梯的作用	X 轴的作用	Y 轴的作用

2. 使用 YB4810 型晶体管特性图示仪测试 NPN 型晶体管 13001 的输出特性曲线，将测量结果填入表 11-12。

表 11-12　测量 NPN 型晶体管 13001 的输出特性曲线

项目	输出特性						
学生							
	峰值电压范围	扫描电压极性	功耗限制电阻	阶梯信号选择	阶梯作用	X 轴的作用	Y 轴的作用

B 类 试 题

一、填空题

1. 晶体管特性图示仪的主要功能是测量 _____ 电路，_____ 电路和 _____ 电路的输入和输出特性。

2. YB4810 型晶体管特性图示仪的面板主要是由 _____，_____，_____，_____，_____，_____ 六大部分组成。

3. "电流／度"的 4 个作用分别是 _____，_____，_____，_____。

二、判断题

1. 在测量晶体管输出特性时，基极电流不能选得过大，否则会损坏晶体管。

（　　）

2. 当某个集电极峰值电压按键按下时，就确定了集电极电压。（   ）

3. 晶体管特性图示仪面板上的"功耗限制电阻"旋钮用来改变集电极回路电阻的大小。（   ）

4. 晶体管特性图示仪面板上的 Y 轴"电流／度"旋钮的主要功能是测量晶体管基极电流和二极管反向电流的量程。（   ）

5. 晶体管特性图示仪面板上的阶梯信号部分的"电压－电流／级"主要功能是确定每级阶梯的电压值或电流值。（   ）

三、综合题

1. 在晶体管特性图示仪测量过程中，有哪些注意事项？

2. 使用 YB4810 晶体管特性图示仪测试小功率 NPN 型晶体管输出特性时，应选择何种极性的基极阶梯信号和集电极扫描信号？

C 类 试 题

一、填空题

1. 使用晶体管特性图示仪时，打开电源预热 _____min；测试操作过程结束后先 _____，再 _____ 和 _____，把晶体管特性图示仪的 _____ 和 _____ 恢复初始状态，整理好工位的所有物料，清洁环境后结束实验。

2. 使用晶体管特性图示仪测试整流二极管的正向特性曲线时，将光点移至荧光屏的 _____ 为坐标零点；测试反向特性曲线时，将光点移至荧光屏的 _____ 为坐标零点。

3. 使用晶体管特性图示仪测量 NPN 型晶体管，集电极电源的极性开关置 _____；测量 PNP 型晶体管，集电极电源的极性开关置 _____。

二、判断题

1. 使用晶体管特性图示仪测量，当集电极电压挡位由低挡转换到高挡时，"峰值电压%"旋钮不必调 0。（   ）

2. 用晶体管特性图示仪测量晶体管时先要确定被测晶体管的极性。（   ）

3. 使用晶体管特性图示仪测量时，如果操作不当是不会损坏被测元器件或仪器的。（   ）

4. 使用晶体管特性图示仪测量时，不用估计被测元器件的参数。（   ）

5. 晶体管特性图示仪面板上，X 轴的"电压／度"旋钮是只有一种偏转作用的开关。（   ）

项目 12　使用频谱分析仪测量电路波形频谱

知识目标

1）了解频谱分析仪的种类和功能特点。

2）认识频谱分析仪的面板结构和使用方法。

能力目标

1）会对频谱分析仪进行检查和使用。

2）会使用频谱分析仪测量主要参数。

安全须知

1）使用前检查频谱分析仪，如果发现异常情况，如按键、旋钮或接口等部件损坏、机壳损坏、LCD无显示等，均禁止使用。严禁开盖或将异物插入排风口，否则有电击或损坏仪器的危险。

2）使用正确的电源线和探头线连接仪器。如果使用探头，探头地线必须连接到接地端上。请勿将探头地线连接至高电压，否则可能会在示波器和探头的连接器、控制设备或其他表面上产生危险电压，进而对操作人员造成伤害。

3）查看所有终端额定值。为避免起火和过大电流的冲击，查看仪器上所有的额定值和标记说明，在连接设备前查阅产品手册以了解额定值的详细信息。

4）使用合适的过压保护。确保没有过电压（如由雷电造成的电压到达该产品），否则操作人员可能有遭受电击的危险。

5）避免电路外露。接通电源后，不要接触外露的接头和元器件。

项目描述

前面已使用模拟示波器、数字示波器、晶体管特性图示仪等仪器对图0-1所示综合电路板上报警电路中的相关参量进行了检测。本项目用DSA710频谱分析仪测量该电路板中天线接收的信号，并分析所产生的频谱数据。

项目准备

完成本项目需要按照表12-1所示的工具、仪表及材料清单进行准备。

表 12-1　工具、仪表及材料清单

序号	名称	规格 / 型号	状况	序号	名称	规格 / 型号	状况
1	频谱分析仪	DSA710		4	螺丝刀	一字螺丝刀	
2	输入交流电源	变压器初级 220V 交流电源		5	绝缘手套	220V 带电操作 橡胶手套	
3	测量电路板	综合电路板		6	防静电环	防静电手环	

注："状况"栏填写"正常"或"不正常"。

任务 12.1　调试频谱分析仪

频谱分析仪是以频率的函数形式给出信号的振幅或功率分布的仪器，主要利用频率域对信号进行分析、研究，多应用于高频信号的测量和分析领域。例如，频谱检测、电路和元器件的特性分析、发射信号的测量、干扰信号的测量等。

12.1.1　频谱分析仪的种类及特点

1. 频谱分析仪的种类

1）频谱分析仪按其结构原理可分为两大类，即模拟频谱分析仪（图 12-1）和数字频谱分析仪（图 12-2）。

图 12-1　模拟频谱分析仪

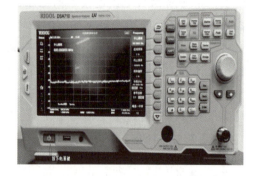

图 12-2　数字频谱分析仪

2）依据频谱分析仪的实现方法和频谱测试的实现技术，频谱分析仪一般可分为带通滤波器分析仪、快速傅立叶变换（FFT）分析仪、扫频式频谱分析仪和实时频谱分析仪。

2. 频谱分析仪的功能特点及性能指标

DSA710 型数字频谱分析仪的主要功能是测量电信号频谱结构，可以测量失真、调制、频率稳定和交调失真等信号，也可测量放大器和滤波器等电路系统的一些参数。

（1）频谱分析仪的特点

DSA710 型频谱分析仪是一款体积小、重量轻、性价比超高、入门级的便携式频谱分析仪，包括易于操作的键盘布局、高度清晰的彩色液晶显示屏、丰富的远程通信接口等组件。

（2）频谱分析仪的性能指标

DSA710 型频谱分析仪的性能指标如表 12-2 所示。

表 12-2　DSA710 型频谱分析仪的性能指标

性能	指示参数
频率	频率范围：100kHz ～ 1GHz
	频率分辨率：1Hz
	基准频率：10MHz
	扫频宽度：0Hz，100Hz ～ 1GHz
	分辨率带宽：100Hz ～ 1MHz
	扫描时间：10ms ～ 1000s
	光标频率分辨率：扫宽 / 扫描点数 -1
幅度	幅度范围：$f \geqslant$ 10MHz，显示平均噪声电平（DANL）至＋ 20dBm
	最大输入直流电压：50V
	连续波射频功率：衰减器为 30dB，+20dBm（100mW）
	参考电平范围：-100dBm 至＋ 20dBm，步进为 1dB
输入	射频输入阻抗：50Ω（标称值） 连接器：N 型阴头
	衰减范围：0dB ～ 30dB

导师说

dB（分贝）与 dBm（毫瓦分贝）的区别。

dB 是增益的一种电量单位，常用来表示放大器的放大能力、衰减量。它表示的是一个相对量。

dBm 是一个表示功率绝对值的单位，它是输出功率与 1mW 的比值的对数。

12.1.2　频谱分析仪面板功能介绍

1. 前后面板结构

频谱分析仪主要由显示屏和控制按键两部分构成，其中显示屏显示测量的数据信息，控制按键控制显示屏中软菜单的激活。频谱分析仪的结构如图 12-3 所示，面板上的功能键名称及说明如表 12-3 所示。

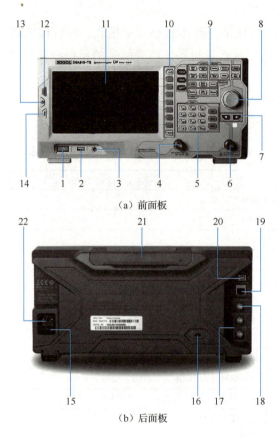

（a）前面板

（b）后面板

图 12-3　频谱分析仪结构

表 12-3　频谱分析仪面板功能键名称及说明

序号	名称	功能说明
1	电源开关	按下打开或唤醒电源（渐亮渐暗，呈呼吸状：表示待机状态；常亮：表示正常工作状态）
2	USB Host 接口	频谱仪可作为"主设备"与外部 USB 设备连接。该接口支持 U 盘、USB 转 GPB 扩展接口
3	耳机插孔	频谱仪提供 AM 和 FM 解调功能。耳机插孔用于插入耳机听取解调信号的音频输出
4	跟踪源输出	输出跟踪源信号，该信号的频率能精确地跟踪频谱分析仪的调谐频率
5	数字键盘	功能详见表 12-5
6	视频输入	输入被测的视频信号
7	方向键	左右移动光标
8	调节旋钮	调节波形
9	功能键区	功能详见表 12-4
10	菜单控制键	按下显示、设置相应菜单内容
11	LED	显示频谱，具体显示内容详见表 12-6

序号	名称	功能说明
12	恢复预设置键	按下恢复为最初的设置
13	打印键	在外接打印机的情况下，按下打印屏幕上显示的内容
14	帮助键	按下显示并帮助解决常见问题
15	熔丝	保护设备安全
16	安全锁孔	打开后防止误操作
17	100MHz 输入、输出插孔	输入 100MHz 及以上的信号
18	TRIGGER IN	输入外接触发信号
19	LAN 接口	局域网输入接口
20	USB Device 接口	USB 接口，可通过该接口连接外部计算机等
21	手柄	用于搬动设备
22	电源接口	输入 AC220 电源

2. 主要按键功能介绍

（1）功能键区

前面板的功能键示意图如图 12-4 所示，具体功能如表 12-4 所示。

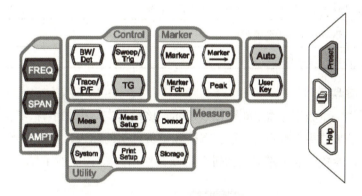

图 12-4　功能键示意图

表 12-4　前面板功能键描述

功能键	功能描述
FREQ	设置中心频率、起始频率和终止频率等参数，也用于开启信号追踪功能
SPAN	设置扫描的频率范围
AMPT	设置参考电平、射频衰减器、刻度、Y 轴的单位等参数
BW/ Det	设置电平偏移、最大混频和输入阻抗 也用于执行自动定标、自动量程和开启前置放大器 设置分辨率带宽（RBW）、视频带宽（VBW）和视分比 选择检波类型和滤波器类型

功能键	功能描述
Sweep/Trig	设置扫描和触发参数
Trace/P/F	设置迹线相关参数 配置通过 / 失败测试
Meas	选择和控制测量功能
Meas Setup	设置已选测量功能的各项参数
Demod	配置解调功能
Marker	通过光标读取迹线上各点的幅度、频率或扫描时间等
Marker	使用当前的光标值设置仪器的其他系统参数
Marker Fctn	光标的特殊功能，如噪声光标、NdB 带宽的测量、频率计数器
Peak	打开峰值搜索的设置菜单，同时执行峰值搜索功能
System	设置系统相关参数
Print Setup	设置打印相关参数
Storage	提供文件存储与读取功能
Auto	全频段自动定位信号
User Key	用户自定义快捷键
Preset	将系统恢复到出厂默认状态或用户自定义状态
🖨	执行打印或界面存储功能
Help	打开内置帮助系统

（2）数字键盘区

前面板提供一个数字键盘，如图 12-5 所示。该键盘支持中文字符、英文大小写字符、数字和常用符号（包括小数点、＃号、空格和正负号）的输入，主要用于编辑文件或文件夹名称、设置参数。数字键盘的按键名称及其作用如表 12-5 所示。

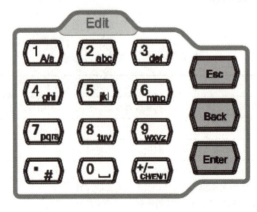

图 12-5　数字键盘

表 12-5　数字键盘的按键名称及其作用

按键名称	主要作用
数字键 0	是 0 与空格的复用键。数字输入模式下，按下该键输入 0；中文或英文输入模式下，按下该键输入空格
数字键 1	数字输入模式下，按下该键输入 1；英文输入模式下，用于切换字母的大小写状态；中文输入模式下，该键无效
数字键 2～9	在数字输入模式下，按下相应的键输入相应数字；在中英文输入模式下，按下输入相应的字母
#	数字输入模式下，按下该键，当前光标处插入一个小数点。英文输入模式下，该键用于输入"#"中文输入模式下，该键无效
+/-	设置参数时，输入模式固定为数字输入模式。该按键用于输入数值的符号"＋"或"－"的切换和中英文的切换
Enter	参数输入过程中，按下该键将结束参数输入并为参数添加默认的单位 在编辑文件名时，该键用于输入当前光标选中的字符
Back	参数输入过程中，按下该键将删除光标左边的字符。在编辑文件名时，按下该键将删除光标左边的字符
ESC	参数输入过程中，按下该键将清除活动功能区的输入，同时退出参数状态。在编辑文件名时，按下该键清除输入栏的字符；屏幕显示主测量画面时，该键用于关闭活动功能区显示。在键盘测试状态，该键用于退出当前测试状态。屏幕锁定时，该键用于解锁。仪器工作在远程模式时，该键用于返回本地模式

（3）LCD

频谱分析仪的 LCD 主要用于显示测量的数据信息，如图 12-6 所示。频谱分析仪的功能强大，需要显示的信息也相对较多，表 12-6 所示为 LCD 显示的信息内容说明。

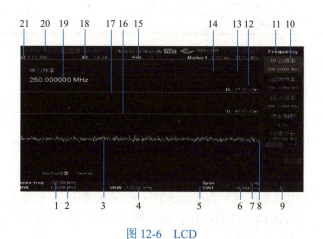

图 12-6　LCD

编号	名称	功能
1	中心频率或起始频率	当前扫频通道的频率范围可以用中心频率和扫宽或者起始频率和终止频率表示
2	RBW	分辨率带宽
3	谱线显示区域	谱线显示区域
4	VBW	视频带宽
5	手动设置标志	表示对应的参数处于手动设置模式
6	扫描时间	扫频的扫描时间
7	扫宽或终止频率	当前扫频通道的频率范围可以用中心频率和扫宽或者起始频率和终止频率表示
8	扫描位置	当前扫描位置
9	菜单页号	显示菜单当前显示页号及总页数
10	菜单项	当前功能的菜单项
11	菜单标题	当前菜单所属的功能
12	数据无效标志	系统参数修改完成，但未完成一次完整的扫频，因此当前测量数据无效
13	光标 Y 值	当前光标的 Y 值，不同测量功能下 Y 表示不同的物理量
14	光标 X 值	当前光标的 X 值，不同测量功能下 X 表示不同的物理量
15	平均次数	迹线平均次数
16	显示线	读数参考及峰值显示的阈值条件
17	触发电平	用于视频触发时设置触发电平
18	衰减器设置	衰减器设置
19	活动功能区	当前操作的参数及参数值
20	系统状态（UNCAL 和 Identification ... 位置不同，详见图示）	AutoTunea：自动信号获取 Auto Range：自动量程 Wait for Trigger：等待触发 Calibrating：校准中 UNCAL：测量未校准 Identification. : x 仪器已识别
21	参考电平	参考电平值

12.1.3 校准频谱分析仪

频谱分析仪的种类很多，但其基本的使用方法相同，通常在开机后进行误差检测和功能检测，当确定频谱分析仪可以正常工作时，需要通过功能按键对需要调节的参数进行设定，对设备进行校准，然后通过检测探头对需要检测的信号或设备进行检测。

1. 频谱分析仪的开机方法

开机时，首先将频谱分析仪电源线插头插入电源线插座中，然后按下主电源开关键，此时显示屏无显示，电源指示灯为红色，再次按下电源开关键后，显示屏有显示。

2. 对频谱分析仪进行自校准

按照表 12-7 所示的操作流程对频谱分析仪进行自校准。

表 12-7　频谱分析仪开机校准操作流程

序号	操作步骤	操作图示	操作要点	操作（或测量）结果
1	准备工作		调整频谱分析仪支架，使其正面水平放置，正确连接电源线，插上电源，打开电源主开关	准备待用
2	开机	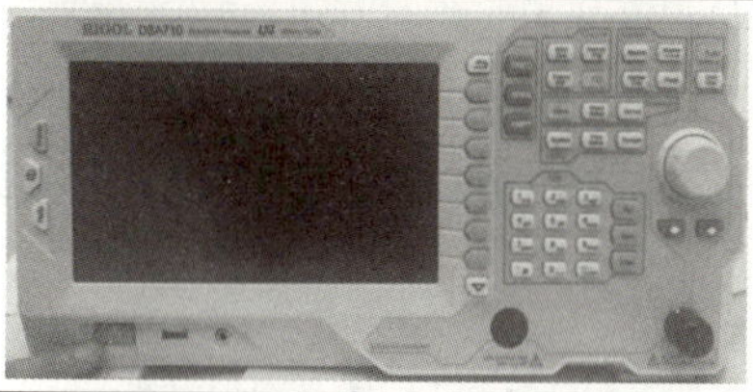	在接通电源后，未开机前仪器电源开关键处于待机状态（呼吸状态），按下电源键，打开仪器	电源指示灯由红色转变为绿色，此时显示屏亮起
3	校准	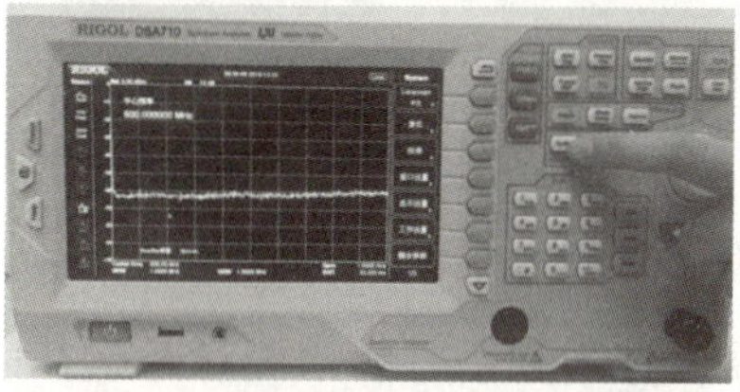 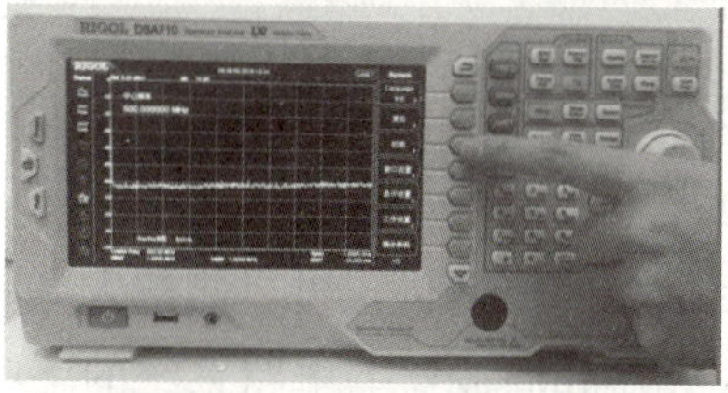 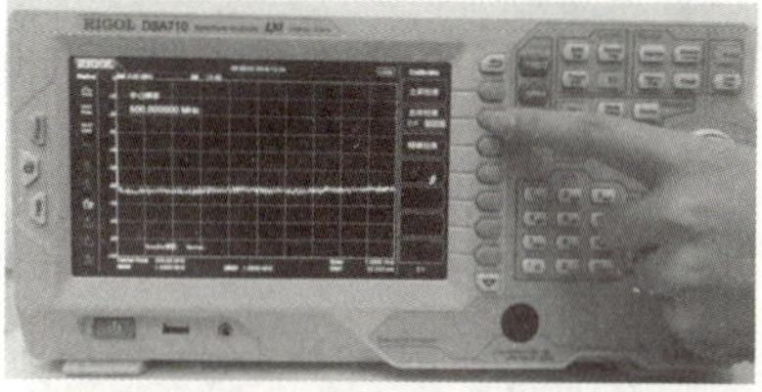 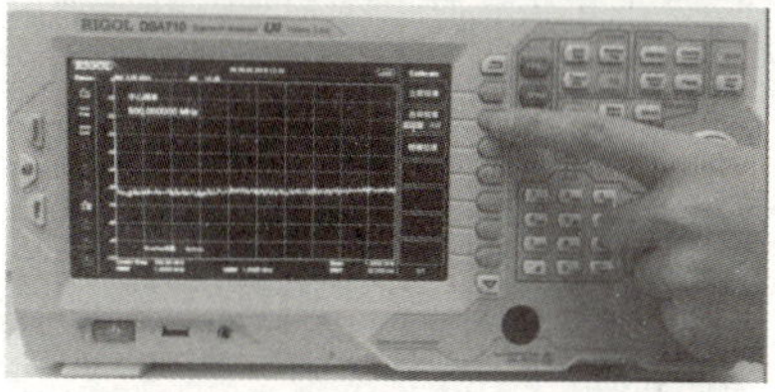 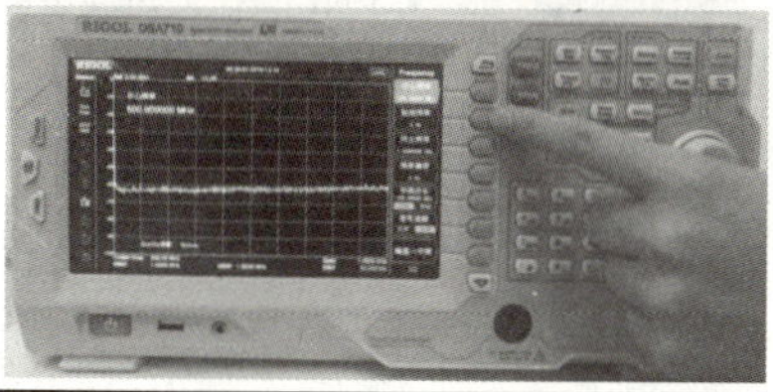	按下 System 键，按下"校准"键，使"自动校准"处于"打开"状态，观察"中心频率""起始频率""终止频率"	中心频率为 500MHz，起始频率为 0Hz，终止频率为 1GHz。若不能出现标准参数，则需要再次校准

导师说

> 频谱仪器很广泛，扫描调谐不常用。
> 面板功能几大区，功能菜单和数字。
> 熟悉每个功能键，还要认识显示屏。
> 开机进行自校准，读取数值找关键。

➔ 任务 12.2 使用频谱分析仪测量波形频谱

12.2.1 波形频谱的组成

1. 频谱和频谱测量

广义上来说，信号频谱是指组成信号的全部频率分量的总集；狭义上来说，一般的频谱测量中常将随频率变化的幅度谱称为频谱。频谱测量是指在频域内测量信号的各频率分量，以获得信号的多种参数。

2. 频谱的基本类型

频谱分析仪的主要功能是测量电信号频谱结构，可以测量失真、调制、频率稳定和交调失真等电信号，也可以测量放大器和滤波器等电路系统的一些参数。信号的显示通常分为时域和频域两种，通常频谱分析仪采用频域方式对信号进行显示，而示波器通常采用时域的方式显示。

不同的信号在频域中的表现方式也有所不同。例如，正弦波信号经频谱分析仪检测后显示为一根频谱线（图 12-7），方波形经频谱分析仪检测后显示为无穷根频谱线（图 12-8），频谱线的距离为谐波分量的频距。

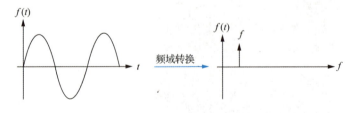

图 12-7 正弦波频谱线

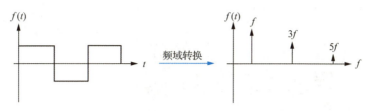

图 12-8 方波频谱线

1）离散频谱（线状谱），各条谱线分别代表某个频率分量的幅度，每两条谱线之间的间隔相等。

2）连续频谱，可视为谱线间隔无穷小，如非周期信号和各种随机噪声的频谱。

频谱广泛应用于声学、光学和无线电技术等方面。无线电的频谱资源也称为频率资源，通常指长波、中波、短波、超短波和微波。一般指 9kHz ～ 3000GHz 频率范围内发射无线电波的无线电频率的总称。

12.2.2 使用频谱分析仪测量电路天线波形频谱

准备好图 0-1 所示综合电路板和频谱分析仪，按照表 12-8 所示的操作流程，测量电路板中天线频谱信号，并将结果记入表 12-9。

表 12-8 测量天线频谱信号操作流程

序号	操作步骤	操作图示	操作要点	操作（或测量）结果
1	开机并校准	详见表 12-7	连接好电源线和探头线，按下电源开关，完成开机	准备待用
2	连接天线		将探头线鳄鱼夹连接天线的 4TP1 端	连接电路

续表

序号	操作步骤	操作图示	操作要点	操作（或测量）结果
3	测量并读取数据	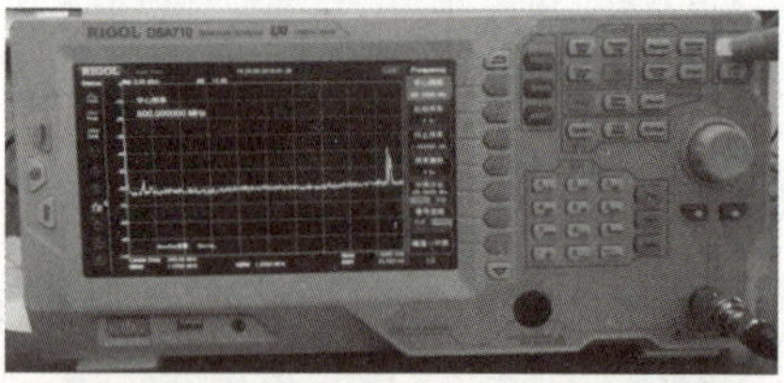 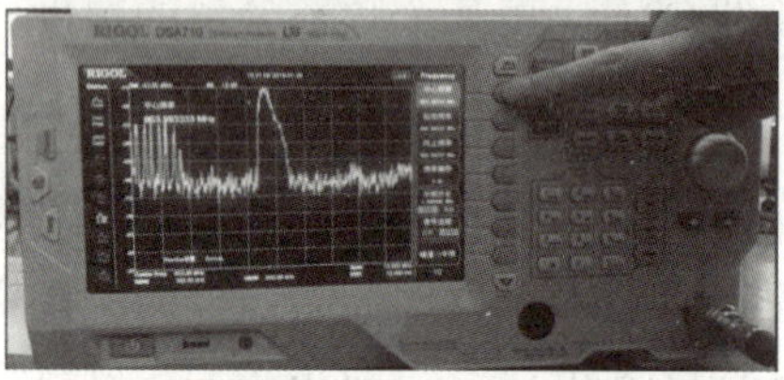 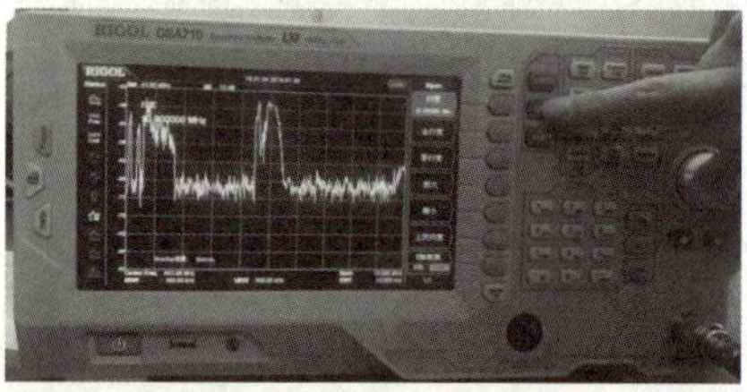 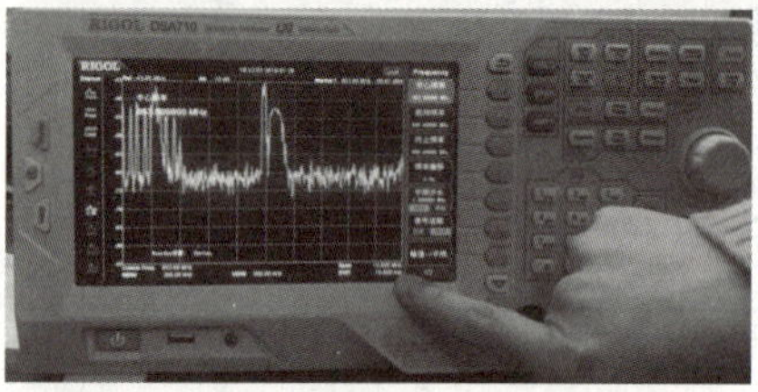 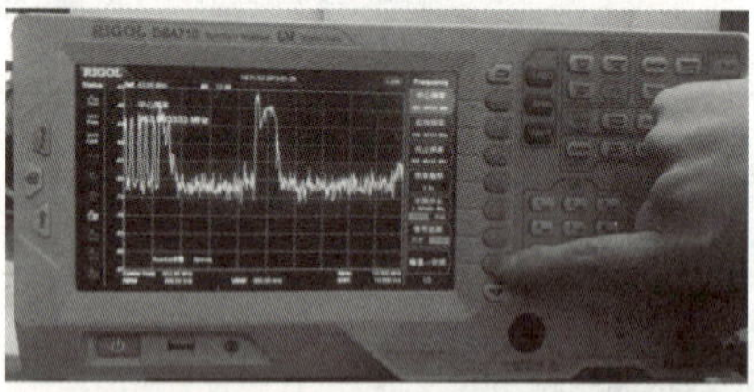 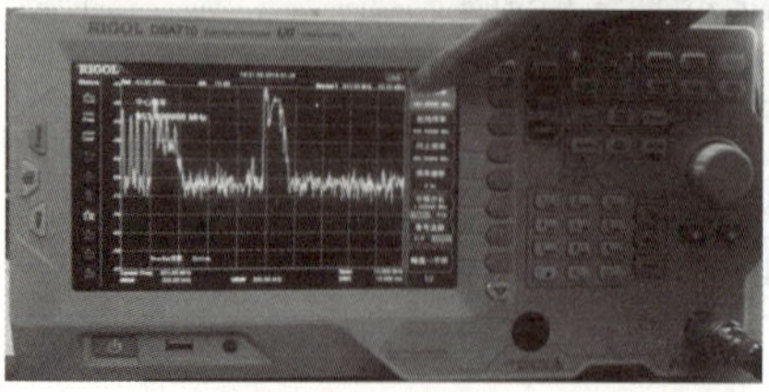	按下 Auto 键，自动测量天线频谱 读取中心频率、起始频率和终止频率 按下 SPAN 键，读取扫频宽度和扫描时间 按下"峰值→中频"键，读取幅度值 根据 LCD 显示读取测量值，记录数据，并分析测量数据。使用完毕须关机	中心频率为 953.98MHz，起始频率为 948.98MHz，终止频率为 958.98MHz，扫频宽度为 10MHz，扫描时间为 10ms，幅度为 -45.54dBm

表 12-9 天线频谱信号

测量对象	检测到的信号	中心频率	幅度	扫频宽度	起始频率	终止频率	扫描时间
天线							

导师说

> 频谱仪器会操作，测量对象要认清。
> 中心起止的频率，它们都有各不同。
> 扫宽幅度和时间，测量它们要区分。
> 读数勿忘带单位，完成设备要关闭。

项目评价

本项目评价由三部分组成，即自我评价、小组评价和教师评价，请将各评价结果及最终得分填入项目评价表 12-10。

表 12-10 使用频谱分析仪测量电路天线波形频谱测试评价表

评价内容		自我评价	小组评价	教师评价
		优☆ 良△ 中√ 差×		
7S 管理职业素养	（1）整理、整顿			
	（2）清扫、清洁			
	（3）节约、素养			
	（4）安全			
知识与技能	（1）能正确完成表 12-9 内容填写			
	（2）能认识频谱分析仪的结构			
	（3）能正确使用频谱分析仪			
汇报展示	（1）作品展示（可以为实物作品展示、PPT 汇报、简报、作业等形式）			
	（2）语言流畅，思路清晰			
评价等级				
完成任务最终评价等级（评价参考：自我评价 20%、小组评价 30%、教师评价 50%）				

拓展提高 频谱分析仪的相关知识

1. 频谱分析仪基础知识及实用技巧

频谱分析仪是用来显示频域信号幅度的仪器，在射频领域有"射频万用表"的美称。在射频领域，传统的万用表已经不能有效测量信号的幅度，示波器测量频率很高的信号也比较困难，而这正是频谱分析仪的强项。

频谱分析仪通过频域对信号进行分析,广泛应用于监测电磁环境、无线电频谱监测、电子产品电磁兼容测量、无线电发射机发射特性、信号源输出信号品质、反无线窃听器等领域,是从事电子产品研发、生产、检验的常用工具,特别针对无线通信信号的测量更是必要工具。另外,由于频谱仪具有图示化射频信号的能力,频谱图可以帮助我们了解信号的特性和类型,有助于最终了解信号的调制方式和发射机的类型。在军事领域,频谱分析仪在电子对抗和频谱监测中被广泛应用。频谱分析仪可以测量射频信号的多种特征参数,包括频率、选频功率、带宽、噪声电平、邻道功率、调制波形、场强等。频谱分析仪常被用来测量放大器增益、频率响应、被动元器件特性、失真度、通信监测、有线电视影像资讯及天线特性。

2. 频谱分析仪的基本故障排查

频谱分析仪在使用过程中可能出现以下故障,可按照相应的步骤进行处理。

(1)按下电源键,频谱仪仍然黑屏,没有任何显示

1)检查风扇是否转动。如果风扇转动,屏幕不亮,可能是屏幕连接线松动。如果风扇不转,说明仪器并未成功开机,请参考步骤2)处理。

2)检查电源。检查电源接头是否已正确连接,电源开关是否已打开。检查电源熔丝是否已熔断。

(2)按键无响应或串键

1)开机后,确认是否所有按键均无响应。

2)按 Systeml→自检→键盘测试,确认是否有按键无响应或者串键现象。

3)若存在上述故障,则可能是键盘连接线松动或者键盘损坏,需更换仪器。

(3)界面谱线长时间无更新

1)检查界面是否被锁定,若已锁定,则按 Esc 键解锁。

2)检查当前是否未满足触发条件,查看触发设置及是否有触发信号。

3)检查当前是否处于单次扫描状态。

4)检查当前扫描时间是否设置过长。

检测与反思

A 类 试 题

一、填空题

1. 频谱分析仪是以 _____ 的函数形式给出信号的振幅或功率分布的仪器,主要利用频率域对信号进行分析、研究。例如,_____、_____ 等。

2. 扫描调谐频谱分析仪主要用于 _____ 频段和 _____ 频段使用。

二、判断题

1. 频谱分析仪主要由显示屏和控制软键两部分构成。   （   ）
2. 示波器用于分析信号的幅度和时间的关系称为时域分析，频谱分析仪用于分析信号幅度与频率的关系称为频域分析。   （   ）

B 类 试 题

一、填空题

1. 频谱分析仪显示屏上的横坐标表示被测信号的 _____，纵坐标表示被测信号的 _____，频谱分析仪是测量 _____ 和 _____ 的关系。
2. 频谱分析仪在国外有 "_____ 万用表" 之称。
3. 频谱分析仪的主要功能是 _____，可以用于对 _____、_____、_____ 和 _____ 等信号的测量。

二、判断题

1. dB 是一个绝对量的单位。   （   ）
2. 按 Auto 键将其点亮，频谱分析仪将在全频段内扫描信号，找出幅度最小的信号，并将该信号移到屏幕中心。   （   ）
3. 示波器检测到的正弦波信号经频谱分析检测后显示为无穷根频谱线。（   ）

C 类 试 题

1. 使用频谱分析仪测量图 0-1 所示综合电路板中功放电路输出的信号波形，并将测量结果填入表 12-11。
2. 按照表 12-8 所示的操作流程，完成对电视中频信号的测量，并将数据填入表 12-12。

表 12-11 测量收音机信号波形频谱

测量对象	检测到的信号	中心频率	幅度	扫频宽度	起始频率	终止频率	扫描时间
功放电路输出信号							

表 12-12 测量电视中频信号波形频谱

测量对象	操作要点	操作（或测量）结果
电视中频信号		

电子测量仪器综合应用

模块概述

通过前面项目内容的学习，读者已经深入了解了几种电子测量仪器的结构原理，熟练掌握了这些电子测量仪器的使用方法。本模块通过合理选用电子测量仪器，综合测量组装完成的电路板中元器件参数、基本电量、电信号参量、波形参量等，确保电子产品质量合格。

项目 13　电子测量仪器综合应用（一）

知识目标

1）了解合理选用的各种电子测量仪器的结构。
2）掌握合理选用的各种电子测量仪器的使用方法。

能力目标

1）会合理选用电子测量仪器测量电路元器件参数和基本电量。
2）会合理选用电子测量仪器测量电路电信号参量。
3）会合理选用电子测量仪器测量电路波形参量。

安全须知

1. 人身操作安全

1）在电路通电情况下，禁止用手随意触摸各种仪器电源连接线插头部位和测量电路板中金属导电部位。
2）各种仪器带电测量时，尽量采用单手握笔操作测量，以防触电。

2. 仪表操作安全

1）使用直流稳压电源为电路供电时，先调节好所需电压并用万用表验证电压值后，再连接到电路中。
2）使用万用表测量电阻器在路电阻值时，应先断电再测量；使用结束，应将转换开关拨至交流电压最高挡或 OFF 位置；长时间不使用时，应取出万用表内部电池。
3）各种仪器使用前应先断电连接好电源线后再通电；使用后应及时断电，且各按键、旋钮及时归位。

项目描述

某公司应客户要求生产了一批四人抢答器电路板，如图 13-1 所示。现需合理选用部分电子测量仪器对该批电路板的电气参量进行抽样检测。本项目依据如图 13-2 所示的四人抢答器电路原理图，合理选用电子测量仪器测量该电路中电源输入端电阻值、电阻器 R1 的在路电阻值等参数，直流电源输出端、集成电路 U1 部分输出引脚端的电压等基本电量，集成电路 U1 时钟信号 9 脚的周期和频率等电信号参量，集成电路 U3 输出端 3 脚的波形参量等，分析测量数据并初步判断是否满足四人抢答器电路设计要求。

图 13-1　四人抢答器电路板

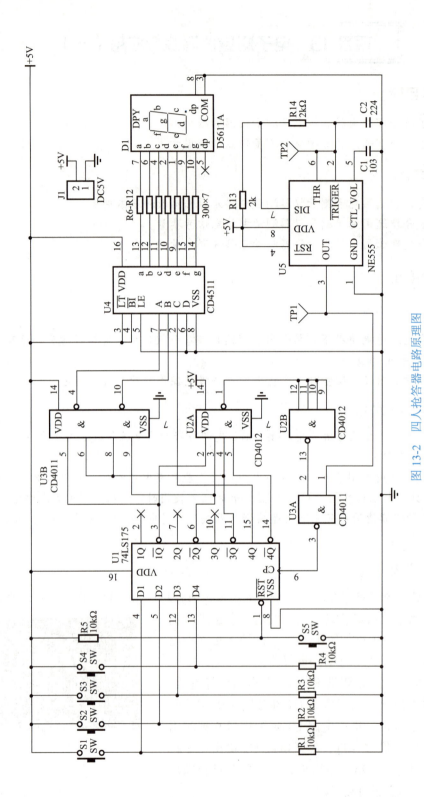

图 13-2 四人抢答器电路原理图

📌 项目准备

依据四人抢答器电路板检测要求，合理选用万用表测量该电路中元器件参数及基本电量、直流稳压电源为电路提供电源电压、函数信号发生器为电路提供信号、频率计测量电信号参量、示波器测量电路波形参量。

完成本项目需要按照表 13-1 所示的工具、仪表及材料清单进行准备。

表 13-1　工具、仪表及材料清单

序号	名称	规格 / 型号	状况	序号	名称	规格 / 型号	状况
1	指针式万用表	MF-47		6	模拟示波器	GOS-620	
2	数字式万用表	UT 39A		7	数字示波器	DS1072E-EDU	
3	直流稳压电源	UTP3705S		8	测量电路板	四人抢答器电路板	
4	函数信号发生器	DG1022U		9	防静电环	防静电手环	
5	频率计	VC3165					

注："状况"栏填写"正常"或"不正常"。

➡️ 任务 13.1　使用万用表测量电路中元器件参数及基本电量

准备好如图 13-1 所示电路板和万用表等测量仪器，按照图 13-2 所示的电路原理图，实际测量电路元器件参数及基本电量。

13.1.1　使用指针式万用表测量电路电阻值

在电路没有接通电源的情况下，按照表 13-2 所示的操作流程，使用指针式万用表完成四人抢答器电路板电源输入端及电阻器在路电阻值的测量。

表 13-2　测量电路电阻值操作流程

序号	操作步骤	操作图示	操作要点	操作（或测量）结果
1	选择挡位量程	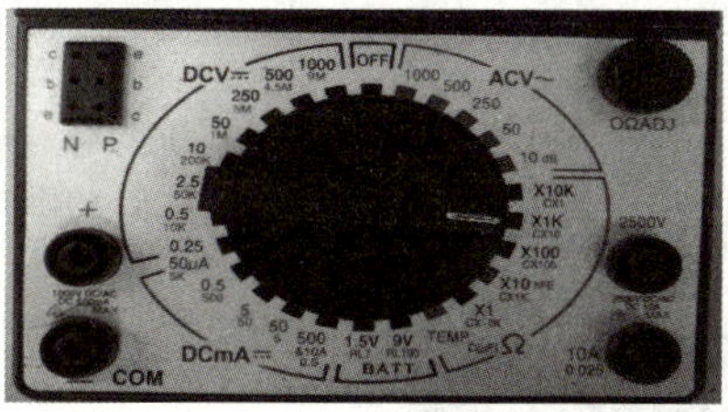	根据电路中被测对象为电源端输入电阻，将万用表转换开关拨到电阻挡合适量程位置（不清楚阻值情况下可从大到小挡位依次选择），此处选择 ×1k	转换开关置于 ×1k 挡

续表

序号	操作步骤	操作图示	操作要点	操作（或测量）结果
2	欧姆调零		短接红黑两只表笔，调节欧姆调零旋钮，使指针指向电阻刻度线右端零欧姆位置	指针处于电阻刻度线右端"0Ω"位置
3	测量电路电源输入端电阻（R_1）	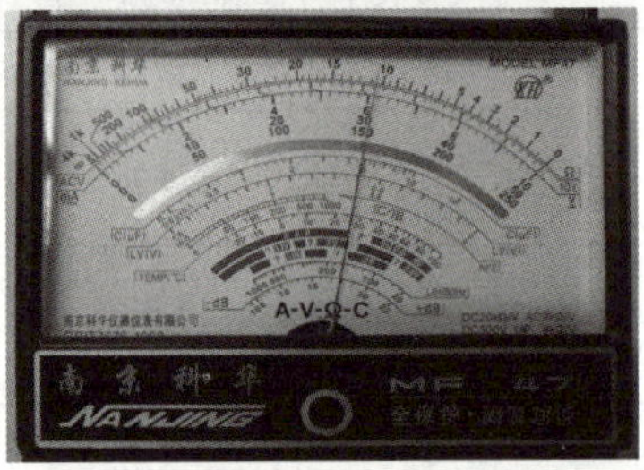 	万用表黑表笔接电源J1端口"+"，红表笔接"−"，读取正向测量阻值，将数据记入表13-3	测量参考值：正向阻值10.7kΩ
			万用表红表笔接电源J1端口"+"，黑表笔接"−"，读取反向测量阻值，将数据记入表13-3。通过两组数据初步判定整个电路不存在短路或断路情况	测量参考值：反向阻值7.5kΩ
4	测量电阻器R1在路电阻值		当S1断开时，测量电阻器R1的阻值，将测量结果填入表13-4	S1断开，测量参考值：6.5kΩ
			当S1闭合时，再次测量电阻器R1的阻值，将测量结果填入表13-4，分析误差原因	S1闭合，测量参考值：4.9kΩ

表 13-3 测量电源输入端电阻值

表 13-3 测量电源输入端电阻值

测量对象	正向测量值	反向测量值	挡位	初步判定电路板质量
电源输入端电阻值（R_i）				

表 13-4 测量电阻器 R1 在路电阻值

测量对象		标称值(含误差)	测量值	挡位	绝对误差	实际相对误差	分析误差原因
电阻器 R1 在路电阻值	S1 断开时	10kΩ±1%					
	S1 闭合时	10kΩ±1%					

13.1.2 使用直流稳压电源提供电路电源电压

按照表 13-5 所示的操作流程，使用直流稳压电源为四人抢答器电路提供所需 5V 直流电压。

表 13-5 为电路提供电源电压操作流程

序号	操作步骤	操作图示	操作要点	操作（或测量）结果
1	观察电路所需电源电压及接入端口位置	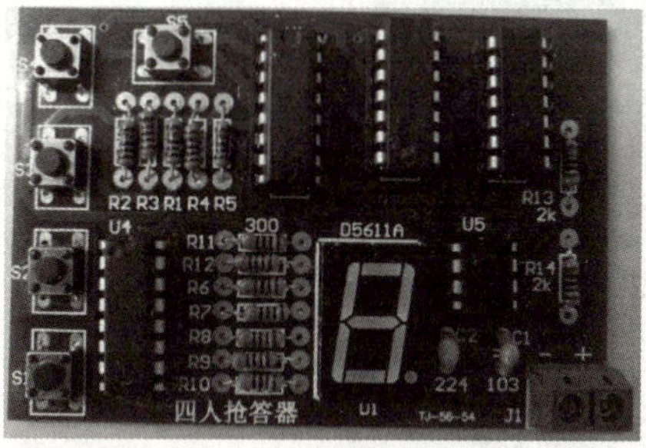	观察电路原理图，正常工作所需电源电压为5V，观察电路板电源接入端口为 J1 位置	电路所需电源电压为 5V，接入端口为 J1 位置
2	调节电流调节旋钮	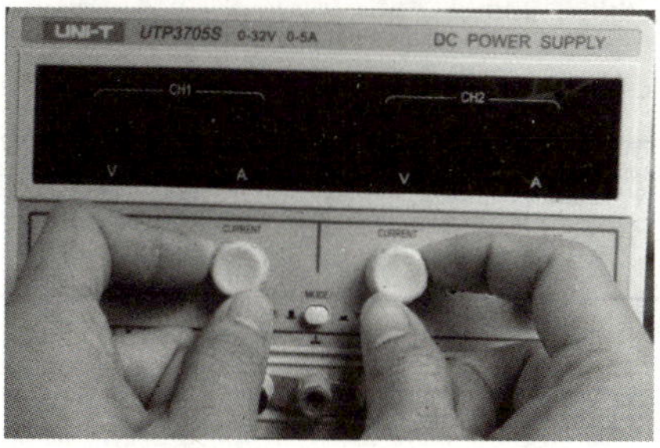	将 I、II 两路电流调节旋钮（CURRENT）顺时针调节到最大	两个（CURRENT）旋钮处于最右端

续表

序号	操作步骤	操作图示	操作要点	操作（或测量）结果
3	调节电路所需电压		打开电源开关，将电源工作模式开关（MODE）设为独立工作状态（FREE）；再选择输出电压通道，此处以选定主路 I 输出为例；然后调节 I 路对应电压调节旋钮（VOLTS），使其输出电压为5V（注意：为了防止接错输出电压通道，将 II 路输出电压调到低于5V）	CH1 处显示输出电压为5V
4	检测电源输出电压		根据被测对象为直流电压，将数字万用表置于直流电压20V挡，检测直流稳压电源 I 输出电压是否与电路所需电压5V相符，将测量结果填入表13-6	万用表测得输出电压显示为5.05V
5	连接负载		用导线将电路和电源可靠连接，注意正负极不要接反	电路正常通电，电路中数码管显示数字"0"

表 13-6　测量电源电压

测量对象	参考值	测量值	挡位	绝对误差	实际相对误差	分析误差原因
直流电源输出电压	5V					

13.1.3　使用数字万用表测量电路中的电压

在电路接通5V直流电压情况下，按照表13-7所示的操作流程，当S1抢答成功时，使用数字万用表测量四人抢答器电路中U1部分输出端的相应电压值。

表 13-7　测量电路电压操作流程

序号	操作步骤	操作图示	操作要点	操作（或测量）结果
1	选择挡位量程		根据被测对象为直流电压，将数字万用表选到直流电压挡合适量程	转换开关置于直流电压 20V 挡
2	测量 U1 部分输出端的电压值	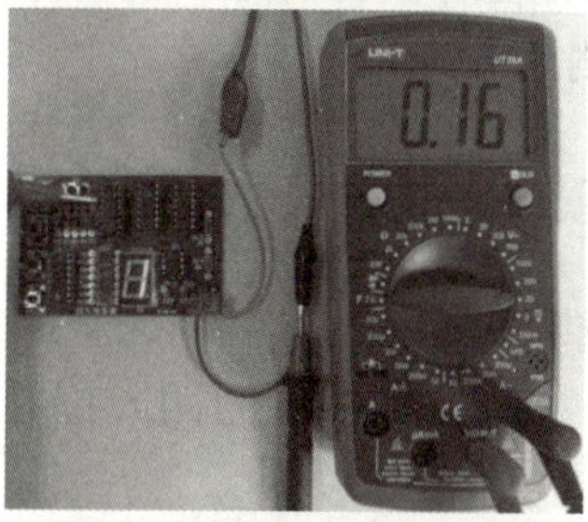	当按下电路板中的 S1，抢答器数码管显示为"1"时，用数字万用表测量 U1 输出端 3 脚对地电压值，将测量结果填入表 13-8	测得 3 脚对地参考电压值为 0.16V
		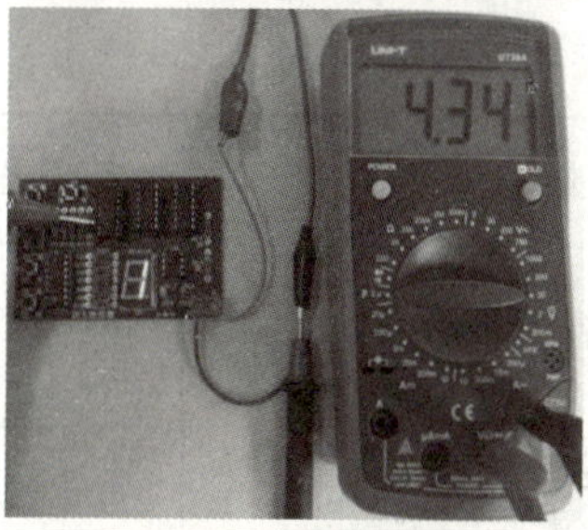	测量 U1 输出端 6 脚对地电压值，将测量结果填入表 13-8	测得 6 脚对地参考电压值为 4.34V
		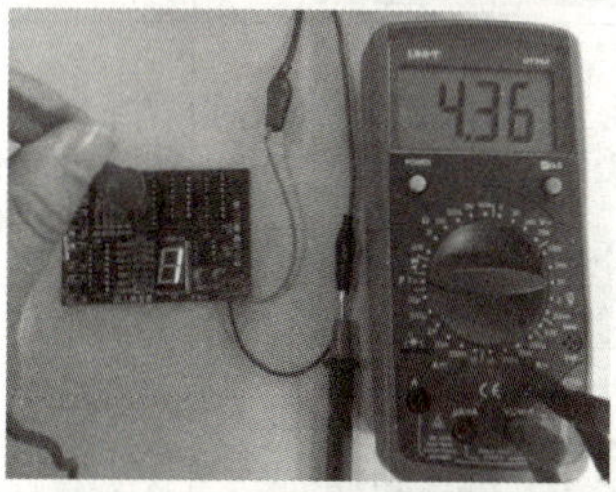	测量 U1 输出端 11 脚对地电压值，将测量结果填入表 13-8	测得 11 脚对地参考电压值为 4.36V
		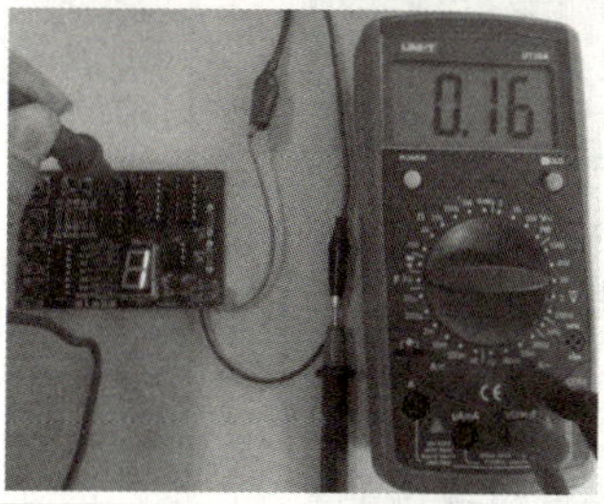	测量 U1 输出端 15 脚对地电压值，将测量结果填入表 13-8	测得 15 脚对地参考电压值为 0.16V

表 13-8　测量 U1 部分输出端电压

测量对象		测量值	挡位	高电平或低电平	保留 2 位有效数字
U1 输出端	3 脚				
	6 脚				
	11 脚				
	15 脚				

注：数字电路中一般认为测量电平值高于电源电压 2/3 为高电平，低于电源电压 1/3 为低电平。

任务 13.2　使用频率计测量电路电信号参量

准备好如图 13-1 所示的电路板和函数信号发生器、频率计、示波器等测量仪器，按照图 13-2 所示的电路原理图，实际测量电路元器件参数。

13.2.1　使用函数信号发生器为电路提供电信号

在断开 U5 的 3 脚（即 3 脚没有接入电路），电路接通 5V 直流电压的情况下，按照表 13-9 所示的操作流程，使用函数信号发生器为四人抢答器电路板输入频率为 1kHz、峰峰值为 4V$_{PP}$、占空比为 65% 的电信号。

表 13-9　电路输入电信号操作流程

序号	操作步骤	操作图示	操作要点	操作（或测量）结果
1	设置函数信号发生器输出信号类型		打开函数信号发生器电源，选择函数信号发生器输出类型，此处按下矩形波按键	函数信号发生器显示选中矩形波
2	设置函数信号发生器输出信号幅度	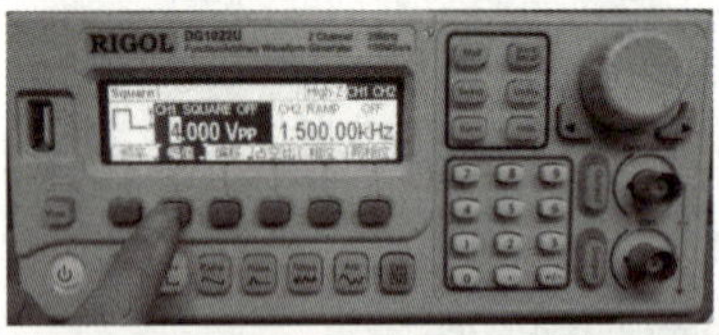	将函数信号发生器切换到幅度值输入状态下，设置信号幅度为 4V$_{PP}$	函数信号发生器显示幅度为 4V$_{PP}$
3	设置函数信号发生器输出信号频率		将函数信号发生器切换到频率值输入状态下，设置信号频率为 1kHz	函数信号发生器显示频率为 1kHz
4	设置函数信号发生器输出信号占空比		将函数信号发生器切换到占空比值输入状态下，设置信号占空比为 65%	函数信号发生器显示占空比为 65%

续表

序号	操作步骤	操作图示	操作要点	操作（或测量）结果
5	切换到"View"显示界面		以上设置完成后，按下显示键 View，将在函数信号发生器显示窗显示设置好的输出信号的波形、幅度、频率、占空比等	函数信号发生器显示屏显示信号为矩形波、频率 1kHz、幅度 4VPP、占空比 65%
6	为电路板输入电信号		将设置好的函数信号发生器输出信号（此处打开 CH1 对应 Output 开关选择 CH1 通道输出信号）通过连接线接入电路板的 TP1 处（或 U3 的 1 脚）	电路进入抢答待令状态

13.2.2 使用频率计测量电路电信号参量

通过函数信号发生器在 TP1 点输入信号频率为 1kHz、峰峰值为 4VPP、占空比为 65% 的情况下，按照表 13-10 所示的操作流程，使用频率计测量四人抢答器电路板中 U1 时钟信号端 9 脚的周期和频率等电信号参量。

表 13-10 测量电路电信号参量操作流程

序号	操作步骤	操作图示	操作要点	操作（或测量）结果
1	设置衰减和耦合		打开频率计电源，设置衰减 ATT 键和耦合 AC/DC 键状态为弹起	频率计进入待输出状态
2	设置频率挡位		根据所测信号频率范围 0.01Hz ~ 2MHz，按下"功能"键进入频率挡位设置，重复此键直到挡位为 3 时，再按下"确认"键	频率挡位为"3"
3	连接仪器和电路板		将频率计探头线一端接其 A 通道输入接口，另一端的红、黑鳄鱼夹接电路板中 U1 的时钟信号端 9 脚和接地端	电路板与频率计连接好

续表

序号	操作步骤	操作图示	操作要点	操作（或测量）结果
4	读取测量结果		重复按周期键，测量数字可以在周期和频率两种状态下切换；若周期指示灯亮，读取显示屏的数字为所测信号的周期；若频率指示灯亮，读取显示屏的数字为所测信号的频率。将测量结果填入表 13-11	周期参考值：1ms，频率参考值：1kHz

表 13-11　频率计测量电路电信号参数

测量具体对象		参考值	测量值	保留 2 位有效数字	绝对误差	相对误差	分析误差原因
U1 的时钟信号端 9 脚	周期	1ms					
	频率	1kHz					

任务 13.3　使用示波器测量电路波形参量

13.3.1　使用模拟示波器测量电路波形参量

　　电路接通 5V 直流电压的情况下，按照表 13-12 所示的操作流程，使用模拟示波器测量四人抢答器电路板中集成电路 U3 的 3 脚输出信号的波形参量，并将测量结果填入表 13-13。

表 13-12　使用模拟示波器测量电路波形参量操作流程

序号	操作步骤	操作图示	操作要点	操作（或测量）结果
1	获取扫描基线		打开示波器电源；设置通道工作模式为 CH1；设置输入耦合方式为 GND；设置触发模式为"自动触发"；设置触发信号源为 CH1；调节水平和垂直位移旋钮，使扫描基线位于屏幕正中央；调节辉度和聚焦旋钮，使扫描基线亮度合适，且细而清晰	示波器显示屏正中间出现一条清晰的扫描基线

序号	操作步骤	操作图示	操作要点	操作（或测量）结果
2	校准模拟示波器	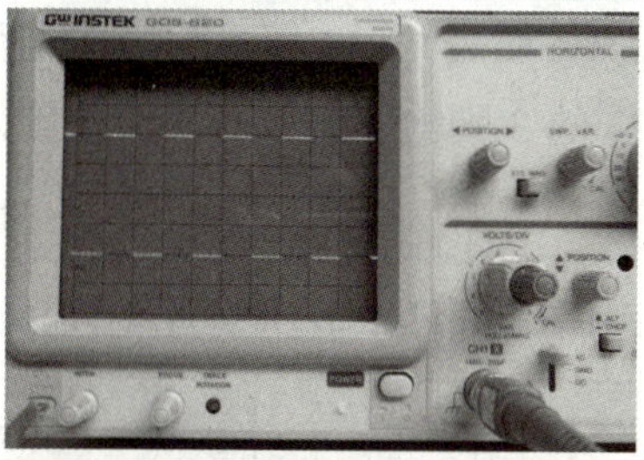	用探头连接示波器的 CH1 与校准信号；设置输入耦合方式为 AC；调节垂直衰减旋钮和水平扫描时间旋钮，使波形在垂直和水平方向上合适显示；读取参数基本与校准信号一致	示波器上显示幅度为 $2V_{PP}$，频率为 1kHz 的正常方波校准信号
3	连接模拟示波器和电路板	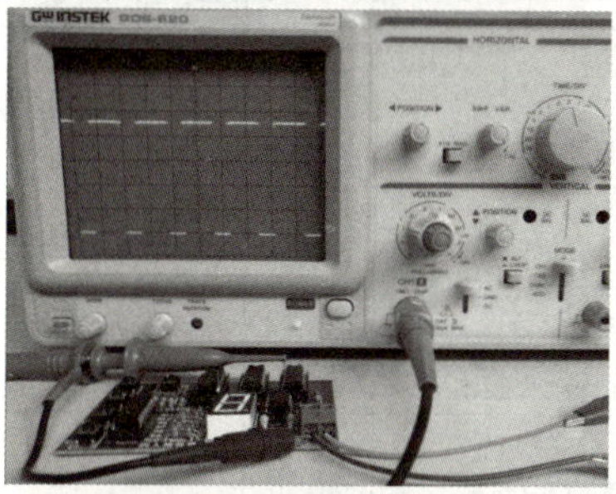	用探头一端连接示波器的 CH1，另一端连接电路板中的 TP1 点和接地端	电路已与频率计连接好
4	读取测量结果	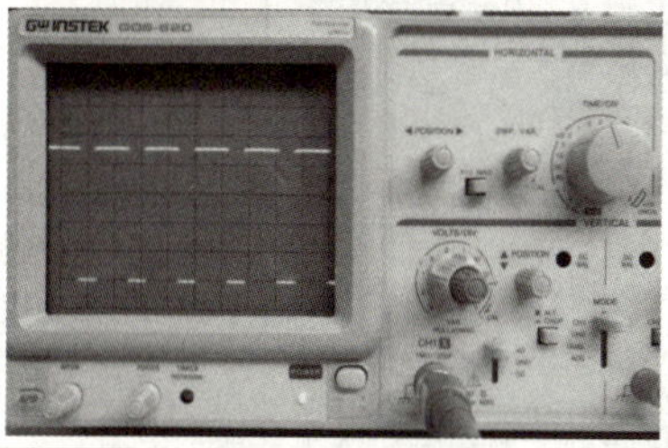	调节垂直衰减旋钮和水平扫描时间旋钮，使波形在垂直和水平方向上合适显示；读取显示的波形及参数；并将测量结果填入表 13-13	参考值：周期为 0.95ms，频率为 1.05kHz，峰峰值为 4.6V

表 13-13　U3 的 3 脚输出信号波形参量（模拟示波器）

波形	参量
	时间挡位： 周期： 频率： 幅度挡位： 最大值： 最小值： 占空比：

13.3.2 使用数字示波器测量电路波形参量

电路接通 5V 直流电压的情况下，按照表 13-14 所示的操作流程，使用数字示波器测量四人抢答器电路板中集成电路 U3 的 3 脚输出信号的波形参量，并将测量结果填入表 13-15。

表 13-14 使用数字示波器测量电路波形参量操作流程

序号	操作步骤	操作图示	操作要点	操作（或测量）结果
1	校准数字示波器	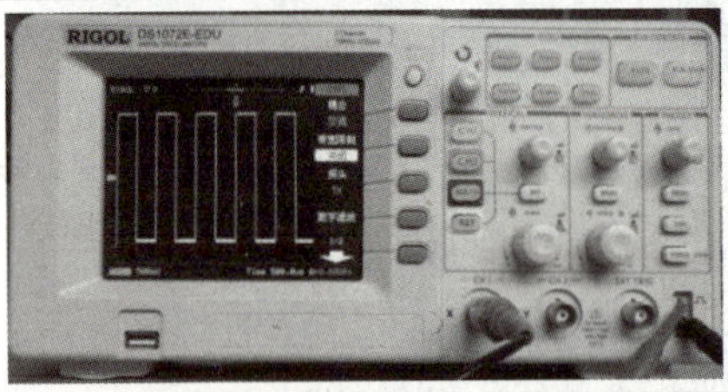	用探头连接示波器的 CH1 与校准信号；设置输入耦合方式为 AC；按下 AUTO 键，使屏幕上出现数字示波器自带的方波校准信号；读取参数基本与校准信号一致	参考幅值为 3V$_{PP}$、频率为 1kHz 的正常方波校准信号
2	连接数字示波器和电路板	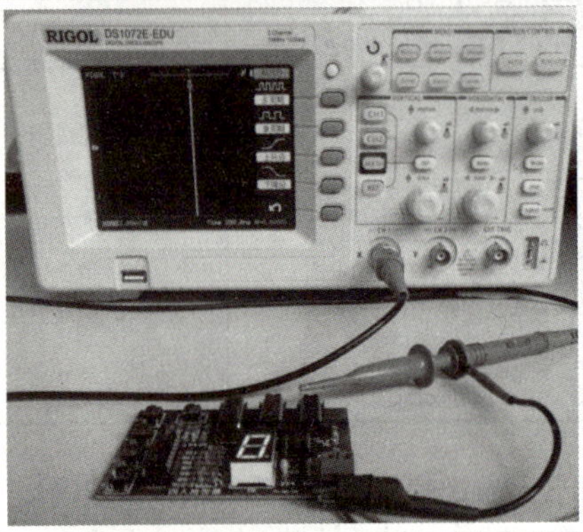	用探头一端连接示波器的 CH1，另一端连接电路板中的 TP1 点和接地端	电路板已与示波器连接好
3	读取测量结果	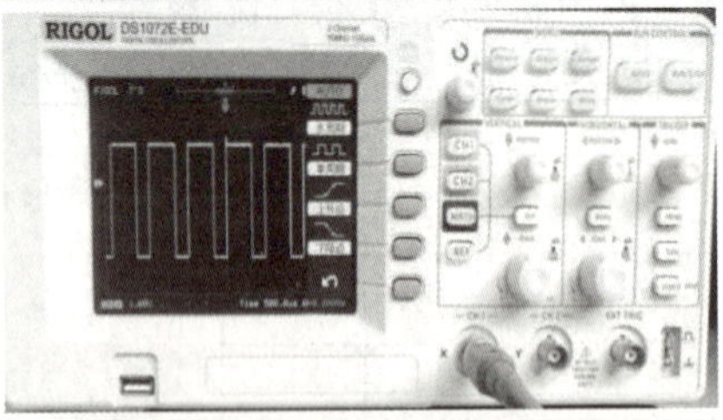	按下 AUTO 键使屏幕上出现测试信号波形；将显示波形绘制到表 13-15 中	示波器上显示出测量波形
4	调出信号参数	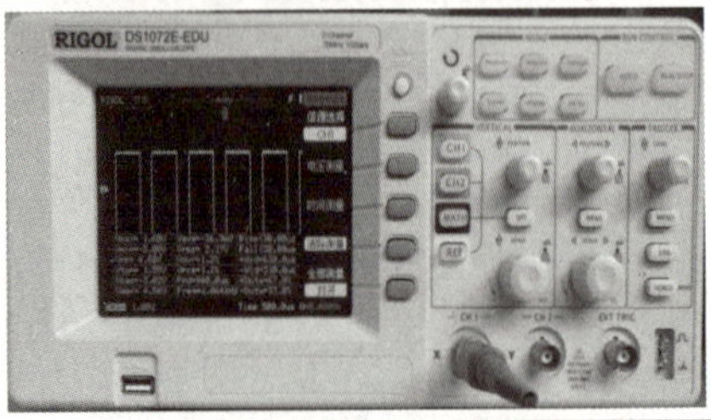	先按 Measure 键（自动测量功能键），再按 F5 键，数字示波器屏幕上出现信号所有波形参数，将波形参数填入表 13-15	参考值：周期为 940.0μs，频率为 1.064kHz，最大值为 1.60V，最小值为 −3.08V，占空比为 67.0%

表 13-15　U3 的 3 脚输出信号波形参量（数字示波器）

示波器显示波形	示波器显示参量
	时间挡位： 周期： 频率： 幅度挡位： 最大值： 最小值： 占空比：

项目评价

本项目评价由三部分组成，即自我评价、小组评价和教师评价，请将各评价结果及最终得分填入项目评价表 13-16。

表 13-16　电子测量仪器综合应用（一）评价表

评价内容		自我评价	小组评价	教师评价
		优☆　良△　中√　差×		
7S 管理 职业素养	（1）整理、整顿			
	（2）清扫、清洁			
	（3）安全、节约			
	（4）素养			
知识与 技能	（1）能正确完成表 13-3、表 13-4、表 13-6、表 13-8 内容填写			
	（2）能正确完成表 13-11 内容填写			
	（3）能正确完成表 13-13 内容填写			
	（4）能正确完成表 13-15 内容填写			
汇报 展示	（1）作品展示（可以为实物作品展示、PPT 汇报、 简报、作业等形式）			
	（2）语言流畅，思路清晰			
评价等级				
完成任务最终评价等级 （评价参考：自我评价 20%、小组评价 30%、教师评价 50%）				

拓展提高 四人抢答器简介

1. 四人抢答器电路功能

电路通电后，抢答器 4 个按键处于待令状态，抢答开始后，最先被按下的按键选手编号立即被锁存显示出来，直到按下清零按键后才进入下一轮抢答。

2. 四人抢答器电路工作原理

四人抢答器主要由四路抢答开关电路、抢答锁存电路、编码电路、七段译码显示电路等组成。正常情况下 S1 ～ S4 共 4 个开关处于常开状态，抢答开始后，最先按下的选手编号通过 74LS175（4D 触发器）输出，一路经过 U2A、U2B、U3A 立即锁存 U1 的输出状态，禁止其他选手抢答；另一路通过 U3B 编码，CD4511 数码管七段译码器译码输出显示最先按下的选手编号。当按下 S5 清零开关后，进入下一轮抢答。

3. 四人抢答器电路主要元器件简介

1）NE555：集成电路是一种模拟电路和数字电路相结合的中规模集成器件，它性能优良，适用范围很广，外部加少量阻容元件可以很方便地组成单稳态触发器和多谐振荡器，不需外接元件就可组成施密特触发器。因此 555 集成块被广泛应用于脉冲波形的产生与变换、测量与控制等方面。

2）CD4011：内含 4 个独立的两输入端与非门，其逻辑功能是输入端全部为 "1" 时，输出为 "0"；输入端只要有 "0"，输出就为 "1"；当两个输入端都为 "0" 时，输出是 "1"。

3）CD4012：内部有两个 4 输入端与非门电路，其逻辑功能是 4 个输入端全部为 "1"，输出为 "0"；4 个输入端只要有 "0"，输出则为 "1"。

4）74LS175：74LS175 为 4D 触发器。1 脚为复位端，当其为 0 时，所有 Q 输出为 0，Q 非输出为 1；9 脚为时钟输入端，9 脚上升沿时将相应的触发器 D 的输入电平锁存入 D 触发器并输出。4 脚、5 脚、12 脚、13 脚分别为 4 个 D 触发器的输入端，2 脚和 3 脚、7 脚和 6 脚、10 脚和 11 脚、15 脚和 14 脚分别为 4 个 D 触发器的输出端。

5）CD4511：CD4511 是一个用于驱动共阴极 LED（数码管）显示器的 BCD 码——七段码译码器，具有 BCD 转换、消隐和锁存控制、七段译码及驱动功能的 CMOS 电路能提供较大的拉电流，可直接驱动 LED 显示器。其中 7、1、2、6 分别表示 A、B、C、D；5、4、3 分别表示 LE、BI、LT；13、12、11、10、9、15、14 分别表示 a、b、c、d、e、f、g。左边的引脚表示输入，右边的引脚表示输出，还有两个引脚 8、16 分别表示 VDD、VSS。

检测与反思①

A 类 试 题

一、填空题

1. 使用指针式万用表电阻挡测电路中的电阻值时，每变换一次挡位都需要重新进行 _____，这样测量的阻值才会准确。

2. 使用万用表测量电路电压和电流时，在不清楚测量对象的大小时，应该采用 _____ 原则选择合适挡位进行测量。使用数字式万用表测量电路板中 U1 的 16 脚电压时，应选择 _____ 挡。

3. 直流稳压电源工作模式开关（MODE）有 _____ 和 _____ 两种工作状态。

4. 函数信号发生器可输出信号的类型有 _____、_____、_____ 等，其输出信号的 _____ 和频率都可根据需求调节。

5. 模拟示波器和数字示波器最大的区别为 _____ 的方式不同。

二、判断题

1. 四人抢答器电路板所需电源为 5V 直流电压。　　　　　　　　　（　　）

2. 使用直流稳压电源为四人抢答器电路板单电源供电时，工作模式开关（MODE）应设为独立工作状态。　　　　　　　　　　　　　　　　　　（　　）

3. 使用指针式万用表测量四人抢答器电路板的电源电压时，应选择交流电压 50V 挡。　　　　　　　　　　　　　　　　　　　　　　　　　　（　　）

4. 示波器的探头衰减开关设置为 ×1 时，代表输入信号扩大 10 倍后进入示波器。
　　　　　　　　　　　　　　　　　　　　　　　　　　　　　（　　）

5. 测量信号为直流信号时，示波器的输入耦合方式才能设置为 DC。　（　　）

B 类 试 题

一、填空题

1. 使用指针式万用表电阻挡判断电路中电阻器 R6 的好坏时，可以通过测量 R6 的 _____ 来判断，首先应该根据被测对象选择合适 _____ 挡，接着将两支表笔

---

① A、B、C 三类试题中的四人抢答器如图 13-1 所示。

短接进行 _____，然后将两支表笔跨接到 R6 的两只引脚上测量电阻值。若在路测量电阻值为 0，则初步判定该电阻器存在 _____ 现象；需要将 R6 的一端引脚与电路板 _____ 后，开路测量 R6 的电阻值后进一步判定 R6 的好坏，若测量的电阻值还是为 0，则确定电阻器 R6 _____，需要更换。

2. 使用指针式万用表的电阻挡测量电阻值时，应使指针位于 _____ 区域，这样读取的阻值才会更准确。若指针太靠近两端，说明选择的电阻挡 _____ 不合适。

3. 使用直流稳压电源为四人抢答器电路板提供 _____ V 直流电压供电，且工作模式开关（MODE）应设为 _____ 工作状态。

4. 使用函数信号发生器为四人抢答器电路板上的 TP1 点提供信号的类型为 _____，幅度为 _____，频率为 _____，占空比为 _____。

5. 使用示波器测量四人抢答器电路板上的 TP1 点波形参数时，输入耦合方式应设置为 _____，设置通道工作模式为 _____，设置触发模式为 _____，设置触发信号源为 _____。

二、判断题

1. 测量四人抢答器电路板中 TP1 点电压时，应该选择交流电压挡进行测量。
（　　）

2. 使用直流稳压电源输出正、负双电压时，工作模式开关（MODE）应设为独立工作状态。
（　　）

3. 使用频率计测量四人抢答器电路信号时，设置衰减 ATT 键和耦合 AC/DC 键状态为都按下。
（　　）

4. 示波器的探头衰减开关设置为 ×10 时，代表输入信号扩大 10 倍后进入示波器。
（　　）

5. 测量四人抢答器电路板中 TP1 点电信号波形时，示波器的输入耦合方式设置为 AC。
（　　）

C 类 试 题

1. 使用万用表测量四人抢答器电路板中 U4 的 4 个信号输入端的电压，并将测量结果填入表 13-17。

表13-17　测量结果（一）

测量对象		参考值	测量值	挡位	绝对误差	实际相对误差	分析误差原因
U4 输入端	7 脚	5V					
	1 脚	5V					
	2 脚	0V					
	6 脚	0V					

2. 使用频率计测量四人抢答器电路板中 U5 的 3 脚输出电信号参数，并将测量结果填入表 13-18 中。

表 13-18 测量结果（二）

测量对象		测量值	保留 2 位有效数字	保留 3 位有效数字
U5 的 3 脚输出信号	周期			
	频率			

3. 使用数字示波器测量四人抢答器电路板中 U1 的 9 脚输出电信号波形参数，并将测量结果填入表 13-19。将此表与表 13-15 中的波形参数对比，分析有什么不同之处？

表 13-19 测量结果

波形	参量
	时间挡位： 周期： 频率： 幅度挡位： 峰峰值： 有效值：

项目 14　电子测量仪器综合应用（二）

📑 知识目标

1）会正确使用直流稳压电源。
2）掌握万用表的使用方法。
3）掌握示波器的使用方法。

📑 能力目标

1）会使用直流稳压电源为电路提供电源。
2）会使用万用表测量元器件参数及基本电量。
3）会使用示波器测量关键点波形参量并分析波形。

📑 安全须知

1. 人身操作安全

1）在电路通电情况下，禁止用手随意触摸电路中金属导电部位。
2）使用万用表带电测量时，尽量采用单手握笔操作测量，以防触电。

2. 仪表操作安全

1）使用直流稳压电源为电路供电时，先调节好所需电压并用万用表验证电压值，再连接到电路中。
2）使用万用表测量电路板中电阻器的在路电阻值时，应先断电再测量；万用表使用结束后，应将转换开关拨至交流电压最高挡或 OFF 位置；长时间不使用时，应取出万用表内部电池。
3）示波器、稳压电源等仪器设备要可靠接地，防止电击。

⚙️ 项目描述

某公司应客户要求批量生产设计的波形发生器电路板，如图 14-1 所示。需要对生产好的电路板进行抽样检测，检测电路板中元器件参数和基本电量，以满足波形发生器正常工作要求。本任务依据图 14-2 所示波形发生器电路原理图，用直流稳压电源为电路板提供电源，用万用表测量该电路板中元器件参数和电压、电流等基本电量，用示波器观察关键点波形参量，并分析测量数据是否满足波形发生器的设计要求。

图 14-1　波形发生器电路板

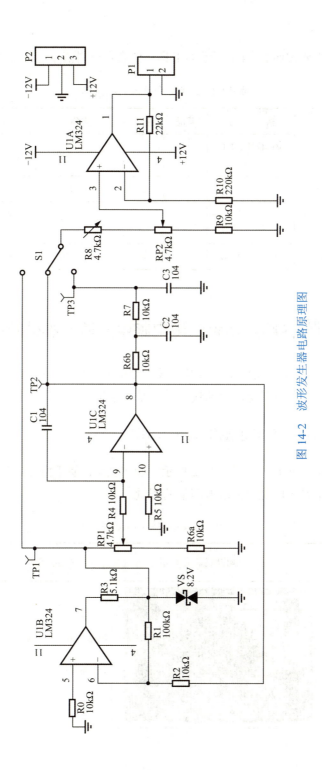

图 14-2　波形发生器电路原理图

项目准备

完成本项目需要按照表 14-1 所示的工具、仪表及材料清单进行准备。

表 14-1　工具、仪表及材料清单

序号	名称	规格 / 型号	状况	序号	名称	规格 / 型号	状况
1	万用表	MF-47 型、DT-9205A		5	测量电路板	波形发生器电路板	
2	直流稳压电源	UTP3705S		6	螺丝刀	平口螺丝刀	
3	模拟示波器	MOS-620		7	绝缘手套	220V 带电操作橡胶手套	
4	数字示波器	DS1072E-EUD		8	防静电环	防静电手环	

注："状况"栏填写"正常"或"不正常"。

→ 任务 14.1　使用万用表测量电路中元器件参数及基本电量

准备好图 14-1 所示的波形发生器电路板、万用表、直流稳压电源，按照图 14-2 所示的电路原理图，实际测量电路元器件参数及基本电量。

14.1.1　使用指针式万用表测量电路电阻值

在电路板断电情况下，按照表 14-2 所示的操作流程，使用指针式万用表完成图 14-1 所示波形发生器电路板电源输入端电阻值的测量。

表 14-2　测量电路电阻值操作流程

序号	操作流程	操作图示	操作要点	操作（或测量）结果
1	选择挡位量程		根据被测对象，将万用表转换开关拨到电阻挡合适量程位置	转换开关置于 ×10k 挡

序号	操作流程	操作图示	操作要点	操作（或测量）结果
2	欧姆调零	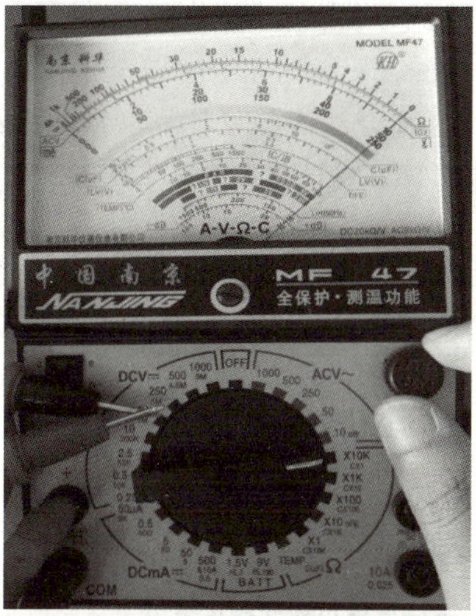	短接红黑两只表笔，调节欧姆调零旋钮，使指针指向电阻刻度线右端零欧姆位置	指针处于电阻刻度线右端"0Ω"位置
3	测电路电源输入端电阻值（R_i）		万用表黑表笔接电源 P2 端口"+12V"，红表笔接 GND，读取正向电源输入端电阻值，将数据记入表 14-3	测量参考阻值：$2.5 \times 10k = 25k\Omega$
			万用表红表笔接电源 P2 端口"-12V"，黑表笔接 GND，读取负电源输入端电阻值，将数据记入表 14-3。通过两组数据初步判定整个电路不存在短路或断路情况	测量参考阻值：$1.5 \times 10k = 15k\Omega$
4	复位		测量完毕，将万用表量程转换开关拨到 OFF 挡或交流电压最高挡（1000V）	转换开关置于 OFF 挡

表 14-3　测量电源输入端电阻值

测量对象	正向测量值	反向测量值	挡位	初步判定电路板质量
电源输入端电阻值（R_i）				

👥 导师说

　　1）为减小测量误差，测量时应选择合适的挡位量程，指针指示在表盘全刻度的 2/3 范围内。若指针太靠右应减小挡位量程再测量，若指针太靠左应增大挡位量程再测量。

　　2）准确测量阻值时，每更换一次挡位必须重新调零，手不能同时接触两支表笔的金属部分。

14.1.2　使用直流稳压电源提供电路电源电压

　　按照表 14-4 所示的操作流程，使用直流稳压电源为波形发生器电路板提供所需 ±12V 直流电压。

表 14-4　为电路板提供电源操作流程

序号	操作流程	操作图示	操作要点	操作（或测量）结果
1	观察电路板所需电源电压及接入端口位置		观察电路原理图正常工作所需电源电压为 ±12V，观察电路板电源接入端口为 P2 位置，从上到下依次为"+12V、GND、−12V"双电源接入的 3 个端点	电路所需电源电压为 ±12V，接入端口为 P2 位置
2	调节电流调节旋钮	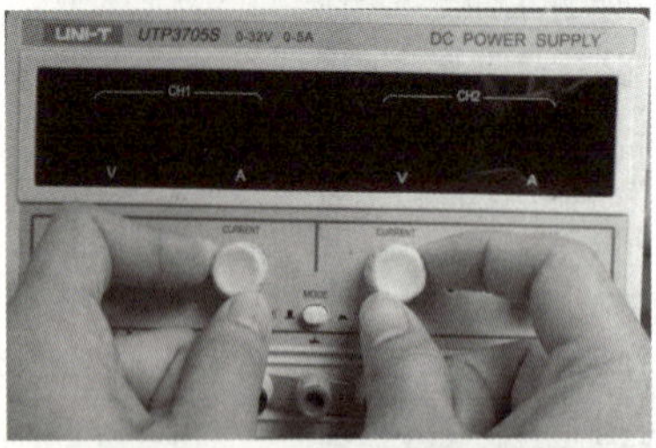	将 I、II 两路电流调节旋钮（CURRENT）顺时针调节到最大	两个（CURRENT）旋钮处于最右端
3	设置输出电源工作模式		打开电源开关，先用短接线将 I 路输出"−"与 II 路输出"+"可靠连接，再将电源工作模式开关（MODE）按下，即设为串联跟踪工作状态（TRACK）	CH1 与 CH2 显示输出电压一致

序号	操作流程	操作图示	操作要点	操作（或测量）结果
4	调节输出电压		调节Ⅰ路（主路）对应电压调节旋钮（VOLTS），使两路输出电压都为12V（注意：调节Ⅰ路主路电压，Ⅱ路从路输出电压与主路输出电压变化一致）	CH1与CH2均显示输出电压12V
5	检测电源输出电压	 	根据被测对象为直流电压，将数字万用表置于直流电压20V挡，检测直流电源Ⅰ、Ⅱ路输出电压是否与电路所需电压±12V相符，将测量结果填入表14-5	万用表测得Ⅰ路输出电压为+12.02V，Ⅱ路输出电压为-12.01V
6	连接负载	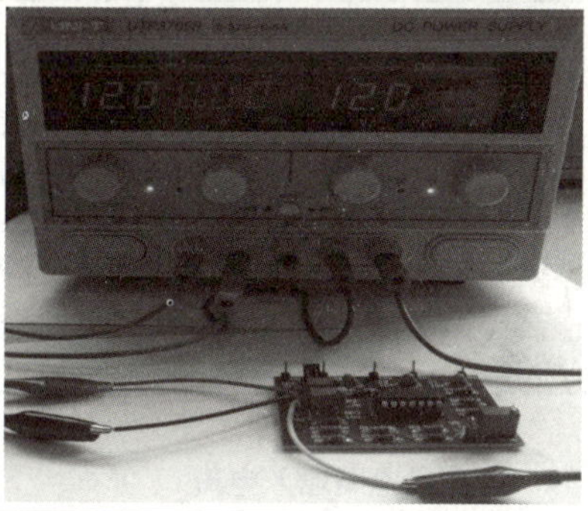	用导线将电路和电源可靠连接（即Ⅰ路"+"、中级短接线连接的公共端、Ⅱ路"-"端分别与电路P2位置从上到下依次为"+12V、GND、-12V"双电源3个接入端点相连），注意正负极不要接反	电路正常通电

表14-5　提供的电源电压

测量对象		参考值	测量值	挡位	绝对误差	实际相对误差	分析误差原因
直流电源输出电压	CH1	+12V					
	CH2	-12V					

14.1.3　使用指针式万用表测量电路中输入电流

　　电路板安装、检查无误后，按照表14-6所示的操作流程，完成电路板中正12V电源输入电流的测量。

表 14-6　测量电路中输入电流操作流程

序号	操作流程	操作图示	操作要点	操作（或测量）结果
1	选择挡位		根据电路中被测对象为直流电流，将万用表转换开关拨到直流电流合适量程处	参考量程为直流电流 5mA 挡
2	测量电流		用万用表测量电流时应串入电路使用，保证电流从红表笔流入、黑表笔流出。若指针反偏，则说明表笔接反，应立即交换表笔再测量	红表笔接电源正极，黑表笔接电路板 VCC
3	读取数据	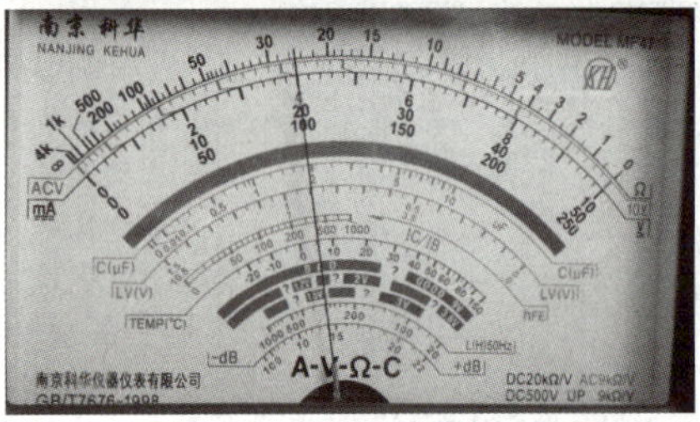	根据万用表指针所指刻度结合量程进行读取测量的直流电流值，将数据记入表 14-7，并分析测量数据。测量完毕关闭万用表	参考直流电流值：20 格 ×（5mA÷50 格）=2mA

表 14-7　测量电路输入电流

测量对象	测量值	挡位
电路输入电流		

导师说

1）用指针式万用表测量电流时必须串入电路中，确保电流从红表笔流入黑表笔流出。

2）在不清楚电流大小情况下，测量时采取从高挡位到低挡位依次递减原则选择合适挡位进行测量。

14.1.4　使用数字式万用表测量 LM324 引脚电位

电路调试正常工作后，按照表 14-8 所示的操作流程，完成电路板中 LM324 部分引脚对地电位的测量。

表 14-8　测量 LM324 引脚对地电位操作流程

序号	操作流程	操作图示	操作要点	操作（或测量）结果
1	选择挡位	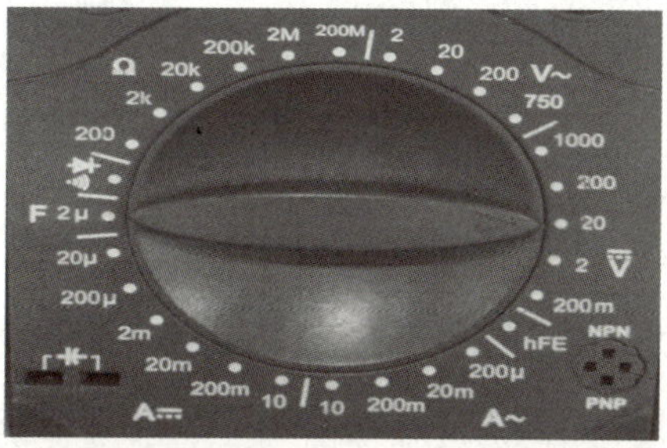	根据电路中被测对象为直流电压，将万用表转换开关拨到直流电压挡合适量程处	参考量程为直流电压 20V 挡
2	测量电压		测量 LM324 正电源 4 脚电位时，万用表红表笔接 4 脚，黑表笔接接地端	红表笔接 4 脚，黑表笔接 GND
		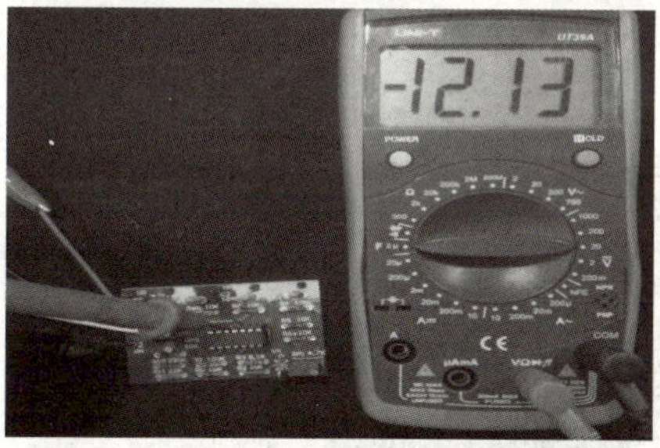	测量 LM324 负电源 11 脚电位时，测量方法与 4 脚相同（注：数字万用表测量直流电压，表盘显示负号则表示表笔极性接反）	红表笔接 11 引脚，黑表笔接 GND
3	读取数据	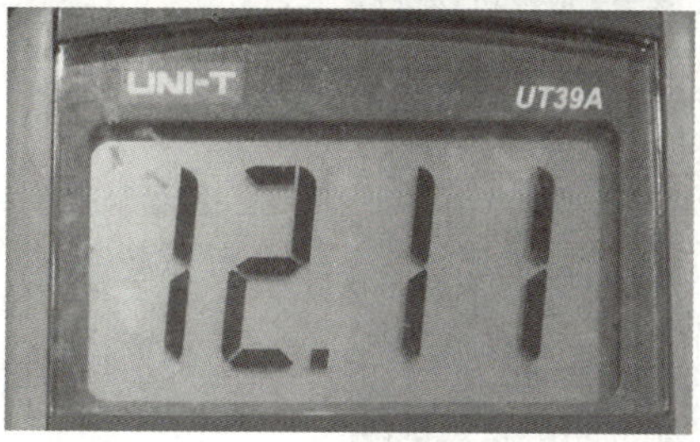	根据万用表表盘显示直接读取数值，将数据记入表 14-9 中，并分析测量数据。测量完毕关闭万用表	4 脚参考值：12.11V；11 脚参考值：-12.13V

表 14-9　测量 LM324 引脚对地电压

测量对象		测量值	保留 2 位有效数字	保留 3 位有效数字
LM324	4 脚			
	11 脚			

导师说

测量先看挡，不看不测量。

测 R 不带电，测 C 先放电。

测 I 应串联，测 U 要并联。

测量不拨挡，测完关闭挡。

任务 14.2　使用示波器测量电路波形参量

14.2.1　使用模拟示波器测量电路板中 TP1 点波形参量

完成图 14-1 所示的电路板组装并接通正负 12V 直流电压后，按照表 14-10 所示的操作流程，用模拟示波器完成电路板中 TP1 点波形参量的测量，并将测量结果填入表 14-11。

表 14-10　测量 TP1 点波形参量的操作流程

序号	操作流程	操作图示	操作要点	操作（或测量）结果
1	示波器校准		探头一端接示波器 CH1，另一端接示波器校准信号，设置通道（与探头连接通道一致）、耦合方式（DC）、触发源，调节"电压 / 格""时间 / 格"，关闭电压和时间微调旋钮，读取参数是否与校准信号一致	校准信号参考参数：U_{PP}=2V，f = 1kHz 的方波信号
2	探头连接示波器和电路板		探头一端接示波器 CH1 通道，另一端接被测点（探头信号端接 TP1 点、探头接地端接地），注意探头衰减开关位置	探针拉钩接 TP1 点、鳄鱼夹接地

序号	操作流程	操作图示	操作要点	操作（或测量）结果
3	波形调节		设置通道（与探头连接通道一致）、耦合方式（AC）、触发源（与通道一致），调节"电压/格""时间/格"，将波形及参数记入表14-11	参考参数：电压/格为2V/格，时间/格为0.2ms/格
4	参数读取	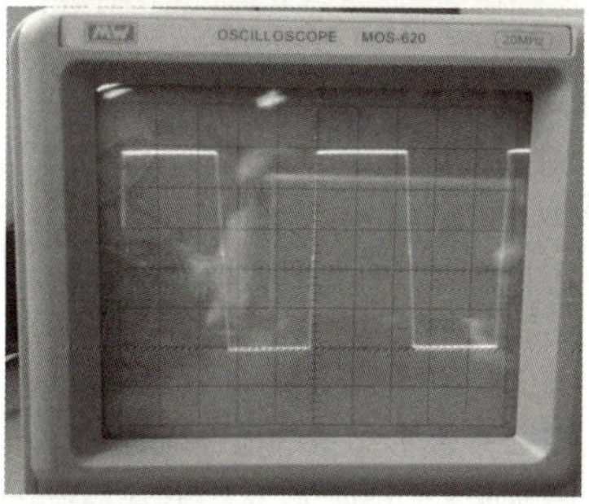	峰峰值 U_{pp}＝垂直格数×电压/格×探头衰减开关的值 幅度＝峰峰值÷2 $U_{有}$＝幅度÷$\sqrt{2}$ 周期 T＝水平格数×时间/格 频率 $f=\dfrac{1}{T}$	参考参数：U_{pp}=10V $U_{有}$=3.54V T=0.98ms f=1.02kHz

表 14-11　电路 TP1 点波形及参量

波形	参量
	时间挡位： 周期： 频率： 幅度挡位： 最大值： 最小值： 占空比：

👥 **导师说**

1）屏幕亮度不要太高，以免降低荧光屏使用寿命。

2）在读取模拟示波器波形参数时，应注意衰减开关和扩展按钮的位置。若衰减开关置"×10"，则电压值为指示值的 10 倍；若扩展按钮按下"×10"，则周期为指示值的 1/10 倍。

3）模拟示波器调节波形时，通道、耦合方式、触发源、时间 / 格、电压 / 格、电平等配合调节。

导师说

波形不同步原因：①触发源选择不对；②触发电平调节不合适；③复杂信号调节释抑。

14.2.2　使用数字示波器测量电路板中 TP2 点波形参量

图 14-1 所示的波形发生器电路板接通正负 12V 直流电压后，按照表 14-12 所示的操作流程，用数字示波器完成电路板中 TP2 点波形参量的测量，并将测量结果填入表 14-13。

表 14-12　测量 TP2 点波形参量的操作流程

序号	操作流程	操作图示	操作要点	操作（或测量）结果
1	示波器校准		探头一端接示波器 CH1，另一端接示波器校准信号，探头衰减开关置于 ×1 位置，示波器设置探头 ×1，按下 AUTO 键，读取参数	校准信号参考值：U_{PP}=3V，f=1kHz 的方波信号
2	探头连接示波器和电路板		探头一端接示波器 CH1 通道，另一端接被测点（探头信号端接 TP2 点、探头接地端接地），注意探头衰减开关位置	探头信号端接 TP2 点、探头接地端接地
3	波形调节		按下 AUTO 键，自动调节波形微调"电压 / 格"、"时间 / 格"、水平位移、垂直位移	参考参数：电压 / 格为 200mv时间 / 格为 500μs

序号	操作流程	操作图示	操作要点	操作（或测量）结果
4	参数读取	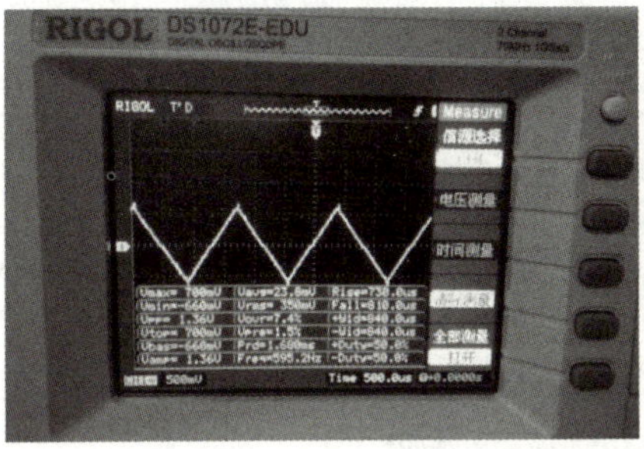	翻阅参数方法：先按 MEASURE 键，再按"所有参数"键，即可读取所有参数，将波形及参数记入表14-13	参考参数： U_{pp}=1.36V $U_有$=741mV T=960μs f=1.04kHz

表 14-13　电路中 TP2 点波形及参量

波形	参量
	时间挡位： 周期： 频率： 幅度挡位： 最大值： 最小值： 占空比：

14.2.3　使用数字示波器双踪测量电路板中 TP2、TP3 点波形参量

图 14-1 所示的波形发生器电路板接通正负 12V 直流电源后，按照表 14-14 所示的操作流程，用数字示波器完成电路板中 TP2、TP3 点波形参量测量，并将测量结果填入表 14-15。

表 14-14　双踪测量 TP2、TP3 点波形参量操作流程

序号	操作流程	操作图示	操作要点	操作（或测量）结果
1	示波器校准	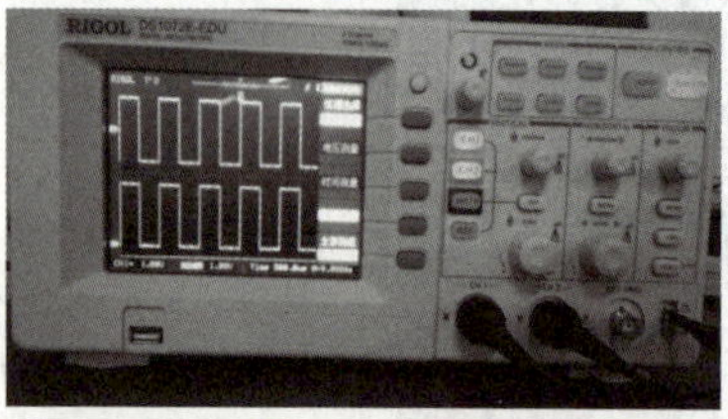	探头一端接示波器 CH1，另一端接示波器校准信号探头衰减开关置于 ×1 位置、示波器设置探头 ×1，按下 AUTO 键，读取参数	校准信号参考值：U_{PP}=3V，f=1kHz 的方波信号
2	探头连接示波器和电路板	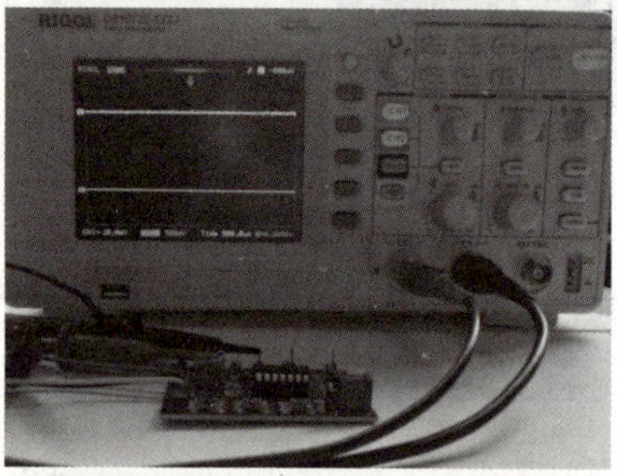	一个探头一端接示波器 CH1 通道，另一端接 TP3 点（探头信号端接 TP3 点、探头接地端接地）；另一个探头一端接示波器 CH2 通道，另一端接 TP2 点，注意探头衰减开关位置	探头信号端接 TP3 点、探头接地端接地
3	波形调节	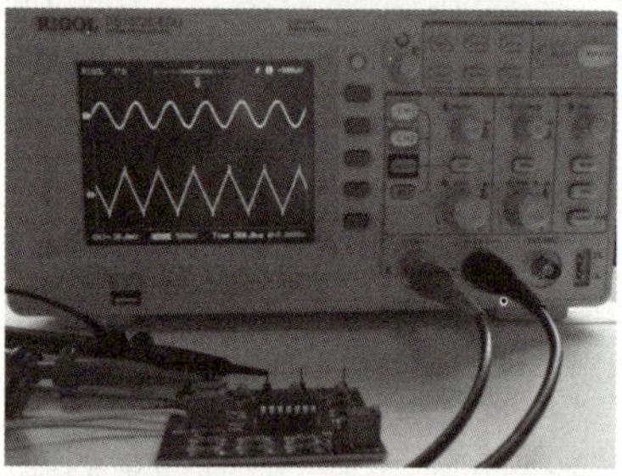	一键 AUTO，自动调节波形微调"电压/格"、"时间/格"、水平位移、垂直位移	参考值：CH1 电压/格为 20mV，时间/格为 500μs CH2 电压/格为 500mV，时间/格为 500μs
4	参数读取	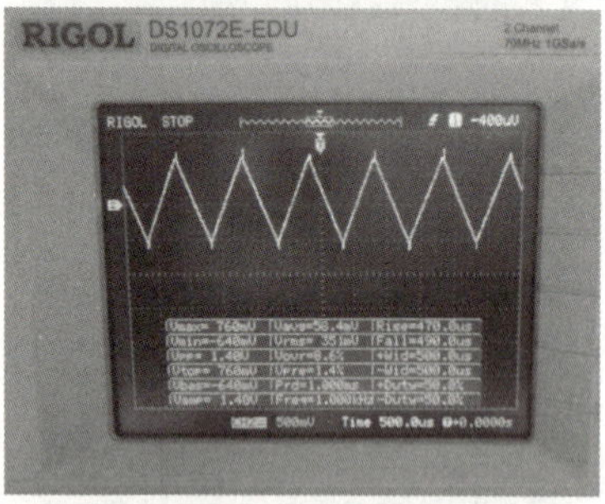	翻阅参数方法：先按 MEASURE 键，再按"信源选择 CH2"键，最后按"所有参数"键，即可读取所有参数。将波形及参数记入表 14-15	TP2 点参考值：U_{PP}=1.37V f=1.00kHz T=1.00ms
		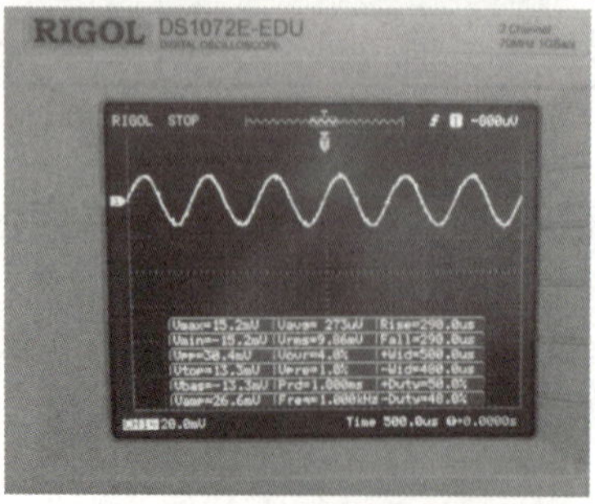	翻阅参数方法：先按 MEASURE 键，再按"信源选择 CH1"键，最后按"所有参数"键，即可读取所有参数。将波形及参数记入表 14-15	TP3 点参考值：U_{PP}=15.2mV f=1.00KHZ T=1.00ms

表 14-15　双踪测量 TP2、TP3 点波形参量

波形	参量
	时间挡位： 周期： 频率： 幅度挡位： 最大值： 最小值： 占空比：

项目评价

本项目评价由三部分组成，即自我评价、小组评价和教师评价，请将各评价结果及最终得分填入项目评价表 14-16。

表 14-16　电子测量仪器综合应用（二）评价表

评价内容		自我评价	小组评价	教师评价
		优☆　良△　中√　差×		
7S 管理职业素养	（1）整理、整顿			
	（2）清扫、清洁			
	（3）节约、素养			
	（4）安全			
知识与技能	（1）能正确完成表 14-3、表 14-5、表 14-7、表 14-9 内容填写			
	（2）能正确完成表 14-11 内容填写			
	（3）能正确完成表 14-13 内容填写			
	（4）能正确完成表 14-15 内容填写			
	（5）能正确使用直流稳压电源为电路提供电压			
	（6）能正确使用万用表测量元器件参数及基本电量			
	（7）正确使用示波器测量电路波形参量			
汇报展示	（1）作品展示（可以为实物作品展示、PPT 汇报、简报、作业等形式）			
	（2）语言流畅，思路清晰			
评价等级				
完成任务最终评价等级 （评价参考：自我评价 20%、小组评价 30%、教师评价 50%）				

拓展提高　波形发生器简介

1. 波形发生器电路功能

图 14-1 所示电路板是以 LM324 集成运算放大器为核心，外加电阻器、电容器等元器件构成的简易波形发生器。该波形发生器能产生方波、三角波和正弦波 3 种常用波形，可以作为其他电子线路简易波形发生模块电路。

该波形发生器在跳线帽开关 S1 与不同接触点接通时，U0 波形不一样，当触点与 1 接通时，U0 输出矩形波；当与 2 接通时，U0 输出三角波；当与 3 接通时，U0 输出正弦波。

2. 波形发生器一般故障检修

1）故障现象一：U0 无波形输出。

检修过程：根据电路原理图，首先检测 LM324 供电是否正常，再从后往前观察是否有波形输出，先用示波器观察 TP3 是否有正弦波输出，若 TP3 有信号输出则说明后级电路有故障；若 TP3 无信号输出则用示波器观察 TP2 是否有三角波输出。采用同样的方法观察 TP1，直至找到故障区域。

2）故障现象二：TP1、TP2 波形正常，TP3 无正弦波输出。

检修过程：TP1、TP2 波形正常说明电压比较器、积分电路及电源电路正常，故障范围在正弦波形成的电路上，用示波器观察 R6b 与 R7 之间是否有信号输出，若有信号输出，则故障在 R7、C3 元件；若 R6b 与 R7 之间无信号输出，则故障在 R6b、C2 元件。

检测与反思

A 类 试 题

一、填空题

1. 指针式万用表黑表笔接内部电池 _____ 极，数字式万用表红表笔接内部电池 _____ 极。

2. 万用表测量电压时应 _____ 联在电路中使用，测量电流时应 _____ 联在电路中使用。

3. 万用表测量完毕后，要将挡位拨到 _____ 挡。

4. 使用指针式万用表测量，发现指针不在零位，测量前必须 _____。

5. 使用指针式万用表测量电阻值时，若量程为 ×1k 时，读数为 10，则电阻的测量值为 _____。

二、判断题

1. 用万用表测量电路中的电阻值可带电测量。　　　　　　　　（　　）
2. 用指针式万用表测量电流时应保证电流从红表笔流入，黑表笔流出。（　　）
3. 用万用表测量交流电压时要注意区分正负极。　　　　　　　　（　　）
4. 使用直流稳压电源为电路供电时，要先连接负载再调节所需电压。（　　）
5. 示波器面板上的水平位移旋钮可以调节波形上下移动。　　　　（　　）

B 类 试 题

一、填空题

1. 万用表的 hFE 挡是用来测量 _____。
2. 使用示波器测量时，若要增大显示波形的亮度，应调节 _____；若要显示屏上波形线条变细且边缘清晰，应调节 _____。
3. 用示波器测量信号时，探头的锷鱼夹应与 _____ 相连，拉钩应与 _____ 相连。
4. 用示波器测量信号时，波形线条在垂直方向上超出了屏幕的两端应调节 _____。
5. 示波器波形不同步的原因有 _____、_____、_____。

二、判断题

1. 用指针万用表测量电阻值，若指针接近无穷大则应减小挡位再测量。（　　）
2. 示波器显示波形倾斜，应调节聚焦旋钮。　　　　　　　　　　（　　）
3. 示波器波形闪烁，应先检查触发源与通道是否一致，再调节同步电平。（　　）
4. 测量 1.5V 干电池的波形时，应将示波器的输入耦合方式置为 AC 方式。

　　　　　　　　　　　　　　　　　　　　　　　　　　　　　（　　）

C 类 试 题

1. 使用指针式万用表测量图 14-1 所示波形发生器电路板中电阻器 R0 的电阻值，并计算绝对误差和相对误差，将测量结果填入表 14-17。

表 14-17　测量结果

测量对象	标称值	测量值	挡位	保留 2 位有效数字	绝对误差	实际相对误差
电阻器 R0						

2. 用数字示波器测量图 14-1 所示波形发生器电路板中 TP3 点波形，将测量结果填入表 14-18。

表 14-18　电路板 TP3 点波形参量

波形	参量
	时间挡位： 周期： 频率： 幅度挡位： 最大值： 最小值： 占空比：

3. 将图 14-1 所示波形发生器电路板中 RP1 分别调到最大和最小时，用示波器观察 TP1 点波形有何变化？

参 考 文 献

辜小兵，沈文琴，2012. 电子测量仪器 [M]. 北京：高等教育出版社.

吕景泉，2011. 现代电气测量技术 [M]. 天津：天津大学出版社.

谭定轩，杨鸿，2013. 电子测量技术与仪器 [M]. 重庆：重庆大学出版社.